循环农业增效接口工程与实用技术

XUNHUAN NONGYE ZENGXIAO JIEKOU GONGCHENG YU SHIYONG JISHU

高丁石 等　编著

中国农业出版社
北　京

《循环农业增效接口工程与实用技术》

编　委　会

主　　编：高丁石　李　东　张永刚　付艳丽
皇甫凌云　李景鑫　韩　涛　赵国华
李明雷　李淑恒　帅　瑾　李泽义

副 主 编：（按姓氏笔画排序）
卫　星　王正泽　王丙祥　王江霞
王丽娟　王青秀　王海英　史洪涛
宁佐毅　刘胜男　刘俊涛　肖　宏
张长旺　武　飞　赵雁方　苗俭莲
侯勤俭　徐斌艳　高　军　常玉华

编写人员：（按姓氏笔画排序）
卫　星　王正泽　王丙祥　王江霞
王丽娟　王青秀　王海英　帅　瑾
史洪涛　付艳丽　宁佐毅　刘胜男
刘俊涛　李　东　李明雷　李泽义
李淑恒　李景鑫　肖　宏　张长旺
张永刚　武　飞　赵国华　赵雁方
苗俭莲　皇甫凌云　侯勤俭　徐斌艳
高丁石　高　军　常玉华　韩　涛

前言
FOREWORD

循环农业是现代农业实现可持续发展的一种重要途径，它既建立在传统农业的有效经验之上，又运用了现代科学技术成果和现代管理手段。在我国农业生产取得举世瞩目的成就之后，农业资源如何有效配置，农业生产如何优质、高效和可持续发展，农民怎样才能较快地步入小康，社会主义新农村如何建设等问题相继而来摆在我们面前。回顾20世纪以来社会和经济发展的历程，人类已经清醒地认识到，工业化的推进为人类创造了大量的物质财富，加快了人类文明的进步，但也给人类带来了诸如资源衰竭、环境污染、生态破坏等不良后果，再加上人口的刚性增长，人类必然要坚持走良性循环与可续发展的道路。

在循环农业链条中，农业废弃物怎样能得到有效地利用，并且能产生新的经济效益是关键所在。我国是一个传统的农业大国，拥有5 000多年的农业发展史，既有传统精耕细作经验，也同时存在多变的地理、气候环境条件，加上农业生产本来有众多特性，农业的发展必须按照因地制宜的原则选择适宜的发展模式；既要继承和发扬传统农业技术的精华，还要在此基础上大量应用现代农业生产技术。多年来的实践证明，在农村发展以沼气为核心的生态富民家园工程是建设小康社会的重要组成部分，也是为农民办实事的有效手段，更是促进农业和农村经济持续发展的重要举措。用沼气连接养殖业和种植业，可实现农业生产的良性循环和持续高效发展，能解决众多发展过程中存在的矛盾和问题，是一条正确的发展途径。为此，作者根据多年来的生产实践经验，加之观察与思考，运用生态循环原则，在阐述了农业本质特点及循环农业理念的基础上，对养殖业中的饲草生产技术、种植业中的食用菌生产技术以及沼气生产与土壤培肥管理实用技术做了简要总结，提出了一些浅薄看法，旨在为我国的循环农业发展尽些微薄之力。

本书以理论和实践相结合为指导原则，通过系统地阐述农业良性循环过程中重要接口工程环节的作用与核心实用技术，突出实践经验，对发展养殖业有关的主要饲草与绿肥作物栽培技术要点、沼气生产及综合利用技术、土壤管理与培肥实用技术、几种主要的食用菌生产技术及其病虫害防治技术进行了总结。该书以比较罕见的实用技术为重点，语言精练朴实，深入浅出，通俗易懂，针对性和可操作性较强，适宜于广大基层农技人员和农业生产者阅读。

由于编者水平所限，书中不当之处，敬请读者批评指正。

编著者

2020 年 3 月

目 录
CONTENTS

>>> 第一章　从农业生产的本质与特性看循环农业

第一节　农业生产的概念与本质

农业是人们利用生物生命过程取得产品的生产以及附属于这种生产的各部门的总称。一般包括农、林、牧、副、渔五业。农业是国民经济的基础，是人类的衣食之源、生存之本。“国以民为本，民以食为天”“以农业为基础”是我国社会主义建设的一个长期基本方针。把农业放在经济工作的首位是我国的特殊国情所决定的，也是近些年来党中央一以贯之的指导思想。我国是一个人口大国，人多地少，解决十多亿人的吃饭问题，任何时候都只能立足于自力更生，自己解决自己的问题。我国又是一个农业大国，大多数人口在农村，这是任何时候都不容忽视的基本国情。没有农民的小康，就没有全国的小康；没有农村的稳定，就没有全国的稳定；没有农业的现代化，就谈不上国家的现代化。农业和农村工作关系到整个国民经济的发展，关系到全社会的进步和稳定，关系到我国在国际经济竞争和政治较量中能否保持独立自主地位。它不仅是一个经济问题，也是一个关系重大的政治问题，任何时候都不可掉以轻心。

我国目前正处在工业化快速发展和经济体制转换的关键时期，在这一特殊的情况下，由于农业基础脆弱，比较利益低等原因，农产品在市场竞争中往往处于不利地位，也往往容易被忽视，需要加以特殊的重视和保护。

农业生产是人类利用绿色植物、动物和微生物的生命活动，进行能量转化和物质循环，来取得社会需要产品的一种活动。恩格斯早在 1882 年就指出："植物是太阳光能的伟大吸收者，也是已经改变了形态的太阳能的伟大贮存者"。绿色植物细胞内的叶绿体，能够利用光能，将简单的无机物合成为有机化合物，一部分被人类直接食用、消化，另一部分被动物食用、消化后再被人类利用，一些不能被人和动物利用的有机残体和排泄物，又被微生物分解，复杂的有机物便被分解为简单的无机物，无机物又重新被绿色植物利用，形成物质循环。

由此可见，农业生产的实质是人们利用生物的生命活动所进行的能量转化和物质循环过程。如何采取措施使植物充分合理地利用环境因素（如光、热、水、二氧化碳、土地、化肥等），按照人类需求，尽可能促进这一过程高效率的实现就是农业生产的基本任务。

农业生产一般由植物生产（种植业）、动物生产（养殖业）和动植物生产过程中产生的废物处理（即围绕土壤培肥管理而不断培肥地力和改善生产条件）3 个密切联系不可分割的基本环节组成。

植物生产是农业生产的第一个基本环节，也称第一"车间"。绿色植物既是进行生产的机器，又是产品，它的任务是直接利用环境资源转化、固定太阳能为植物有机体内的化学潜能，把简单的无机物质合成为有机物质。植物生产涉及农田、草原和森林，所以在安排农作物生产时，应综合考虑当地的农业自然资源，因地制宜，根据最新农业科学技术优化资源配置，对农田、果树、林木、饲草等方面进行合理区划，综合发展。当然，人类对农作物主产品——粮食需求是第一位的。种植业生产中粮食生产是主体部分，应优先发展，在保证粮食安全的前提下，才能合理安排其他种植业生产。

动物生产是农业生产的第二个基本环节，也称第二"车间"，主要是家畜和家禽生产，它的任务是进行农业生产的第二次生产，把植物生产的有机物质重新“改造”成为对人类具有更大价值的肉类、乳类、蛋类和皮、毛等产品，同时还可排泄粪便，为沼气生产提供原料和为植物生产提供优质的肥料。养殖业的发展，不但为人类提供优质畜产品，还为农业再生产提供了大量的肥料和能源动力。发展畜牧业有利于合理利用自然资源，除一些不宜于农耕的土地可作为牧场进行畜牧业生产外，在平原适宜于农田耕作区也应尽一切努力充分利用人类不能直接利用的农副产品（如作物秸秆、树叶、果皮等）发展畜牧业，使农作物增值，并把营养物质尽量转移到农田中去，从而扩大农田物质循环，不断发展农业。植物生产和动物生产有着相互依存、相互促进的密切关系，通过人们的合理组织，两者均能不断促进发展，形成良性循环。

动植物生产废弃物处理是农业生产的第三个基本环节，也称第三“车间”。“万物土中生”“良田出高产”，土壤肥力为农作物增产提供物质保证，作物要高产，必须有高肥力土壤作为基础。土壤培肥管理及生产条件的改善是植物生产的潜力积累，该环节的主要任务是一方面利用微生物将一些有机物质分解为作物可吸收利用的形态，或形成土壤腐殖质，改良土壤结构；另一方面用物理、化学、微生物等方法制造植物生产所需的营养物质，投入生产中促进植物生产，并采取措施改善植物生长其他环境因素，有利于植物生产。

近年来的生产实践证明，把沼气与食用菌生产技术引入农业生产过程中，是一项一举多得的好事情，植物生产废物和动物生产废物以及人类生活废物通过厌氧发酵过程，不仅能把废物转化为动植物生产的原料，同时还获得了干净、清洁的能源，另外也消灭了寄生虫卵和病菌，解决了环境卫生问题。所以说沼气与食用菌生产是种植业和养殖业“车间”的联系纽带，也是土壤培肥管理环节的良好途径，是搞好农业良性循环的核心。在农村发展以沼气为核心的循环农业富民工程，是增加能源、改善环境、改变卫生面貌的重要途径，是有效利用农村资源、加快畜牧业发展的有效措施，也是生产无公害农产品的基础，还是农民增收、农业增效和可持续发展以及全面建设小康社会的重要举措。

上述3个环节是农业生产的基本生态结构，这3个环节是相互联系、相互制约、相互促进的，农业生产中只有在土壤、植物、动物之间保持高效能的能量转移和物质循环，尽可能地综合利用自然资源，才能形成一个高效率的农业生产体系。各地只有根据当地的农业自然资源和劳动资源综合安排粮食、饲料、肥料、燃料等人们生活所需物质生产，建立农、林、牧、土之间正常的能量和物质循环方式，不断地培肥地力和改善农业生产环境条件，才能保持农业生产良性循环，促进农业生产持续稳定发展。

第二节　农业生产的特性

农业生产有许多特殊性，只有充分认识特殊性，根据不同的特性办事，才能有利于农业生产和搞好农业生产。

一、农业生产的生物性

农业生产的对象是农作物、树木、微生物、牧草、家畜、家禽、鱼类等，它们都是有生命的生物。生物是活的有机体，各自有着自身的生长发育规律，对环境条件有一定的选择性和适应性，因此在进行农业生产时，一般要按照各种生物的生态习性和自然环境的特点来栽培植物和饲养动物，建立合理的生态平衡系统，做到趋利避害，发挥优势，不断地提高农业生产水平。

二、农业生产的区域性

农业生产一般在野外进行。由于地球与太阳的位置及运动规律、地球表面海陆分布等种种原因，造成地球各处的农业自然资源（如光、热、水、土等）分布的强弱和多少是不均衡的，形成农业自然资源分布的区域性差别。我国从大范围看，南方热量高、水多，北方热量低、水少；东部雨量多、土地肥沃，西北部雨量少、土地干旱且盐碱、风沙严重；西北光照多，东南光照少。不同的生态环境，也各有其适宜的作物种类和耕作方式。因此，进行农业生产要从各地的生态环境条件出发，在充分摸清认识当地生态环境条件的基础上，综合考虑农业生产条件，搞好农业资源的优化配置，从实际出发，正确利用全部土地和光、热、水资源，使地尽其利、物尽其用，扬长避短，趋利避害，尽可能地发挥各地的资源优势。

三、农业生产的季节性和较长的周期性

各种农作物在长期的进化过程中，其生长发育的各个阶段都形成了对外界环境条件的特殊要求，加上不同地理位置的气候条件，在不同地区对不同农作物就自然地规定了耕种管收的时间性，使农业生产表现出较强的季节性。由于地球围绕太阳运行一周需一年的时间，地球上气候变化具有年周期性，农业生产季节性也随着年周期变化，从而使生产季节有较长的周期性，也就出现了“人误地一时，地误人一年”的农谚。农业生产错过时机，便失去了与作物生长发育相协调的一年一度出现的生态条件，就会扩大作物与环境的矛盾，轻则影响作物产量或品质，重则造成减产，甚至绝收。因此，“不违农时”自古就是我国从事农业生产的一条宝贵经验，应当严格坚持。但随着生产水平的提高，人们采用地膜、温棚（温室大棚）等措施，人为地改变一些环境条件，延长或变更了生产季节性，从事生产效益高的农业生产，也取得了较好的效果，因此，应当在逐步试验示范的基础上，掌握必要的技术和必要的投入，不断壮大、完善、提高，且不可盲目扩大范围与规模，造成投资大、用力多而效益低的不良后果。

四、农业生产的连续性和循环性

人类对农产品的需求是长期的，而农产品却不能长久保存，农业生产需要不断地连续进行，才能不断地满足人们生活需求，所以农业生产不能一劳永逸。农业也是子孙万代的事业，农业资源是子孙万代的产业，是要子子孙孙永续利用的。农业生产所需的自然资源如阳光、热量、空气等可以年复一年不断供应，土地资源通过合

理利用与管理，在潜力范围内还可不断更新。但是在农业生产中不研究自然规律，破坏性地滥用或超潜力利用土地资源，如不合理的使用农药、化肥、激素造成环境污染和重用轻养掠夺式经营等行为，使农业资源的可更新性受到破坏，就会严重影响农业生产。因此，在进行农业生产时，必须考虑农业生产连续性特点，保证农业资源的不断更新是农业生产的一项基本原则，也是保证农业生产不断发展的基本前提。在农业生产周期性变化中，要考虑上茬作物同下茬作物紧密相连和互相影响、互相制约因素，瞻前顾后，做到从当季着手，从全年着眼，前季为后季，季季为全年，今年为明年，达到农作物全面持续增产增效。

五、农业生产的综合性

农业生产是天、地、人、物综合作用的社会性生产，它是用社会资源进行再加工的生产，经济再生产过程与自然生产过程互相交织在一起，因此，它既受自然规律的支配，又受经济规律的制约，在生产过程中，不仅要考虑对自然资源的适应、利用、改造和保护，也要考虑社会资源如资金、人力、化肥、机器、农药的投放效果，使其尽可能以较小的投入获得较大的生产效益。从种植业内部看，粮、棉、油、麻、糖、菜、烟、果、茶等各类农作物种植的面积和取得的效益受到环境条件和社会经济条件的影响，受社会需要的制约，需要统筹兼顾、合理安排。从农、林、牧、副、渔大农业来看，也需要综合经营、全面发展，才能满足人们生活的需求和轻工业等各方面的需要。农业生产涉及面广，受到多部门多因素的影响和制约，具有较强的综合性特点，只有根据市场需求合理安排，才能提高生产效益，达到不断提高产量和增加收入的目的。需要多学科联合加强对现代农业的宏观研究和综合研究，搞好整体的协调和布局，促进农业生产进行良性循环和持续发展。

六、农业生产的规模性

农业生产必须具备一定规模，才能充分发挥农业机械等农业生产因素的作用，才能降低生产成本，提高生产效益。较小的生产规模，不利于农业生产的专业化、社会化和商品化，不利于农业投入，会出现重复投入现象，造成投入浪费，也不利于先进农业技术的推广应用，影响农业机械化的作用和效率。随着农业产业化进程的加快和农业机械化水平的提高，农业适度规模经营问题将越来越重要。

总之，在新形势下发展循环农业，更应把握和重视以下几个特点：一是突出综合性特点。应以大农业为出发点，使农、林、牧、副、渔各业和农村一、二、三产业综合发展，并使各业之间互相支持，提高综合生产能力。二是突出多样性特点。我国各地自然条件、资源基础、经济与社会发展水平差异较大，要以多种生态模式、生态工程和丰富多彩的技术类型装备农业生产，使各区域都能扬长避短，各产业都根据社会需要与当地实际协调发展。三是突出高效性特点。要通过物质循环和能量多层次综合利用及系列化深加工，实现经济增值，实行废弃物资源化利用，降低农业成本，提高效益。四是突出持续性特点。发展循环农业能够保护和改善生态环境，防止污染，维护生态平衡，提高农产品的安全性，变农业、农村以及农村经济的常规发展为持续发展。

第三节　循环农业的建设

一、循环农业的概念、特点和目标

（一）循环农业的概念与本质

所谓循环农业是运用生态学、生态经济学原理，通过系统工程方法实现高产、优质、高效与可持续发展的现代农业生产体系，简单地说就是“生态合理的现代化农业”。因此循环农业的本质就是将农业现代化纳入生态合理的轨道，实现农业可持续发展的一种农业生产方式。在具体实施时，需要各地依据区域资源优势及潜力，在开发农业主导产业的同时，通过农业生物群多样化和农业产业多样化，实现绿色植被覆盖最大化，光、温、水、土资源利用高效、合理，物质良性循环，废物尽可能消化循环利用，变废为宝，以获得经济、环境效益同步增长和资源可持续循环利用的目标。

我国在20世纪末已开展了循环农业试点县建设工作，取得了较好的效果，在一些试点县农业生产总值和人均纯收入均有大幅度提高，增长速度明显高于全国同期增长水平，同时也创造了一些典型的循环农业模式，如北方的“四位一体”模式、南方的“猪-沼-果”模式、西北地区的“五配套”模式等，已成为当地农民增产、增收和脱贫致富的有效途径。良好的农业生态环境增强了抵御自然灾害的能力，保证了农业生产的健康发展。

（二）循环农业技术体系的特点

循环农业技术体系具有以下几个特点：

1. 较强的综合性特点 从生产结构体系来看，循环农业不仅要求各个产业部门建立在生态合理的基础上，而且特别强调农、林、牧、副、渔大系统的结构优化和接口强化，形成生态经济优化的具有相互促进作用的综合农业系统。同时，在系统内其技术具有综合性及技术的集成性特点，不同的技术构成了具有特定功能的技术体系，如资源高效循环利用或生态恢复等。所以说发展循环农业，必须具有较强的综合性。

2. 传统农业技术精华和现代农业技术的优化组装特点 发展循环农业，需要继承和发扬传统农业技术精华，如重视有机肥的利用、集约化间套种植、生物防治病虫害等。并且还要在此基础上应用现代农业生产技术，如化肥与农药合理施用、机械化信息化生产、生物育种等。同时，还要做好传统农业技术与现代农业技术的优化组装与融合工作，取长补短，互相促进。

3. 综合效益特点 与常规农业专项功能突出不同，循环农业技术具有多功能的特点，即能满足高产、优质、高效和环保的多目标要求。

4. 明显的地域性特点 循环农业是与自然结合、因地制宜的农业，由于各地自然、经济乃至社会需求不同，所要求的农业模式也不同，相应的技术体系也有差异，呈现出明显的地域性特点。

总之，循环农业技术不仅仅强调多种经营与一二三产业融合发展，更注重的是系统的设计与管理。例如，过去曾提出的"水、肥、土、种、密、保、工、管"八字宪法，在实际中如果单独运用哪一项或几项不能取得理想的效果，这是因为前8个方面都要求有适度的量与质的问题，它们取决于时间、空间措施的先后顺序与量比，只有运用"量"这个环节加以优化组合，才能发挥整体功能，实现可持续发展的生产力。因此，循环农业技术体系可以说是"软""硬"技术的结合，它具有系统性、工程性及效益综合性的特点。

按照农业生产结构、生产过程和功能来划分，循环农业技术体系包括结构优化技术、接口强化技术、生态治理与恢复技术、生物性资源高效利用技术、农业废弃物资源化高效利用技术、环境污染防治技术、环境无害化农产品加工增值技术和环境无害化农业高新技术等。

（三）循环农业的目标

发展循环农业，应突出充分利用自然资源并保护自然环境与可持续发展理念，简单概括为"六化"。一是生产结构整体优化。要以市场和国家的需求为导向，以本地区的自然资源和生态条件为依据，进行产业和农业生产结构的全面调整，发挥当地特有的生物资源优势，并转化为商品优势促进农民致富和地方财政的改善。二是生产过程中的清洁化。通过农业和畜牧业结合，使农业秸秆成为牛、羊的饲料，畜禽粪便又通过沼气发酵或工业加工变成有机复合肥，返回到农田，畜禽加工后剩下的羽毛、内脏等下脚料又可加工成饲料用的蛋白粉等，使农业生产多环节的废弃物成为另一环节的生产原料，通过物质循环利用，不但提高了资源利用效率，也降低了产品的成本，减少了对环境的污染。三是资源利用的高效化。循环农业强调对水、土及生物资源的高效利用，除了前述的物质循环利用外，特别要通过采用配方施肥、生物防治减少化肥、农药的使用量，通过推广农业节水技术、旱作农业耕作技术，提高地表水、地下水的利用效率，通过立体种植和高产稳产农业建设，提高农业资源利用效率。四是生产产品健康无害化。由于循环农业坚持无公害农业生产，严格控制化肥、农药的使用，提倡施用农家有机肥，避免了农药残留和硝酸盐在农作物特别是籽粒中的积累。因此，生产的农产品是没有污染或污染较少的健康、安全食品，以拓宽市场，提高农产品的价格。五是技术生态集成化。即循环农业所推广的技术不仅要考虑到农业生产的产量，还要考虑产品质量，以及确保不会对农业环境带来有害的影响（如加剧水土流失，农田或水的污染等），因此，选择生产技术往往要从多目标考虑，或通过多种技术的组装来达到这种目的，我们称之为技术的集成。六是村镇环境优美化。通过循环农业建设使村镇与庭院以及我们生产、生活的家乡变得清洁卫生，山清水秀，郁郁葱葱，一片美丽的田园风光。此外，从一个区域的角度，循环农业还要重视生态产业化发展。

具体目标任务有以下几点：

（1）资源利用更加节约高效。到2020年，严守18.65亿亩*耕地红线，全国耕地质量平均比2015年提高0.5个等级，农田灌溉水有效利用系数提高到0.55以上。到2030年，全国耕地质量水平和农业用水效率进一步提高。

（2）产地环境更加清洁。到2020年，主要农作物化肥、农药使用量实现零增长，化肥、农药利用率达到40%，秸秆综合利用率达到85%，养殖废弃物综合利用率达到75%，农膜回收率达到80%。到2030年，化肥、农药利用率进一步提升，农业废弃物全面实现资源化利用。

（3）生态系统更加稳定。到2020年，全国森林覆盖率达到23%以上，湿地面积不低于8亿亩，基本农田林网控制率达到95%，草原综合植被盖度达到56%。到2030年，田园、草原、森

* 亩为非法定计量单位，1亩=1/15公顷。——编者注

林、湿地、水域生态系统进一步改善。

（4）供给能力明显提升。到 2020 年，全国粮食（谷物）综合生产能力稳定在 5.5 亿吨以上，农产品质量安全水平和品牌农产品占比明显提升，休闲农业和乡村旅游加快发展。到 2030 年，农产品供给更加优质安全，农业生态服务能力进一步提高。

总而言之，就是要搞好“三个确保，一个提高”。一是确保农产品质量安全。农产品质量安全包括数量安全和质量安全。循环农业发展要以科技为支撑，利用有限的资源保障农产品的大量产出，满足人类对农产品数量和质量的需求。二是确保生态安全。生态平衡的最明显表现就是系统中的物种数量和种群规模相对平稳。农业绿色发展要通过优化农业环境、强调植物、动物和微生物间的能量自然转移，确保生态安全。三是确保资源安全。农业的资源安全主要是水资源与耕地资源的安全。循环农业发展要满足人类需要的一定数量和质量的农产品，就必然确保相应数量和质量的耕地、水资源等生产要素，因此，资源安全是循环农业发展重要目标。一个提高就是提高农业综合经济效益。由于农业是一个基础产业，它连接的是社会弱势群体——农民，而且农业担负着人类生存和发展的物质基础——食物的生产，因此，农业综合经济效益的提高对于国家安全、社会发展的作用十分重要。

二、发展循环农业的意义、条件与途径

（一）发展生态循环农业的意义

我国人均耕地较少，农业生产基础条件相对较差，许多地区干旱缺水，生态环境脆弱，水土流失、土壤沙化等自然灾害长期存在；但生态资源相对丰富，潜在区域优势产业明显，有待进一步开发。循环农业作为生态环境建设的主要内容理所应当地为农业的可持续发展做出较大贡献，针对问题与潜力，其农业发展对策应是充分发挥各地丰富的自然资源优势，大力发展循环农业，走绿色环保、无公害农业生产之路，以战略的高度切实加强农业，使农业生产的发展与当地发展的水平相协调，努力克服农业产投比过低和资

源、设施浪费现象，要保持人与自然和谐，农业才能可持续发展。

（二）发展循环农业的条件

1. 生态条件 在生态上，农业生物对环境有良好的适应性，表现在以下几个方面：

（1）在进行农业生产布局时，特别是引进优良生物品种时，必须考虑这些生物的生境条件（生态适应性），以获得农业生态系统最大的净生产量和持续稳定性。

（2）生物分布的多样性和非均匀性。系统内各种生物在特定的环境中与其他生物形成捕食关系，结成食物链，只有进行生物多样性分布和非均匀分布，才能给每一种生物提供生存发展条件和进化的能量差，才能使系统内能、物、信息流畅通（如桑基鱼塘、农牧结合等）。

（3）系统的输入与输出必须大体上维持平衡。

（4）绿色植被覆盖面积最大，环境污染不超过系统的自净能力。由于农业生产是以植物为基础的生产性生产，因而第一性生产力即绿色植物生产力的大小，是影响动物性生产、生态系统结构与功能健全、生态效益以及农业生产发展的关键。根据这一原则，扩大土地的绿色覆盖度，增大草地面积，特别是豆科牧草的面积，提高农作物的光合作用能力，使荒山、荒坡、荒沟、荒地的绿色覆盖度达到可能的极大值，是实现良性循环、建立农业生态平衡的最有效措施。

2. 经济条件

（1）要有畅通的商品流通渠道，以保证种、养、加循环链的价值流通畅。

（2）结构必须合理，包括产业比例及各业内部结构比例合理；确保每个产业中生产、分配、交换、消费 4 个生产与再生产环节合理，保证农业生产周而复始顺畅进行。

（3）通过增环加链，使各种农副产品及农业生产废弃物得以充分合理利用。

（4）通过规划、决策、调节、保障、流通、科技、信息等系统建设实施有效的宏观调控系统。

（三）发展循环农业的技术途径

发展循环农业，实现生态与经济良性循环的技术途径主要有以下3个方面：

（1）运用生态学原理及系统工程学方法组装生物措施与工程措施，对生态环境进行治理、立体种植与开发，在增强农田系统生产力的同时，使农、林、牧等产业组合优化，构成资源增值与开发同步的农、林、牧复合系统，改变对自然资源的掠夺式经营状况，增强生态适应性及农业生态系统的自我维持与自组能力，实现生态良性循环，增强生态系统的稳定性与可持续性。

（2）运用生态经济学原理，适应市场经济规律，依据当地资源优势组建种、养、加、贮、运、销的农副产品及资源开发增值链，促进结构调整、劳动力转移，增强经济实力和对市场经济的适应能力，实现经济的良性循环，提高经济发展的可持续性。

（3）运用生态学食物链原理开发宏观与微观生产的物质良性循环、能量多级利用的再生产资源高效利用技术，提高资源利用效率，实现物质流动的良性循环，增强可再生资源利用与环境容纳量的可持续性。

三、建设循环农业的基本原则

（一）突出农村主导产业，实现经济社会全面发展原则

坚持以发展农村经济为中心，进一步解放和发展生产力，因地制宜，做强做大当地农业主导产业，一般要以粮食为基础，大力发展粮食生产，在此基础上着力发展畜牧业和农产品加工业，为循环农业发展提供产业支撑。同时，大力加强农村基础设施建设，发展农村公共事业，提高物质文化水平，实现全面发展。

（二）坚持经济和生态环境建设同步发展原则

发展循环农业，实现农业可持续发展，必须把生态环境建设放在十分重要的位置，坚决改变以牺牲环境来换取经济发展的传统发展模式，禁止有污染的企业发展。同时，结合社会主义新农村建

设，大力加强植树造林、村容村貌的整顿，在农村开展农村清洁工程，改善生态环境和生产生活条件。

（三）实行分类指导，突出特色原则

循环农业建设要根据当地的经济实力和资源特色，分类指导，递次推进，不搞一刀切，要倡导和支持专业村、特色村建设，鼓励"一村一品、一乡一产、数村一业"的专业化、标准化、规模化发展模式。

（四）整合社会资源，实行重点突破原则

各地对每年确定的主要农业建设项目，要紧紧围绕生态化建设目标，坚持资金、技术、人才重点倾斜，各种资源要素集中整合，捆绑使用，使项目建一个成一个，确保项目综合效益的全面实现。

（五）坚持城乡统筹，全社会共同参与原则

改变传统的就农业抓农业、城乡两元分割的不利做法和管理体制，制定相应政策和激励机制，引导社会力量参与循环农业建设，发挥中心城镇作用，制定城乡统筹、城乡互动、城市带动农村发展的有效机制。鼓励企事业单位、社会名流向循环农业投资，积极创办循环农业企业和承担建设项目，积极引进一切资金，增加农业投入；鼓励广大农民群众出资投劳，搞好基础建设和环境整治，改善家乡面貌。

（六）树立典型，以点带面原则

循环农业建设是一项长期的系统工程，涉及多学科、多行业、多部门，要求全社会广泛参与。必须统筹安排，循序渐进。要充分发挥各类农业示范区的示范作用，集中力量抓一批典型，及时展示循环农业成果，总结循环农业经验，组织参观、培训、调研活动，推广成功经验，普及关键技术，传播适用信息，达到以点带面效果。

（七）坚持"以人为本"，充分发挥基层群众组织原则

农村广大农民群众、专业协会、新型农民合作组织、涉农企业是循环农业建设的主体。要坚持"以人为本"的原则，就是要以农民的全面发展为根本，发挥市场配置资源的主导作用，兼顾

各方面的利益，实现农业发展与农民富裕目标同步实现，农民收入增长与农民素质同步提高，农业基础设施建设与农村公益事业同步发展，农村经济社会进步与生态环境、生存条件改善同步进行。

（八）发展建设和理论研究兼顾原则

循环农业建设，关系到农业可持续发展。循环农业理论和发展模式的创立，为当代农业发展提供了全新的视角和发展思路。发展循环农业要在农、林、畜、渔结合，产业化，科技服务体系建设等方面搞好实践，要以大专院校、科研单位为依托，发挥本地干部、科技人员、群众的聪明才智，针对当地粮食、蔬菜、畜牧、食用菌、林果生产和生态建设关键技术、服务体系和循环农业发展模式进行必要的研究，打牢循环农业建设的理论基础，提高科技服务和农业管理水平。

（九）加强农业生产自身环境污染治理，保护好生态环境原则

发展循环农业，不能以牺牲环境为代价，在发展循环农业的同时，要解决自身环境污染问题。要确保到 2020 年实现“一控两减三基本”（即严格控制农业用水总量，减少化肥、农药施用量，地膜、秸秆、畜禽粪便基本资源化利用）目标。

（十）有效地增加投入，改善生产条件，增强动力和后劲原则

发展循环农业，离不开土地、水利设施、农业机械等生产条件的改善，要千方百计地增加对农业的投入，并尽可能减少重复投入，提高投资效果，在提高和保持农业综合生产能力上下功夫，克服掠夺性生产方式，用养结合，不断培肥地力，为绿色农业发展奠定基础。

四、循环农业建设的支持体系

在市场经济条件下，农业生产者和其他市场参与者是发展循环农业的主体，政府职能的发挥对于加快发展循环农业进程也起着至关重要的作用，实践证明，发展循环农业需建立必要的支持体系。

（一）建立循环农业政策支持体系

可持续发展的循环农业要旨是正确处理世代之间平等分配，这也是循环农业的立足点。对此，要加强资源保护及农业资源综合立法，对自然资源实行资产化管理，制定完善的支持政策，建立循环农业政策体系；强化生态意识，依法保护和改善生态环境，坚决制止破坏生态环境的行为；加强土壤环保，减少化肥、农药等污染，把循环农业与生态环境、资源的永续利用有机地结合起来。

（二）建立循环农业科技支持体系

要鼓励和支持有关单位的科技人员研究循环农业，开发新技术、新产品，转化科技成果。应重点在以下几个方面进行开发：一是开展品种资源的改良，开发高产、优质、抗病虫的新品种，加快无公害、绿色食品生产技术的配套与推广。二是开展绿色食品生产施肥技术的推广与应用。三是加强病虫害的预测预报工作，开展以农业防治、物理防治、生物防治为重点的病虫害综合防治技术的推广与应用。四是开展无公害、绿色农业产品加工工艺的引进和应用。五是制定循环农业相关标准。重点是要在生产、加工、贮藏与运输等方面制定技术规程，推进循环农业标准化。通过研究配套和完善生产技术，为发展循环农业提供技术支撑。

（三）建立循环农业资金支持体系

发展循环农业，提供无公害、绿色食品，是一项任务艰巨、投资巨大的系统工程，增加投入是循环农业得以顺利发展的重要支撑。为此，必须按照市场经济发展的要求，建立多渠道、多层次、多方位、多形式的投入机制，尽快建立和完善农业、林业、水保基金制度，水土保持设施、森林生态效益、农业生态环境保护补偿制度，海域使用有偿制度等。财政支持是使循环农业健康发展的基础，各级财政都要安排专项资金进行支持。同时，积极拓宽投融资渠道，鼓励工商企业投资发展循环农业，逐步形成政府、企业、农民共同投入的机制。并鼓励和扶持市场前景好、科技含量高、已形成规模效益的无公害、绿色农产品企业上市，从而加速和推进循环农业发展。

（四）建立循环农业产业化经营支持体系

无公害、绿色食品加工企业是农民进入市场的主体，也是新型市场竞争的主体。无公害、绿色食品品种繁多，要从各地实际出发，注意优先选择资源优势明显、市场竞争力强的产品集中进行开发，培植名牌，扩大规模，形成优势。尤其要把增强无公害、绿色食品骨干加工企业的带动能力和市场竞争力作为发展循环产业的重中之重。

（五）建立无公害与绿色农产品市场消费支持体系

培育无公害与绿色食品消费体系也是促进循环农业发展的一个重要方面：一是要建设无公害与绿色食品市场，开展无公害与绿色食品批发配送，并开辟网上市场，建立专门的食品超市，开展无公害与绿色食品的出口贸易和无公害与绿色食品生产资料的营销等。二是要围绕无公害与绿色农产品原料生产基地和加工基地，建设一批辐射能力强的批发市场。三是要强化对无公害与绿色农产品的宣传力度，普及循环农业知识，提高全社会对无公害与绿色农产品的认知水平，畅通无公害与绿色农产品的消费渠道。四是要组织实施无公害与绿色农产品名牌战略，鼓励各类企业创立名牌，增大无公害与绿色农产品在国内外的知名度，进一步提高其市场占有率。五是要密切跟踪绿色农产品国际标准的变化，加强国际市场信息的收集与分析工作，针对国际贸易中的技术壁垒，建立预警机制，以便及时应对。

五、循环农业发展的必然趋势与紧迫性

（一）必然趋势

现代农业的发展对全球社会的持续繁荣和发展起到了至关重要的作用，发展经济学家普遍认为，现代农业为经济和社会的发展做出了四大贡献：一是产品贡献。即为人类提供了充足食物。二是要素贡献。即为工业化积累资本和提供剩余劳动力。三是市场贡献。即为工业品提供消费市场。四是外汇贡献。即为工业化和技术引进

提供外汇资本。但是，在现代农业的发展取得成就的同时，也产生了一系列问题：

一是对石油等石化能源的过度依赖与能源供给短缺形成了尖锐矛盾。20 世纪 50～80 年代的 30 年间，世界化肥施用量就增加了 8.5 倍，灌溉面积增加了 1.4 倍，大中型拖拉机使用量增加了 3.8 倍，农业能源消耗由 1950 年的 0.38 亿吨石油当量上升到 1985 年的 2.6 亿吨石油当量。从长期来看，世界石油能源储存量、开采量和供给量有限，现代农业过度依赖石油能源投入的惯性将增加现代农业的不稳定性，从而导致世界粮食市场供求关系随石油价格的波动而波动。

二是农业生产中大量使用化肥、农药等农业化学物质投入品。化肥、农药、农膜等农业化学物质投入品在土壤和水体中残留，造成有毒、有害物质富集，并通过物质循环进入农作物、牲畜、水生动植物体内，一部分还将延伸到食品加工环节，最终损害人体健康。过量使用化学物质，不仅污染了环境，而且污染了生物；不仅影响了农业生产本身，而且影响了人体健康。特别是过量使用化学农药，后果最为严重，出现了一系列问题。如农药抗性问题、害虫再度猖獗问题、农业生产成本增加问题和残留污染问题。

三是片面依靠农业机械、化学肥料和除草剂的投入，加上不合理的耕作，引起水土流失、土壤和生态环境恶化。片面依靠化学肥料增加农业产量，忽视有机肥的作用，使土壤中有机物减少，恶化了土壤理化性状，加上不合理的耕作和过量施用除草剂，造成土壤板结，降低了土地生产能力。同时，还造成土壤过度侵蚀和水土流失以及土壤盐渍化与沙漠化，土地资源不断受到破坏。

四是生物多样性遭到破坏。现代育种手段和种植方式，破坏了生物多样性，使不可再生的种质资源大大减少，特别是基因工程手段的应用，引起了人们对转基因食品安全性的忧虑和恐慌。

随着环境污染问题和生态平衡被破坏问题的日趋严重，世界各国对全球性环境问题越来越重视，“世界只有一个地球”“还我蓝天秀水”的呼声在全世界各地此起彼伏。同时，环境污染对食品安全性的威胁及对人类身体健康的危害也日渐被人们重视，大多数国家的环境意识迅速增强，保护环境、提高食品的安全性、保障人类自身的健康已成为大事。回归大自然、消费无公害食品已成为人们的必需。因此，生产无农药、化肥和工业“三废”污染的农产品，发展可持续农业就应运而生。1972 年，在瑞典首都斯德哥尔摩联合国“人类与环境”食品会议上，成立了国际有机农业联盟（IFOAM）。随后，在许多国家兴起了循环农业，提倡在原料生产、加工等各个环节中，树立食品安全的思想，生产没有公害污染的食品，即无公害食品。由此，在全世界又一次引起了一次新的农业革命。随后，一些国家相继研究、示范和推广了无公害农业技术，同时开发生产了无公害、生态和有机食品，无公害、绿色农产品生产开始兴起。回顾 21 世纪以来社会和经济发展的历程，人类已经清醒地认识到，工业化的推进为人类创造了大量的物质财富，加快了人类文明的进步，但也给人类带来了诸如资源衰竭、环境污染、生态破坏等不良后果，再加上人类的刚性增长，人类必然要坚持走可持续发展的道路。在这样的宏观背景下，必然要催生一种新的农业增长方式或新的农业发展模式，农业绿色发展应运而生。

我国是一个传统农业大国，既有传统的精耕细作经验，也有多变的地理、气候环境条件，加上众多人口在农村，经济还不十分发达，农业绿色发展必须走中国特色社会主义道路；必须着力提高农业水利化、机械化和信息化水平，提高土地产出率、资源利用率和农业劳动生产率，提高农业效益和竞争力；必须保护好资源生态环境，提高农产品质量，搞好“一控两减三基本”，走生态循环持续发展的模式。

（二）紧迫性

循环农业发展模式作为一个新生事物，它是在一定历史背景下产生并得到发展的。农业是一个永恒的产业，它既是人类生存和发展的基础，又随着人类文明的不断进步而不断得到发展。进入 21 世纪，科技转化、资源匮乏、环境恶化、食物安全和经济发展等，都面临着新的矛盾和挑战，世界农业的发展呈现出新的形势：

1. 农业发展的首要任务是保障人类食物安全 人类生存所需要的数量问题虽然有所好转，但至今仍然没有得到充分满足，世界上仍有相当数量的人没有解决基本的温饱问题，而食物质量安全与营养健康问题更加凸显出来。

2. 农业发展需要科学技术作支撑 一方面，科学技术的日新月异，特别是生物技术、信息技术及纳米技术等的快速进步和广泛应用，使农业发展对科学技术的依赖越来越强；另一方面，农业科学技术对农业的贡献率仍较低，农业的科技成果转化率亟待尽快提高。

3. 农业的发展需要良好的资源环境条件，现代工业文明的负效应成为农业发展的制约因素 现代工业文明正在加快对传统农业的改造，虽加快了农业现代化和农村发展的步伐，但随之而来的环境与资源的保护与开发问题日益受到社会的普遍关注。农业作为基础的、弱质的生命类产业，资源短缺、环境恶化对农业的发展制约明显。

4. 农业的发展需要农产品标准化 全球经济一体化和市场资源配置的基础性作用，正在使重农抑商的产品型自然经济转向农工商互利的商品型市场经济，农业作为主要的基础产业，其经济效益成为推动社会和经济发展的重要力量。农业的经济效益需要通过农产品经市场流通来实现，国际性农产品贸易甚至国内农产品贸易的顺利进行，需要确定国际间相互认可的农产品标准。

六、循环农业发展中农业自身措施

目前，我国的农业生产过程中农业面源污染问题比较突出，已引起国家的高度重视，国务院审议通过了《全国农业可持续发展规划》，明确提出要着力转变农业发展方式，促进农业可持续发展，走新型农业现代化道路。要把农业生产自身污染防治作为一项重要工作来抓，作为转变农业发展方式的重大举措，作为实现农业可持续发展的重要任务。到 2020 年实现化肥、农药使用量零增长行动，化肥和主要农作物农药利用率均超过 40%，分别比 2013 年提高 7 个百分点和 5 个百分点。经过一段时间的努力，使农业生产自身污染加剧的趋势得到有效遏制，确保实现“一控两减三基本”目标。

（一）节约用水

我国水资源短缺，旱涝灾害频繁发生，水土资源分布和组合很不平衡，并且各地作物和生产条件差异很大，特别是华北平原农区缺水严重，农作物产量高，自然降水少，地表可重复利用水源缺乏，农业生产用水主要依靠抽取深层地下水来补充，但近些年地下水位下降较快。一些农业大县地表水和地下水的可重复量是目前农业生产用水量的 1/2，缺水 50%左右。下一步需要通过南水北调补源和节约用水提高水利用率的办法来解决水资源问题。目前我国农业灌溉用水的有效利用率仅为 40%左右，一些发达国家农业灌溉用水的有效利用率可达到 70%以上，我国节约用水的潜力还很大。到 2020 年，全国农业灌溉用水总量保持在 3 720 亿米^{3}左右，农田灌溉水有效利用系数达到 0.55。

确立水资源开发利用控制红线、用水效率控制红线和水功能区限制纳污红线。要严格控制入河湖排污总量，加强灌溉水质监测与管理，确保农业灌溉用水达到农田灌溉水质标准，严禁未经处理的工业和城市污水直接灌溉农田。实施“华北节水压采、西北节水增效、东北节水增粮、南方节水减排”战略，加快农业高效节水体系建设。加强节水灌溉工程建设和节水改造，推广保护性耕作、农艺节水保墒、水肥一体化、喷灌、滴灌等技术，改进耕作方式，在水资源问题严重地区，适当调整种植结构，选育耐旱新品种。推进农业水价改革、精准补贴和节水奖励试点工作，增强农民节水意识。

（二）化肥减量

分析造成我国化肥用量较大的主要因素有以下几个：一是有机肥用量偏少，大量施用化肥来补充。二是化肥品种和区域性结构不尽合理，加上施用方式方法欠佳，利用率偏低，浪费、污染严重。

三是经济效益相对较高的蔬菜和水果作物上施用量偏大，尤其是设施蔬菜上用量更大，有的地方已经达到严重污染的地步。四是绿肥种植几乎被忽视，面积较小，不能适应循环农业的发展。同时，过量施肥带来的危害也显而易见：①经济效益受影响，在获得相同产量的情况下，多施化肥就是多投入，经济效益必然下降；②产品品质不高，特别是氮肥施用过量后，会增加产品中硝态氮的含量，影响产品品质；③土壤理化性状变劣，由于化肥对土壤团粒结构有破坏作用，所以过量施肥后，土壤物理性状不良，通透性变差，致使耕作几年后不得不换土；④造成环境污染，包括地下水的硝态氮含量超标及土壤中的重金属元素积累；⑤过量施肥，会对大棚菜产生肥害。化肥是作物的“粮食”，既要保证作物生产水平的提高，又要控制化肥的使用量，就必须通过增施有机肥料，调整化肥品种结构，大力推广应用测土配方施肥技术，提高化肥利用率。到2020年，确保测土配方施肥技术覆盖率达90%以上，化肥利用率达到40%以上。

（三）农药减量

分析造成我国农药用量较多的主要因素有以下几个：一是由于近些年来气候的变化和耕作栽培制度的改变，农作物病虫草害呈多发、频发、重发的态势。二是没有实行科学防控，重治轻防和过度依赖化学农药防治，加上用药不科学、喷药机械落后等造成用药量大，流失、浪费、污染严重，利用率不高。三是农药品种结构不科学，高效低毒低残留（或无毒无残留）的农药开发应用比重偏低。

农药是控制农作物病虫草害发生的一项主要措施，是农作物丰产丰收的保证，在今后的农作物病虫草害防治工作中，要努力实现“三减一提”，减少农药用量的目标。一是减少施药次数。应用农业防治、生物防治、物理防治等绿色防控技术，创建有利于农作物生长、天敌保护而不利于病虫草害发生的环境条件，预防控制病虫草害发生，从而达到少用药的目的。二是减少施药剂量。在关键时期用药、对症用药、用好药、适量用药，避免盲目加大施用剂量。三是减少农药流失。开发应用现代植保机械，替代“跑冒滴漏”落后机械，减少农药流失和浪费。四是提高防治效果。扶持病虫草害防治专业服务组织，大规模开展专业化统防统治，提高防治效果，减少用药。到2020年，农作物病虫害绿色防控覆盖率达30%以上，农药利用率达到40%以上。

（四）地膜回收资源化利用

我国地膜进入大面积推广已30多年，成效显著，当前我国地膜覆盖栽培面积达4亿亩以上，地膜年销量已突破140万吨。但是，地膜残留污染渐趋严重，据中国农业科学院监测数据显示，目前我国长期覆膜的农田每亩地膜残留量在5～15千克。当前对地膜污染采取的防治途径主要是增加膜厚提高回收率和开发可控全生物降解材料的地膜。到2020年，农膜回收率要达到80%以上。

农膜之所以造成生态污染，首先是回收不力。现在农民普遍使用的农膜非常薄，仅5～6微米，使用后的残膜难回收；其次自愿回收缺乏动力，强制回收缺乏法律依据；加之机械化回收应用率极低，残膜收购网点少，残膜回收加工企业耗电量大、工艺落后等因素，造成残膜回收十分困难。增加地膜厚度是提高回收率的有效方法之一，但成本也随之增加，目前农民愿意购买的是6微米厚的地膜，政府制定的标准厚度要求是（10±0.01）微米。这就需要政府作为，进行有效补贴。

在提高回收率的基础上，开发可控全生物降解材料的地膜，推广应用于生产还需先解决三大问题：降解进程不够稳定可控、成本过高、减薄后强度低，如能有效解决这些问题，市场前景不可估量。目前，河南省已开始对地膜回收企业制定了奖励政策。

（五）秸秆资源化利用

农作物秸秆也是重要的农业资源，用则为宝，弃则危害。农作物秸秆综合利用有利于推动循环农业发展、绿色发展，有利于培肥地力、提升耕地质量，事关转变农业发展方式、建设现代农业、保护生态环境和防治大气污染，做好秸秆综合利用工作意义重大。当前秸秆资源化利用的途径是秸秆综合利用，禁止露天焚烧。随着我国农民生活水平提高、农村能源结构改善，加之秸秆收集、整理和运输成本高等因素，秸秆综合利用的经济性差、商品化和产业化程度低。还有相当多秸秆未被利用，已经利用的也是粗放的低水平利用。从生态良性循环农业的角度出发，秸秆资源化利用应首先满足过腹还田（饲料加工）、食用菌生产、有机肥积造、机械直接还田的需要，其次再考虑秸秆能源和工业原料利用。到2020年，秸秆综合利用率要达到85%以上。

秸秆饲料技术：其特点是依靠有益微生物来转化秸秆有机质中的营养成分，增加经济价值，达到过腹还田的效果。秸秆可通过氨化、青贮、微贮和压块等多种方式制成饲料用于养殖。氨化是指秸秆中加入氨源物质密封堆制；青贮是指将青玉米秆切碎、装窖、压实、封埋，进行乳酸发酵；微贮是指在秸秆中加入微生物制剂，密封发酵；压块是指在秸秆晒干后，应用秸秆粉碎机粉碎秸秆，加入其他添加剂后拌匀，倒入颗粒饲料机料斗，由磨板与压轮挤压加工成颗粒饲料。秸秆传统的用途是饲喂草食动物，主要是反刍动物。如何提高秸秆的消化率，补充蛋白质来源是该技术的关键。近几年来，用秸秆发酵饲料饲喂猪、禽等单胃动物，在软化和改善适口性、增加采食量上有一定效果，但关键是看所采用的菌种是否真正具有分解转化粗纤维的能力和能否提高蛋白质的含量。这需通过一定的检验方法和饲喂试验来取得可靠的证据才可进行推广。

秸秆培养料技术：把秸秆晾干后利用机械粉碎成小段并碾碎，再和其他原料混合，以此作为基料栽培食用菌、生产食用菌，大大降低了生产成本。利用秸秆栽培食用菌也是传统技术，只要能选育和开发出新菌种，或在栽培技术上取得突破，仍将有很大的增值潜力。

秸秆肥料技术：包括就地还田和快速沤肥、堆肥等技术，其核心是加速有机质的分解，提高土壤肥力，以利于农业生态系统的良性循环和种植业的持续发展。利用菌种制剂将作物秸秆快速堆沤成高效、优质有机肥；或者经过粉碎、传输、配料、挤压造粒、烘干等工序，工厂化生产出优质的商品有机肥料。

秸秆直接还田技术：我国人多地少，复种指数高，要求秸秆和留茬必须快速分解，才有利于接茬作物的生长，这是近期秸秆利用的主要方式。

秸秆作能源和工业原料技术：包括秸秆燃气化能源工业和建筑、包装材料工业等生产技术。秸秆热解气化工程技术，是利用秸秆气化装置，将干秸秆粉碎后再经过气化设备热解、氧化和还原反应转换成一氧化碳、氢气、甲烷等可燃气体，经净化、除尘、冷却、贮存加压，再通过输配系统输送到各家各户或企业，用于炊事用能或生产用能。燃烧后无尘无烟无污染，在广大农村这种燃气更具有优势。秸秆燃烧后的草木灰还可以无偿地返还给农民作为肥料。该工程特点是生产规模大，技术与管理要求高，经济效益明显。秸秆气化供气技术比沼气的成本高，投资大，但可集中供应乡镇、农村，作为生活用能源。秸秆作建材是利用秸秆中的纤维和木质作填充材料，以水泥、树脂等为基料压制成各种类型的纤维板，其外形美观，质轻并具有较好的耐压强度。把秸秆粉碎、烘干，加入黏合剂、增强剂等利用高压模压机械设备，经碾磨处理后的秸秆纤维与树脂混合物在金属模具中加压成型，可制造纤维板、包装箱、快餐盒、工艺品、装饰板材和一次成型家具等产品，既减轻了环境污染，又缓解了木材供应的压力。秸秆板材制品具有强度高、耐腐蚀、不变形、不开裂、美观大方及价格低廉等特点。

（六）畜禽粪便资源化利用

随着养殖业的迅猛发展，在解决了人类肉、蛋、奶需求的同时，也带来了严重的环境污染问题。大量畜禽粪便污染物被随意排放到自然环境中，给生态环境带来了巨大的压力，严重污染了水体、土壤以及大气等环境，因此，对畜禽粪便进行减量化、无害化和资源化处理，防止和消除畜禽粪便污染，对于保护城乡生态环境、推动现代农业产业和发展循环经济具有十分积极的意义。到2020年，要确保规模畜禽养殖场（小区）配套建设废弃物处理设施比例达75％以上。

畜禽粪便污染治理是一项综合技术，是关系我国畜禽业发展的重要因素。要想从根本上解决畜禽粪便污染问题，需要在各有关部门转变观念、相互协调、相互配合、各司其职、认真执法的基础上，同时加强对畜禽粪便处理技术和综合利用技术的不断摸索，特别是对畜禽粪便生态还田技术、生态养殖模式等新思维进行反复探索试验，力争摸索出一条真正适合我国国情、具有中国特色的畜禽粪便污染防治的道路，争取到2020年规模养殖场配套建设粪污处理设施比例达到75%以上，实现畜禽粪便生态还田和零排放的目标。具体途径有以下几个：

1. 沼气法 通过畜禽粪便为主要原料的厌氧消化制取沼气、治理污染的全套工程在我国已有近30年历史，近年来技术上又有了很大的发展。总体来说，目前我国的畜禽养殖场制取沼气无论是装置的种类、数量，还是技术水平，在世界上都名列前茅。用沼气法处理禽畜粪便和高浓度有机废水，是目前较好的利用办法。

2. 堆制生产有机肥 由于高温堆肥具有耗时短、异味少、有机物分解充分、较干燥、易包装、可制成有机肥等优点，目前正成为研究开发处理粪便的热点。但堆肥法也存在一些问题，如处理过程中氨损失较大，不能完全控制臭气。采用发酵仓加上微生物制剂的方法，可减少氨的损失并能缩短堆肥时间。随着人们对无公害农产品需求的不断增加和可持续发展的要求，对优质商品有机肥料的需求量也在不断扩大，用畜禽粪便生产无害化生物有机肥也具有很大市场潜力。

3. 探索生态种植养殖模式 目前，生态种植养殖模式主要有以下几种：一是自然放牧与种养结合模式，如林（果）园养鸡、稻田养鸭、养鱼等；二是立体养殖模式，如鸡-猪-鱼、鸭（鹅）-鱼-果-草、鱼-蛙-畜-禽等养殖模式；三是以沼气为纽带的种养模式，如北方的“四位一体”模式。

4. 其他处理技术 一是用畜禽粪便培养蛆和蚯蚓。如用牛粪养殖蚯蚓，用生石灰作缓冲剂并加水保持温度，蚯蚓生长较好，此项技术已不断成熟，在养殖业上将有很好的经济效益。二是用畜禽粪便养殖藻类。藻类能将畜禽粪便中的氨转化为蛋白质，且藻类可用作饲料。螺旋藻的生产培养正日益引起人们的关注。三是发酵床养猪技术。发酵床由锯末、稻糠、秸秆、猪粪等按一定比例混合并加入专用发酵微生物制剂后制作而成。猪在经微生物、酶、矿物元素处理的垫料上生长，粪尿不必清理，粪尿被垫料中的微生物分解，转化为有益物质，可作为猪饲料，这样既对环境无污染，猪舍无臭味，还可减少猪饲料用量。

>>> 第二章　饲草与绿肥栽培实用技术

发展循环农业需要种植业与畜牧业有一个适当比例，在一般传统的种植业区，畜牧业一般比重偏小，不能适应循环农业发展的要求，良好的饲草是发展畜牧业的基础。牧草是一类营养价值高、畜禽适口性好的饲料作物，也是一类重要的经济饲料资源，享有“绿色黄金”的美誉。发展人工牧草栽培是发展畜牧、水产养殖的重要措施，也是发展循环农业的重要环节。种植牧草，以草养畜，对循环农业具有十分重要的意义。

第一，种植牧草有利于改善饲料营养结构，发展节粮高效畜牧业。传统畜牧业的饲料主要是由粮食及其副产品转化而来，粮食的主要成分是淀粉、糖类等能量物质，其副产品秸秆的主要成分是畜禽难以消化的纤维素，二者蛋白质含量都很低，而蛋白质却是畜禽生长发育的最重要营养物质，因此传统饲料很难满足畜禽生长发育的需要，若要配置全价饲料就要增加成本。高效牧草是人类经过长期选育而成的一类高产营养平衡的饲料作物，据专家测定，如牧草鲁梅克斯 K-1 杂交酸模的蛋白质含量可达 30%～40%，是玉米的 4 倍，赖氨酸含量是玉米的 6 倍，维生素含量也很高，如果仅从蛋白质含量考虑，种植 1 亩鲁梅克斯 K-1 杂交酸模相当于种植 15 亩玉米，牧草若配以传统的能量饲料则完全可以满足畜禽生长发育的需要，因此种植牧草可以改善饲料的营养结构，发展高效、优质、节粮型畜牧业。

第二，牧草产量高，易种易管，经济效益好。普通农作物只收获种子部分，种子产量易受天气等自然条件的影响，因此难以高产稳产。牧草大多是多年生草本植物，根深叶茂，耐瘠薄、耐干旱，由于利用的是整个植株的地上部分，很难出现因自然灾害而颗粒无收的现象。牧草易种易管，生产成本低，产量高，经济效益好，如种植1亩苜蓿可产苜蓿干草粉750千克，按每千克3元的价格计算，亩产值可达2 250元，如果直接用于养殖，效益会更高。

第三，种植牧草可以解决退耕还林后保护生态与发展经济间的矛盾。退耕还林、保持水土、改善生态是我国当前的大政方针之一，但是退耕还林后耕地减少，群众的经济收入成了问题，在林间套种牧草则可以很好地解决这一问题。林间套种牧草、以草养畜、发展畜牧业解决了当地群众经济收入问题，种植牧草发展圈养家畜也可以防止放牧毁林现象的发生，同时林间套草在造林初期还可以防止水土流失，具有很高的生态效益，可见种植牧草实乃一举三得的好事。牧草易种易管，产量高，种植效益好，不但可以改善饲料营养结构，发展高效畜牧业而且还有很高的生态效益，因此种植牧草将发展成为农村又一新兴产业。

实行牧草产业化，是调整产业结构、发展畜牧业的重中之重，也是生态环境建设、发展循环农业、实现可持续发展的一项绿色产业。特别是我国西部是生态环境最脆弱的地区，尽快恢复和发展牧草植被对经济和社会发展均具有重要意义。结合实施西部大开发战略，退耕还草，封山绿化，重点建设大型优质牧草饲料生产基地，将是我国今后产业结构调整和生态环境建设的重要战略。实施草业产业化不仅可以给农民带来较好的经济效益，而且可以产生巨大的社会效益和生态效益。

目前我国饲草业已呈现出强劲的发展势头，但是我国幅员广大，自然气候和资源环境差异悬殊，加之牧草品种繁多，品质优劣不等，因此，在饲草业工程发展之际，着力做好品种类型和种植模式配套选择基础性工作，使品种和资源相配套，以期达到优质高产高效，才能取得良好的经济、社会和生态效益。从前一阶段饲草业发展情况来看，做好饲草业产业化还要注意以下几个问题：

一是要辩证信息，试验先行。目前，一些媒体从不同角度对诸多新品种牧草做了详尽的介绍和报道。但同一品种的生物学特性、营养和利用价值差异很大。例如，俄罗斯饲料菜确是一种营养价值高、适口性好、抗性强、消化率高的高产高效优质牧草，亩年产鲜草北方一般为 2 万～2.5 万千克，南方为 2.5 万～3 万千克。有报道称俄罗斯饲料菜亩产鲜草可达 6 万～8 万千克，这与实际产量相差甚大。又如串叶松香草，有报道称种植 1 亩串叶松香草相当于 1 公顷粮食，而且适口性好。串叶松香草抗性较强，生长也较快，栽培和管理简便，但该草粗纤维含量高，有异味，适口性差，畜禽均不喜食，因此这种报道欠妥。牧草业是一项系统农业工程。我国的牧草业处于发展阶段，或处于不完善的产业化阶段。适地适宜选择品种，对全面实施牧草产业化，以草兴牧、以草富民至关重要。在品种选择上宜坚持信息与科学试验相结合，试验与推广相结合，以达到好种出好苗，高产出高效。

二是优选品种，高产高效种植。我国地域广阔，牧草品种繁多。近几年又相继研发和引进推广了一系列高营养、高产量牧草品种，呈现出新品种（即优质品种）即可取代传统品种的发展态势。对经过试验适合本地自然环境的优质新品种，宜加大宣传力度，并推向专业化，但是对传统的优质品种也亦加以新品种选育并同步开发。如吉林省集安市园艺特产研究所自 1990 年开始先后引进了俄罗斯饲料菜、杂花苜蓿、杂交胡枝子、籽粒苋、饲用苋菜、鲁梅克斯 K-1 杂交酸模、串叶松香草等 50 余个牧草新品种。经近 10 年引种和区域试验、扩繁及规模示范，初步摸索出品种特性以及分区栽培的品种。俄罗斯饲料菜种根经过脱毒处理后，不仅抗病，而且产量和品质亦明显提高。建设牧草基地应根据建设目标，选择适应性强、产草量高、适口性好、饲用价值大的品种。东北、华北、内蒙古栽培区，可参考选用俄罗斯饲料菜、苜蓿、胡枝子、蛋白草、草木樨、串叶松香草、鲁梅克斯 K-1 杂交酸模等；黄淮海平原、长江中下游栽培区，可参考选用俄罗斯饲料菜、苜蓿、沙打旺、白三叶、胡枝子、葛藤、饲料油菜等；华南、西南、新疆栽培区，可参考选用俄罗斯饲料菜、苜蓿、黑麦草、白三叶等。

三是种植短季牧草还要选择适宜的种植模式。在传统种植区种植短季牧草，还要考虑提高接茬作物种植效益，以增加整体综合效益。

四是建设牧草基地，还应注重低投入、高产、优质、高效。在降低投入的前提下，实现当年栽植、当年利用、当年见效。目前我国新推广的牧草种子（种根）价格相差悬殊，种植户要多方搜集种源信息，在确保种子（种根）质量的前提下，尽量选择价低或价格适中的种子（种根）。

五是要考虑季节牧草平衡，照顾近期和长期的牧草生产能力，牧草品种与自然社会条件相适应。随着牧草产业化的推进，可以预测牧草产业广阔的发展前景。饲草产业从业人员也一定会获得新的生机和活力。

传统的人工牧草有豆科、禾本科和叶菜类三大类。据统计，豆科植物全世界有 500 多属 1 200 多种，我国有 130 余属 1 000 多种；豆科牧草一般生产成本低，并含有丰富的蛋白质和多种维生素。禾本科植物全世界有 620 多属 10 000 多种，我国有 190 余属 1 200 多种；禾本科牧草含有较多的糖类物质。叶菜类牧草含水量大，宜青饲。本书将这三类牧草中选一些有代表性的品种，对其栽培技术要点进行介绍。

第一节　紫花苜蓿栽培实用技术

紫花苜蓿是世界上栽培最早、最广和最多的多年生优良豆科牧草，在我国栽培已有两千年的历史。由于它具有产量高、营养丰富和适口性好等优点，为各类家畜所喜食，素有“牧草之王”的美称。同时，栽培紫花苜蓿在种植业中还具有改良土壤、提高肥力、防止水土流失等作用。

一、生物学特性

紫花苜蓿为多年生草本豆科植物。它根系发达，主根长达3～16米，根上着生较多根瘤；茎直立或有时斜生，高60～100厘米；叶为羽状三出复叶，小叶倒卵形，上部1/3叶缘具细齿；花为短总状花序，腋生，花冠蝶形；荚果螺旋形，种子肾形，黄褐色，千粒重1.5～2克。该牧草对土壤要求不严，在土壤pH 6.5～8.0均能良好生长，在富含钙质而且腐殖质多的疏松土壤中，根系发育强大，产草量高。一般经济产草年限为2～6年，以后产量逐年下降。种子发芽要求最低温度为5～6℃，最适温度为20～25℃，超过37℃将停止发芽。茎叶在春季7～9℃时开始生长，但苗期能耐－7.5℃的低温。该牧草喜水，但怕涝，水淹24小时即死亡，适宜年降水量660～990毫米的地区种植。

二、栽培技术

（一）精细整地，足墒足肥播种

紫花苜蓿种子小，整地质量对出苗影响很大，生产上要求种紫花苜蓿的地块平整，无大小土块，表层细碎，上虚下实。在整地时要求施足底肥，以腐熟沼渣或有机肥为主，可亩施3 000千克以上，同时还可施少量化肥，以氮肥不超过10千克、复合肥不超过5千克为宜。播种时适宜的土壤水分要求是：黏土含水量在18％～20％，沙壤土含水量在20％～30％，生产上一定要做到足墒足肥播种。

（二）播种

紫花苜蓿一年四季均可播种，一般以春播为宜。以收鲜草为目的的地块行距30厘米为宜，采用条播方式，亩用种量在0.5～0.75千克。播种深度2～3厘米，冬播时可增加到3～4厘米。

（三）田间管理

在苗期注意清除杂草，尤其在播种的第一年，紫花苜蓿幼苗生长缓慢，易滋生杂草，杂草不仅影响生长发育和产量，严重时可抑制紫花苜蓿幼苗生长造成死亡。在每年春季土壤解冻后，紫花苜蓿尚未萌芽以前进行耙地，使土壤疏松，既可保墒，又可提高地温，消灭杂草，促进返青。在每次收割鲜草后，地面裸露，土壤蒸发量大，应采取浇水和保墒措施，并可结合浇水进行追肥，亩追沼液1 000千克以上，化肥每亩15千克左右。紫花苜蓿常见的病虫害有蛴螬、地老虎、凋萎病、霜霉病、褐斑病等，应根据情况适时防治。

（四）收草

紫花苜蓿的收草时间要从两个方面综合考虑，一方面要求获得较高的产量，另一方面还要获得优质的青干草。一般春播的在当年最多收一茬草，翌年以后每年可收草2～3茬。一般以初花期收割为宜。收割时要注意留茬高度，当年留茬以7～10厘米为宜，翌年以后可留茬稍低，一般为3～5厘米。

三、利用方法

青喂时，要做到随割随喂，不能堆放太久，防止发酵变质。每头每天喂量可掌握在：成年猪5～7.5千克；体重在55千克的绵羊一般不超过6.5千克；马、牛35～50千克。喂猪、禽时应粉碎或打浆；喂马时应切碎，喂牛羊时可整株喂给。为了增加紫花苜蓿贮料中糖类物质含量，可加入25%左右的禾本科草料制成混合草料饲喂或青贮。调制干草要选好天气，在晨露干后随割随晒、勤翻，晚上堆好，防露，连续晒4～5个晴天，待水分降至15%～18%时，即可运回堆垛备用，贮藏时应防止发霉腐烂。

第二节　黑麦草栽培技术

黑麦草为一年生或多年生草本植物，主要分布在世界温带湿润地区。

一、多年生黑麦草

多年生黑麦草原产于欧洲西南部、非洲北部及亚洲南部等地区，在我国南方各省份均有种植，在海拔 800 米以上山区生长良好，利用期长，已成为我国长江流域如四川、云南、贵州、湖南、湖北一带高山地区人工草地的主要优良牧草品种之一。

（一）特征与特性

多年生黑麦草平均寿命 4～5 年，须根发达，主要分布于 15 厘米深的土层中。单株分蘖 50～60 个，多者达 100 个以上，茎秆直立、光滑，株高 100～120 厘米；叶片窄而长，叶面有光泽，一般长 5～15 厘米，宽 0.3～0.6 厘米。多年生黑麦草喜温暖湿润的气候，适于年降水量 1 000～1 500 毫米，冬无严寒、夏无酷暑的地区生长。生长最适温度为 20℃，在 10℃时也能较好生长，35℃以上则生长受阻，在南方各地能安全越冬。适于在透水性好、肥力高的黏土或黏壤土上生长。

（二）栽培技术

多年生黑麦草种子细小，播种前需要精细整地，使土地平整、土壤细碎，保持良好的土壤水分。播前施足底肥，每亩施厩肥 1 200千克、钙镁磷肥 25 千克。春、秋季均可播种，以秋播为佳，平原、丘陵地区于 9 月下旬至 10 月中旬播种，山区可稍提前，以 8 月下旬至 9 月上旬为宜。秋播不宜太晚，否则植株分蘖少，影响以后的收获或放牧。

播种方法有撒播和条播，根据利用目的，又可分为单播和混播。采用条播时行距 15～20 厘米，收种用则应稍加宽播幅，播深 1.5～2 厘米，单播播种量为每亩 1～1.5 千克，混播播种量最好根据混播比例而定，禾本科与豆科的混播比例一般以 6∶4 和 7∶3 为宜。

（三）利用价值

多年生黑麦草柔嫩多汁，适口性好，各种家畜均喜采食，适宜青饲、调制干草或青贮，亦可放牧；还是草食性鱼类秋季和春季利用的主要牧草，每投喂 20～22 千克优质多年生黑麦草即可增重 1 千克。适宜刈割期：青饲为孕穗期或抽穗期；调制干草或青贮为盛花期；放牧宜在株高 26～35 厘米时进行。多年生黑麦草与豆科混播，供放牧利用最为理想，在山区可与红三叶、白三叶混播，在比较干旱的地区可与苇状羊茅、白三叶等混播。混播中可加入早期生长较快的杂交黑麦草、一年生黑麦草，使其抑制杂草的竞争，并能较早提供放牧利用。黑麦草与豆科牧草混播，既可以提高土壤肥力，又可改善牧草品质，提高牧草营养价值，为牲畜提供优质饲草。

多年生黑麦草播种时，苗期应及时除草，或者当其生长到两个月时连同杂草一起刈割，刈割后，多年生黑麦草生长迅速，加之分蘖多，茎叶旺盛，可抑制杂草生长。混播时，可不除草，而应适时刈割和放牧。

一般喂猪应于抽穗前刈割为好，喂牛、羊可稍延迟。一年可刈割 3～4 次，亩产鲜草 3 000～4 000 千克，但在平原丘陵地区遇夏季炎热干旱时，仅能于 4 月至 6 月上旬刈割 2 次。一般留茬高度不低于 5 厘米；放牧时采用划区轮牧。用它与三叶草和其他禾本科牧草混播，供家畜放牧利用；多年生黑麦草可调制干草、干草粉和青贮，一般可于抽穗前刈割。

二、一年生黑麦草

一年生黑麦草原产于意大利北部，是适合于我国长江流域地区栽培的冬春季高产牧草。

（一）特征与特性

一年生黑麦草与多年生黑麦草的生物学特性极其相似，但它以抗寒耐霜、秋冬生长良好为突出特征。一年生黑麦草叶片较宽，呈浅绿色，有光泽，小穗花较多，每小穗含 10～15 个小花。一年生黑麦草在南方温凉湿润地带能够越夏，也可短期多年生长，夏季炎热则生长不良，甚至枯死，最适宜的土壤 pH 6～7，但在 pH 5～8 时仍可适应。

（二）栽培技术

一年生黑麦草的栽培技术与多年生黑麦草基本相同，春秋两季均可播种，以秋播为佳，在平原丘陵地区不能越夏，一般都采取秋播，在温凉湿润的山区，也可进行春播。一年生黑麦草在利用季节和产草量上均优于多年生黑麦草，一般每年可刈割4～5次，为提高饲草质量和产量，多与三叶草混播。关键栽培技术如下：

(1) 播种量。单播时每亩以1～1.5千克为宜，超过2千克时密度过大，分蘖数显著减少，并不能提高产量。

(2) 播种方法。播深2厘米以内。播前可以用清水泡12个小时，捞起后堆放催芽，露白时播种。也可每亩用钙镁磷肥或者细土20千克一起拌种后播种。

(3) 黑麦草可以点播、条播、撒播；也可单播、混播和套种。在播种时间上，可春播和秋播。可以耕翻、作畦或稻田直播；种植黑麦草养鹅，在河南省建议以秋播、单播为宜，9月中下旬即开始，冬春利用。

(4) 播种出苗以后，在没有底肥时，可每亩追施5～10千克氮肥，播后60天或者株高25厘米以上时可以刈割，留茬高度不低于5厘米。每次刈割前一天或者刈割后3～5天按每亩5～10千克施氮肥。黑麦草不怕氮肥，每亩施肥量在50千克以内，施得越多，产量越高，质量越好。生育期140～200天，每亩产量5 000～10 000千克。

一年生黑麦草种子成熟后容易脱落，应适时收获，小穗呈黄绿色时，即可收种。

(三) 利用价值

根据其特征与经济价值，主要用于解决冬春季饲草。可青割饲喂，可调制干草，也可做青贮和放牧利用。为增加第一年冬春饲草，也可用它与多年生黑麦草、鸭茅、三叶草等混播，建立永久性草场。

第三节　鲁梅克斯K-1杂交酸模栽培技术

鲁梅克斯原名俄罗斯高秆菠菜，属蓼科酸模多年生草本植物，为叶菜类牧草，1995年我国从乌克兰引进，经进一步杂交选育成当今的鲁梅克斯 K-1 杂交酸模品种。

一、植物学特征

鲁梅克斯 K-1 杂交酸模属多年生草本植物。种子繁殖，幼苗越冬。种子卵状三棱形，褐色，有光泽；子叶 2 片，狭卵形，长 0.5～1.0 厘米，宽 0.5～0.6 厘米，尖端钝圆，长约 1 厘米；初生叶片宽，椭圆形，无托叶鞘，后生叶有托叶鞘，叶片披针形，叶簇株高 70～80 厘米，成叶叶长 40～60 厘米，宽 12～17 厘米，叶全缘，叶柄长 20 厘米左右；托叶鞘膜质，筒状；抽薹后株高 150～200 厘米，茎直立；多分枝，枝斜，上无毛，有纵沟槽，叶基生和茎生；花两性，花序顶生，花簇呈轮状排列，有叶；根为肉质宿根，根系致密、发达，主根粗壮，垂直可深入地下 1～1.5 米，侧根多，根须对土壤有较强的吸附力和黏着力；种子千粒重 2.3～2.5 克。

二、生物学特性

该牧草具有抗寒、抗旱、耐涝、耐轻度盐碱等特性。一般春播成活率较高，夏播时幼苗弱小，根系生长慢，入土浅，容易晒死，在年降水量 300 毫米以上的地方均能生长，在有灌溉条件的地方生长极好，在 pH 8.0～9.0、含盐量为 0.6%～0.8%的土壤上生长良好。

三、栽培技术

（一）整地施肥

该牧草种子小，苗期生长慢，因此提前整地尤为重要，播种前地块墒情不够的要补墒，土壤湿度要达到土壤相对含水量 70%～80%。要对土地耕翻耙耱（除草）、耕深达到 20 厘米以上，并将地整平耙细，结合整地施入农家肥和氮、磷、钾肥作底肥，每亩施优质农家肥 5 000 千克、氮肥 8 千克、磷肥 4 千克、钾肥 10 千克。

（二）播种

播种行距 40 厘米、株距 40 厘米，播种深度 1～2 厘米，穴播

2粒/穴，每亩播种量0.1千克，播种时地温应在10℃以上。播后再镇压（雨后种可不镇压）。秋冬季播种不宜迟于11月上旬，否则根内养分贮存不足，影响越冬。播后5～6天种子便可萌芽出土，9～15天全苗，苗期生长较慢，出苗到分枝需2个月。育苗移栽效果更好，成活率基本上达到100%。

（三）育苗

采用小拱棚或大棚育苗，育苗期可在2～3月进行。每平方米用种4～5克（千粒重2.6克）。种子用30℃温水浸种6～8小时，洗净捞出，在25～28℃条件下保湿催芽30个小时，待种子1/3露白时播种。苗床在整地前要施一定量的腐熟有机肥作底肥，做成条形畦面以利于苗期管理，浇足底水，均匀撒播，浅覆细沙土，注意保湿。出苗后要及时间苗和清除杂草。棚内温度达到25℃以上时，要注意放风炼苗。

（四）移栽定植

一般4～5天苗龄即可栽移。移栽可实行宽行距小株距定植，饲料生产地行距50～60厘米，株距25～30厘米，种子生产地行距可扩大到70～80厘米。栽植后要及时灌水。移栽成活后要及时查苗补栽，中耕除草。

（五）田间管理

播种出苗后要进行中耕除草、间苗定株，每穴只留一株壮苗。每年中耕2～3次，鲁梅克斯K-1杂交酸模生物学产量高，消耗地力较大，每年春季追肥一次，每亩施土杂肥4 000～5 000千克，追施氮、磷、钾肥各4～30千克。土壤湿度低于70%～80%时，要进行灌溉。苗期不能大水漫灌，盐碱地灌溉后要及时排水。种子生产田在抽穗后要保证灌溉。饲料生产田刈割后结合追肥进行灌溉以便促进再生。冬灌能蓄水保墒，为翌年早发丰产打下良好基础，冬灌要掌握时期，使水全部下渗以免结冰冻坏植株的根茎。

（六）刈割与采种

该牧草播种当年一般不收割，在中原地区翌年5月开花结籽，6月种子成熟后可立即收获种子（与小麦基本同步），以早晨收割时落粒最少。种子应以小包装（20 千克以下）为宜，保存在干燥处，种子含水量应低于 12.5%～13.0%。每亩可收获种子 70～100 千克，种子收获后每亩还可收获干草 2 300 千克。以后收获饲草一年可进行两次，花期饲草达到最高产量和营养成分最高含量，要及时收割；第二次刈割不能迟于 9 月下旬，以便使根茎适时贮存养分以利越冬。若土地水肥充足，又不需要留种时，可在株高达 70～90 厘米时刈割第一茬，以后约每个月收割一次，每次收割后注意浇水施肥，以氮肥为主，磷、钾肥根据土壤中含量而定。留茬高度以不伤损根茎为度，一般留茬 5～7 厘米。收割的青饲料要及时利用或加工。

（七）病虫害防治

8 月，高温高湿条件下，特别是植株生长过密时，易染白粉病，及时收割可防病，对种子田则要喷施 25%甲基硫菌灵可湿性粉剂 600～800 倍液防治，隔 7 天再喷一次。对菜青虫可使用 Bt（苏云金杆菌）乳剂或其他杀虫剂防治。对地下害虫小地老虎、蛴螬结合灌水每亩施用碳酸氢铵 28～30 千克，可收到较好的防治效果。

四、利用价值

鲁梅克斯 K-1 杂交酸模营养丰富，适口性好，它含粗蛋白质 29%～39%、胡萝卜素 31%～57%、粗纤维 17%，无论是鲜品还是干品，猪、牛、羊、兔、家禽及草鱼都爱吃。但是由于叶片含水量高，不宜干滞，因此宜取食鲜叶或青贮后饲用为主，鲁梅克斯 K-1 杂交酸模耐寒性好，供鲜叶时间长，在河南省可供至 12 月中旬。将大田采回的叶片晾干表面水分就可以饲喂了，直接饲喂或切碎拌入其他饲料中均可，取食鲜叶量一般不要超过畜禽日食量总量的 30%，可用粉碎机打浆青贮，或与其他秸秆混合青贮保存，延长饲用期。下面介绍几种农户种草养殖模式：

（一）养猪模式

每户种植鲁梅克斯 K-1 杂交酸模 0.5 亩，产鲜草 7 500 千克，与 1 950 千克秸秆、4 200 千克玉米、1 200 千克饼粕、150 千克添加剂混合青贮可育肥生猪 30 头。

（二）养羊模式

每户种植鲁梅克斯 K-1 杂交酸模 0.5 亩，产鲜草 7 500 千克，与 3 750 千克秸秆、900 千克饼粕、600 千克玉米混合青贮，可育肥羊 30 只。

（三）养牛模式

每户种植鲁梅克斯 K-1 杂交酸模 1 亩，产鲜草 15 000 千克，配 15 000 千克秸秆、玉米 1 500 千克，可育肥肉牛 16 头。

（四）养兔模式

每户种植鲁梅克斯 K-1 杂交酸模1亩，产鲜草15 000 千克，其中 7 500 千克配合少量精饲料，供兔在有鲜叶季节饲用，其余 7 500千克用粉碎机打浆青贮在冬季与干草粉配合使用，一年可育成商品肉兔 400 只。

第四节　饲料油菜栽培技术

油菜是主要油料作物之一，我国油菜种植面积和总产量超过世界总产量的 1/4，面积稳定在 700 万～800 万公顷。该作物适应性强，用途广，经济价值高，发展潜力大。菜籽油是良好的食用油，饼粕可作肥料、精饲料和食用蛋白质的来源。油菜还是一种开荒作物，它对提高土壤肥力、增加下茬作物的产量有很大作用。各地的实践表明，油菜是油、饲、肥、菜、蜜、花多功能开发最有效、一二三产业融合最好的作物之一，也是美丽乡村建设、发展生态旅游的理想作物，所以说油菜作物在循环农业发展中具有重要作用。

一、栽培的生物学基础

（一）油菜的类型

油菜属十字花科芸薹属越年生植物。从植株形态特点来看，可分为以下 3 种类型：

1. 白菜型 该类型称为小油菜或甜油菜。植株矮小，幼苗生长较快，须根多；基叶椭圆、卵圆或长卵形，叶上具有多刺毛或少刺毛，被蜡粉或不被蜡粉，抱茎而生；分枝少或中等；花大小不齐，花瓣两侧相互重叠，自交结实性很低。该类型生育期短，成熟较早，耐瘠薄，抗病力弱，生产潜力小，稳产性较差。又分北方小油菜和南方油白菜两种类型。

2. 芥菜型 该类型统称高油菜、苦油菜、辣油菜或大油菜。植株高大，株型松散，分枝纤细，分枝部位高，分枝多，主茎发达。幼苗基部叶片小而窄狭，披针形，有明显的叶柄。叶面皱缩，具有刺毛和蜡粉，叶缘一般呈琴状，并有明显的锯齿。花小，花瓣不重叠。千粒重 1～2 克。种子有辛辣味。该类型油分品质较差，不耐藏，生育期较长，产量低，但抗旱、耐瘠性较强。

3. 甘蓝型 该类型又称洋油菜，来自欧洲和日本。株型高大或中等，根系发达，茎叶椭圆形，不具琴状缺刻，伸长茎叶有明显缺刻，薹茎叶半抱茎着生。叶色似甘蓝，多被蜡粉。千粒重 3～4 克，含油量高。该类型抗霜霉病力强，耐寒、耐湿、耐肥，产量高而稳，增产潜力较大，目前生产上种植较多。

（二）油菜的生长发育

根据油菜各个器官的发生及生长规律，可分为 5 个时期：

1. 发芽出苗期 油菜从播种到出苗，这一阶段称为发芽出苗期。油菜种子无明显休眠期，成熟种子只要外界条件适宜即可发芽。当种子吸水达本身重量的 60%左右，体积膨胀到原来体积的一倍时，具有生活力的种子就开始萌发；种子发芽最适温度为 25℃，低于 3℃或高于 37℃都不利于发芽。日均温度 16～20℃时 3～5 天即可出苗，发芽以土壤水分为田间持水量的 60%～70%时较为适宜。胚根向上生长，幼茎直立于地面，两片叶子张开，由淡黄色转绿色，视为出苗。

2. 苗期 从出苗到现蕾为苗期。甘蓝型中熟品种苗期为 120 天左右，占全生育期的一半左右。一般从出苗至开始花芽分化为苗前期，主要生长根、缩颈段、叶片等营养器官，为营养生长期；从花芽开始分化至现蕾为苗后期，此期营养生长仍占绝对优势，主根膨大，并开始进行花芽分化，进行生殖生长。苗期适宜温度为10～20℃，高温下生长分化快；此期土壤水分以田间持水量的70%以上为宜，若遇严重缺水或冻害可导致叶片发皱和红叶现象。越冬区油菜苗期在冬季日平均气温降到0℃以下时叶片生长有一停滞阶段，至翌年开春后再进行生长（即返青）。苗期地上部较耐寒，可忍耐−3～0℃低温，在短时间内的−8～−7℃低温下也不至于冻死；但在较长时间−5℃以下，可遭受冻害甚至死亡。

3. 蕾薹期 从现蕾到初花为蕾薹期。中熟甘蓝型品种，一般2月中下旬现蕾，3月下旬初花，蕾薹期30天左右。春季气温上升到10℃左右（主茎叶片达14片左右），扒开心叶能见到明显的绿色花蕾时，即为现蕾。当主茎顶端伸长到距离子叶节达10厘米以上，并且有蕾时，即为抽薹。蕾薹期的生育特点是营养生长和生殖生长并进，而且都很旺盛，但营养生长仍占优势。营养生长的主要表现是主茎伸长，分枝形成，叶面积增大；生殖生长主要表现为花序及花芽的分化形成。越冬油菜一般初春后气温5℃以上时现蕾，10℃以上时迅速抽薹。温度过高则主茎伸长太快，易出现茎薹纤细、中空和弯曲现象，温度过低则易裂薹和死蕾。此期要求土壤湿度达到田间持水量的80%左右，才有利于主茎伸长。

4. 开花期 从初花到终花为开花期，一般30天左右。通常3月中下旬初花，4月上中旬终花（全田25%的植株开花为初花，75%的植株主花序顶端开完为终花）。开花期主茎叶片长齐，叶片数达最多，叶面积达最大。至盛花期，根、茎、叶生长则基本停止，生殖生长转入主导地位并逐渐占绝对优势。生殖生长表现在花絮不断伸长，边开花边结角果，因而此期为决定角果数和角果粒数的重要时期。开花期需要12～20℃的温度，最适宜空气温度为14～18℃；气温在10℃以下，开花数量显著减少，5℃以下不开花，并易导致花器脱落，产生分段结果现象；温度高于30℃时虽开花，却结实不良。此期的适宜空气相对湿度为70%～80%，低于60%或高于94%都不利于开花，花期降雨会显著影响开花结实。油菜开盘期花芽开始分化，从花的形成数与结实角果数的关系看，到抽薹形成的花数已基本上等于室内考种的结实角果数，所以说开盘到抽薹期间所形成的花是成为有效结实角果最为可靠的花，在生产上必须采取相应的技术措施，来延长油菜花芽分化的“有效分化期”，减少秕荚和脱落，夺取油菜高产丰收。

5. 角果发育成熟期　从终花至成熟为角果发育成熟期。一般30天左右。黄淮冬油菜区中熟甘蓝品种4月中下旬终花，5月中下旬成熟。此期叶片逐渐衰亡，光合器官逐渐被角果取代。这一时期是决定粒数、粒重的时期。角果及种子形成适宜的温度为20℃，低温则成熟慢，日均温度在15℃以下中晚熟品种不能正常成熟，过高温度则易造成逼熟现象，种子粒重不高，含油率降低。昼夜温差大和日照充足有利于提高产量和含油量。此期适宜的田间持水量在70%，田间渍水或过于干燥易造成早衰。

二、结籽油菜高产栽培要点

（一）油菜产量构成因子分析

油菜产量是由单位面积上的角果数、角果粒数和粒重3个因子所构成的，一般单位面积角果数变化最大，多在50%左右；角果粒数变化次之，在10%左右；粒重变化最小，多在5%左右。因此，单位面积角果数的变化是左右产量的主要因素。大量调查数据表明，一般亩产150千克油菜籽的产量结构是：中晚熟品种每亩角果数为300万～350万个，角果粒数为17～19粒，千粒重3克左右，亩产1千克籽粒需2万～2.2万个角果。在中低产田，应主攻角果数；在高产和更高水平田块，则应主攻角果粒数和粒重。

（二）合理轮作，精细整地

1. 栽培制度　根据油菜常异花授粉的特点，它本身不宜连作，也不易与十字花科作物轮作，否则都会加重病虫害，必须实行2～3年的轮作倒茬，才能保证优质高产。

我国冬油菜区主要栽培制度及轮作方式有以下几种：

（1）水稻、油菜两熟。包括中稻-冬油菜两熟和晚稻-冬油菜两熟。

（2）双季稻、油菜三熟。油菜播种与晚稻收割有季节矛盾，必须采取育苗移栽，并且在晚稻生长后期要搞好排水，以利油菜整地移栽。晚稻应选用较早熟品种。

（3）一水两旱三熟制。即早稻-秋大豆-冬油菜；早稻-秋绿肥-冬油菜。

（4）油菜与其他旱作物一年两熟。有冬油菜-夏玉米-冬小麦-夏玉米；冬油菜-夏棉花（大豆、芝麻、花生、烟叶、甘薯）-冬小麦。这种栽培制度主要在黄淮平原区。

（5）春棉（烟草，旱粮）、油菜两熟制。油菜一般采用育苗移栽。

2. 深耕整地　油菜根系发达，主根长，入土深，分布广，要求土层深厚，疏松肥沃，通气良好。耕翻时间越早越好，措施和同期播种作物大致一样，通过精细整地，使土壤细碎平实，利于油菜种子出苗和幼苗发育；使油菜根系充分向纵深发展，扩大根系对土壤养分的吸收范围，促进植株发育；同时还有利于蓄水保墒，减轻病虫草害。

（三）科学施肥

1. 油菜的需肥规律　油菜吸肥力强，但养分还田多，所吸收的80%以上养分以落叶、落花、残茬和饼粕形式还田。优质油菜在营养生理上又具有对氮、钾需要量大，对磷、硼反应敏感的特点。油菜苗期到蕾薹期是需肥重要时期；蕾薹期到开花期是需肥最高时期；终花以后吸收肥料较少。据测定，每生产100千克籽粒需从土壤中吸收氮9～11千克、磷3～3.9千克、钾8.5～10.1千克，其氮、磷、钾比例为1∶0.35∶0.95。

2. 施肥技术　油菜是需肥较多、耐肥较强的作物。油菜施肥要以有机肥与无机肥相结合，基肥与追肥相结合为原则，要重施基肥，一般有机肥与磷、钾肥全部底施，氮肥基肥比例占60%～70%，追肥占30%～40%。底肥可亩施有机肥2 000千克、碳酸氢铵20～25千克、过磷酸钙25千克、氯化钾10～15千克。生产上要促进冬前发棵稳长，蕾花期追蕾花肥，巧施花果肥。油菜对硼肥比较敏感，必须施用硼肥，土壤有效硼在0.5毫克/千克以上的适硼区，可每亩底施0.75千克硼砂；含硼0.2毫克/千克以下的严重缺硼区，可每亩底施1千克硼砂。此外每亩用0.05～0.1千克硼砂或0.05～0.07千克硼酸，兑入少量水溶解后，再加入50～60千克水，在中后期喷洒2～3次增产效果明显。

（四）适期早播，培育壮苗

1. 适播期的确定 冬油菜适期早播，可利用冬前生长期促苗、长根、发叶、根茎增粗、积累较多的营养物质，实现壮苗越冬、春季早发稳长，稳产增收。播种晚，冬前生长时间短，叶片少，根量小，所积累干物质少，抗逆性差，越冬死苗严重，春后枝叶数量少，角果及角果粒数少。但播种过早，根茎糠老，抗逆性差，也不利于高产。油菜的适播期应为5厘米地温稳定在15～20℃时，一般比当地小麦适播期提前15～20天。黄淮区直播在9月下旬，育苗移栽在9月上旬。

2. 合理密植 油菜直播一般采用耧播，也有采用开沟撒籽和开穴点播。直播量一般每亩0.4～0.5千克。常采用宽窄行种植，宽行60～70厘米，窄行30厘米，播深2～3厘米为宜。出苗后及时疏疙瘩苗，1～3叶间苗1～2次，4～5叶定苗，每亩留苗1.1万～1.5万株。

育苗移栽是油菜高产的一项基本措施，也是延长上茬作物收获期的一项措施。一般在10月中下旬移栽，经7天左右的缓苗期，缓苗后冬前再长20～30天，长出4～5片叶，营养体面积可达到移栽前的状态。

苗床与大田面积比例一般为1∶5，苗床每亩留苗8万～10万株。移栽壮苗标准为：苗龄40～50天，绿叶7～8片，苗高26～30厘米，根茎粗0.5厘米以上；长势健壮，根系发达，紧凑敦实，无病虫，无高脚。移栽时做到“三要”“三边”和“四栽四不栽”，即行要栽植、根要栽稳、棵要栽正，边起苗、边移栽、边浇定植水，大小苗分栽不混栽、栽新苗不栽隔夜苗、栽直根苗不栽钩根苗、栽紧根苗不栽吊根苗（根不悬空，土要压实）。

（五）灌溉与排水

油菜是需水较多的作物。据测定，油菜全生育期需水量一般在300～500毫升，折合每亩田块需水200～300米^3，多于玉米、甘蔗等作物。油菜种植季节在秋冬春季，一般降雨偏少，土壤干旱，不利于油菜高产，因此要浇好底墒水，灵活灌苗水，适时灌冬水，灌好蕾薹水，稳浇开花水，补灌角果水。特别是蕾薹期和开花期是需水最多的时期，应注意灌水。南方春雨多的地区应清沟排水，降低水位，防止渍害。

（六）田间管理

1. 秋冬管理　主攻目标：壮而不旺，安全越冬，为翌年春早发奠定基础。

2. 春季管理　当气温回升到3℃以上时，及时中耕管理，到抽薹期再中耕一次，同时少培土。返青期后加强肥水管理，后期加强叶面喷肥。同时，及时防治病虫害。

（七）适时收获

油菜为无限花序，角果成熟不一致，应及时收获，以全株和全田70%～80%角果呈淡黄色时收获为宜，有“八成黄，十成收；十成黄，两成丢”的说法。

三、饲料油菜高产栽培要点

（一）饲料油菜的特点

1. 耐低温，生长快，产量高　一般在西北、东北麦收后种植（7月中旬），9～10月收获，生长70多天，一般亩产3～5吨；在南方冬闲田或一般农田秋冬播种（10月上中旬），到4月初收获，一般亩产可达4～5吨。不同省份、不同海拔地区的种植试验均表明，饲料油菜的产量高于豆科牧草和黑麦草等禾本科牧草。在南方冬闲耕地播种，比豆科牧草产量高60%～70%，甚至高达2倍。

2. 品质与适口性好　饲料油菜具有较高的总能和粗蛋白质含

量（干基20%左右），较低的中性洗涤纤维含量。据有关测定表明，饲料油菜的营养化学类型与豆科饲草同属N型，粗蛋白质含量高，可与豆科牧草相媲美，且粗纤维含量较低，而粗脂肪含量较高；有机物消化能、代谢能以及磷含量也与豆科牧草接近，无氮浸出物和钙含量则在饲料中最高。饲料油菜其枝叶嫩绿，适口性好，是优良的饲料。每天每头牛饲喂3～5千克饲料油菜，能显著提高肉牛日增重。

饲料油菜苗期粗蛋白质含量可达到28.52%，蕾薹期至初花期营养与经济价值最高。蕾薹期至成熟期，饲料油菜的粗蛋白质和粗灰分含量呈现先升高后下降的趋势；中性洗涤纤维、酸性洗涤纤维的含量随着油菜生长发育呈逐渐升高的趋势；钙含量呈现先升高后下降的趋势，初花期到盛花期最高；磷含量随着油菜的生长发育呈逐渐下降的趋势；粗脂肪含量整体呈现逐渐下降的趋势，但结角后期最高；总能随生育期呈现升高趋势，油菜秸秆总能最低。

3. 饲用方式多样，饲养效果好　饲料油菜苗期具有较高的再生能力，可以采取随割随喂、冰冻贮藏和青贮方式进行利用。近几年，饲料油菜在全国各地进行牛、羊、猪喂养试验，增重效果均十分显著，对肉质也有改善作用。此外，在鸡、鹅的喂养试验中也有明显效果。

4. 增加冬春青饲料　利用北方7月底至8月初小麦收后到严冬来临前（10～11月）的秋闲耕地和南方水稻、玉米等收获后（9～10月）到翌年4月的冬闲地种植饲料油菜，在不影响粮食生产的情况下增加了冬春青饲料，能缓解冬春青饲料短缺的问题，南方能在12月至翌年4月提供优质青饲料，解决冬春青饲料不足。

5. 改变茬口调整种植业结构　在黄淮地区秋冬播时适当种植些饲料油菜，可改变翌年作物茬口，变夏播为春播，有利于后茬作物的种植，提高种植作物的产量和品种，从而提高产品的市场竞争力与效益，也可增加冬春青饲料，调整种植业结构。

6. 改良土壤，富集养分，生态效益好　饲料油菜耐盐碱，并且根系发达，能把土壤深层养分富集在表层，所以说发展饲料油菜具有改良土壤、覆盖冬闲裸露土地、保持水土的作用，生态效益较好。

7. 成本低，效益好，有利于农民增收 饲料油菜亩成本200～250元，产值超过2 000元。同时，该作物适应性广，操作灵活，能全程机械化作业。

（二）饲料油菜品种及应用

目前傅廷栋院士育成了饲油1号、饲油2号两个“双低”专用饲料油菜品种。其中，饲油1号是我国第一个“双低”甘蓝型春性三系杂交高产饲用品种。饲油2号（即华油杂62）具有高产、耐盐碱、品质优良等特点。四川省草原科学院选育的饲油36为甘蓝型细胞雄性不育“双低”优质三系中熟杂交种，具有较高的鲜草、干草生产能力，鲜草和干草亩产量分别达到2.3～2.5吨、0.35～0.39吨。

（三）饲料油菜栽培技术

1. 种植模式

（1）西北、东北地区麦后复种饲料油菜模式。一般7月中下旬小麦收获后，大部分是“种一季时间有余，种二季时间不足”地区，利用严冬之前两个月的空闲时间复种饲料油菜。

（2）西北、东北两季饲料作物种植模式。种植两季油菜模式，一般4月下旬播种第一茬油菜，7月上旬收获，亩产鲜草3吨以上；7月中旬播种第二茬油菜，9月下旬收获，亩产鲜草2吨左右。种植玉米-油菜模式，前茬饲料玉米亩产6～7吨，后茬饲料油菜亩产3吨左右。

（3）长江流域夏作收获后复种饲料油菜种植模式。长江流域水稻、玉米等夏作收获后（10～11月）至翌年3～4月春播前的秋冬闲田，可以种植一季饲料油菜（绿肥），春季一次收获亩产可达5吨左右，也可在12月收获一茬，翌年4～5月收获第二茬，两茬收获亩产超过6吨。

（4）长江、黄淮饲料油菜与其他农作物一年两熟或多熟种植模式。如江汉平原等地区，可以采取饲料春玉米-饲料秋玉米-饲料油菜的一年三熟种植模式，亩年产鲜饲料可超过10吨。黄淮地区饲料油菜-春花生（或春甘薯）一年两熟种植模式或饲料油菜-油葵（鲜食玉米）-甘蓝（早熟大白菜）一年三熟种植模式等，可亩产鲜饲料油菜3～5吨。

2. 播种量与种植密度　在我国西北和东北地区，由于生长时间短，又以收获营养体为目的，因此必须加大饲料油菜的种植密度，增加播种量能显著提高复种油菜叶面积指数以及群体同化率，获得高产。据甘肃省试验，以每亩播种量0.77千克处理为最优；黑龙江省麦后复种试验，以每亩播种量1.0千克处理为最优；长江黄淮中下游地区利用冬闲田种植饲料油菜，其生长周期较长，播种量低于北方地区，10月上中旬播种饲料油菜，适宜的播种量为每亩0.4～0.5千克，适宜种植密度为每亩30万～45万株。

3. 播种期和收获期　温度和光照是影响饲料玉米产量和品质的两个重要因素。适时早播是增产提质的必要措施，延长光温时间有利于饲料油菜养分积累、增强适口性、提高青贮品质。据华油杂62品种试验，麦后不同播期对饲料油菜产量和品质的影响结果显示，7月15日播种的处理株高、产量、营养元素含量（钾、镁、磷）、热量及粗蛋白质、粗脂肪、碳水化合物、粗纤维含量均高于8月10日播种的油菜。一般初花期粗蛋白质、粗脂肪含量最高，花期以后茎秆木质化程度加重，在增加收获难度的同时，粗纤维含量增多，降低了饲喂品质。因此，适时收获是提高饲料油菜产量和营养价值的关键。尤其是采用随割随喂的地方，可以用分期播种方式来调节收获期，使生物产量和养分最大化。

4. 需肥规律和施肥水平　增施氮肥能增加饲料油菜根、茎、叶、角果等器官的重量，显著提高或改善复种油菜株高、叶面积指数、相对生长率以及群体同化率和生长率。氮肥对饲料油菜株高和干物质积累量影响最大，其次是磷肥，钾肥影响最小。饲料油菜氮、磷、钾养分的吸收积累表现为慢-快-慢的变化规律，氮、磷、钾处理的油菜植株吸收氮、磷、钾养分最多，磷、钾处理的植株吸收氮、磷、钾养分最少；出苗后44～49天、47～55天和43～51

天是饲料油菜氮、磷、钾的吸收高峰期，此期间保证氮、磷、钾肥的供应是获得高产的关键。饲料油菜分2次收割时，施肥水平是影响其生物产量主要因素，其原因可能是苗期施足底肥有助于饲料油菜生长，施肥水平较高时第一次收获产量也较高；第一次收获后及时追施肥料有助于饲料油菜二次生长，进而提高第二次收获产量。建议在第一次收割后亩追施氮肥（折纯氮）2千克。

（四）饲料油菜利用方式及饲用效果

饲料油菜均采用“双低”油菜品种，不仅基叶粗壮、叶片肥大、无辛辣味，而且营养丰富，是牛、羊等草食家畜良好的饲草，可以采取多种方式进行饲喂。

1. 作鲜草饲料或随割随喂 鲜饲以初花期收割为宜（效益最高），抽薹现蕾期与初花期收割能兼顾粗蛋白质产量和相对饲喂价值。如果收割后直接鲜喂，建议与其他饲料混合后喂养。据黑龙江省农业科学院喂牛试验，筛选出饲料油菜15～20千克、稻草6～8千克、牧草1～2千克、玉米秸秆4千克、精饲料1.5千克、啤酒糟2千克的饲料配方，每天每头肉牛饲喂混合饲料29.5～37.5千克，早晚各一次，饲料油菜占比37.23%，肉牛日增重0.1千克。或在基础精饲料中额外添加3千克和5千克新鲜饲料油菜，两个处理组与对照（基础精饲料中不添加饲料油菜）相对比，每头平均日增重显著提高（28.6%、31.52%）。用饲料油菜喂猪试验结果表明，试验组（基本日粮+1千克饲料油菜）比对照组（基本日粮）每日每头增重51.34克，增幅达14.82%。但注意发黄的饲料油菜不能饲喂家畜。

另据湖北省最新研究，在种公牛的饲料中添加一定量的新鲜饲料油菜，可提升种公牛冻精产量和质量。用新鲜饲料油菜饲喂蛋鸡试验表明，在基础日粮基础上，添加50克、100克、150克饲料油菜处理的鸡，产蛋率分别比不添加（对照）提高2.3%、22.1%、12.3%，蛋黄颜色变深；饲喂100克饲料油菜的处理，其鸡蛋的磷、钾、钙含量均高于其他处理。

2. 青贮饲料 青贮饲料是指青绿饲料经控制发酵而制成的饲

料。青贮饲料有“草罐头”的美誉，多汁适口，气味酸香，消化率高，营养丰富，是饲喂牛、羊等家畜的上等饲料。作青贮饲料的原料较多，凡是可作饲料的青绿植物都可作青贮原料。青贮方法简便，成本低，只要在短时间内把青贮原料运回来，掌握适宜水分，铡碎踩实，压紧密封，不需要大量投资就能成功。

饲料油菜青贮后喂养，不仅能较好地保持其营养特性，减少养分损失，适口性好，而且能刺激家畜食欲、消化液的分泌和胃肠道蠕动，从而增强消化功能。然而新鲜饲料油菜植株含水量高（85%左右），不能单独制作青贮饲料，制作青贮饲料需要与干料混合使用，如玉米秸秆、稻草、麦草、玉米粉、花生秧粉等，将含水量降到60%～65%，可长期安全地青贮。也可与含水量低的作物（如大麦等）合理间混种植，混合收割青贮，可节省劳动力成本。

（1）饲料油菜与玉米秸秆青贮技术规范。

①原料：油菜全株，玉米秸秆。

②青贮地点：选择地势高、干燥、排水良好、土质坚硬、避风向阳、没有粪场、与畜舍隔离、无污染的地方。

③设施。

a. 窖贮。

青贮窖的结构：可根据经济条件和土质选择砖水泥结构、石块水泥结构、混凝土结构和土质结构。

青贮窖的单位容量：油菜、玉米秸秆比例为7∶3；单位容量为450～500千克/米^3。

青贮窖的体积：根据畜群数量、原料多少、场地大小确定窖的体积和窖形。窖的容积大于10米^{3}的选用长方形，容积小于10米^{3}的选用圆柱形。

b. 塑料袋青贮。用聚乙烯无毒塑料薄膜，塑料薄膜厚度一般选用大于0.2毫米（如用0.1毫米的塑料薄膜，外面需加一层编织袋）。塑料袋制成宽60厘米、容积0.1米^3、容量为50千克为宜。

c. 地面冷冻青贮。地面冷冻青贮是利用阴凉干燥的墙角，将收割的油菜按1米的高度顺墙堆放，不让太阳光直射，直接青冻。

④原料准备。

a. 清选：剔出带有泥土沙石的油菜、玉米根和腐烂变质的秸秆。

b. 切碎：青贮秸秆用机械切碎，油菜切碎长度不宜超过 5 厘米，玉米秸秆切碎长度不宜超过 2 厘米。

c. 调整湿度：青贮秸秆的湿度应保持在 65%～75%，湿度不够可加适量的水，湿度过大，可适当晾晒。

d. 添加剂的使用：为了提高青贮秸秆的营养或改善适口性，可在原料中掺入食盐、尿素，添加量为秸秆总量的 0.1%～0.5%。

e. 装填。

窖贮装填：装窖前应在窖底铺 15～20 厘米厚的干麦草，条件允许时，也可在窖底及窖壁铺衬一层塑料薄膜。把砸碎的秸秆逐层装入窖内，每装 20 厘米厚，进行踩实，应特别注意将窖壁四周压实。秸秆装至高出窖口 30～40 厘米，圆形窖呈馒头状，长方形窖呈弧形屋脊状；圆形窖或小型容积窖应在一天内装完封窖。

塑料袋装填：将铡碎的原料装入塑料袋内随装随压实，一直装至封口处。

f. 密封。

贮窖密封：青贮容器装满后，可在上面铺上一层 20～30 厘米的干麦草，也可以用塑料薄膜将秸秆完全盖严。在麦秸或塑料薄膜上压一层厚 40～60 厘米的湿土，打实拍光滑。贮后检查窖顶，如发现下沉或有裂缝，应及时修补拍实。在青贮窖的四周距窖口 50 厘米挖一个 20 厘米×20 厘米排水沟。

塑料袋密封：青贮塑料袋可用热合法封口，也可用绳子将袋口扎紧。堆积青贮塑料袋的地方，应特别注意防鼠，如发现有破洞，应立即修补。

⑤启封方法。

启封时间：封口 45 小时后，便可启封喂畜，一旦启封，即应连续使用，直至用完。

启封方法：①圆形窖、青贮塔：先剥掉覆土、麦草及塑料薄膜，从上到下分层取喂，取面应平整，每次取草厚度不少于 5 厘米，取后及时盖好塑料和秸秆，防止料面暴露而二次发酵。②地面冷冻青贮：从上到下分层取喂，饲喂时直接切成 5cm 长的秸秆解冻饲喂。

⑥饲喂。

饲喂方法：初喂时，量由少到多，或与精饲料及其他饲料掺喂，停喂时逐渐减少后再停止。

喂量：喂量不超过牲畜日粮总量的 1/2，奶牛、肉牛喂量可达日粮总量的 3/4，一般乳牛 15～20 千克/天，役牛 10～15 千克/天，肉用牛 8～12 千克/天，牛犊 3～5 千克/天，马 5～10 千克/天，羊 1.5～2.5 千克/天。

（2）饲料油菜与大麦混种青贮方式。

饲料油菜与大麦混种，让水分含量较低的大麦与水分含量较高的饲料油菜同生长、同收割、同切碎、同青贮，降低油菜的水分含量，将可免去再添加其他干料的投入，仅加工成本一项，每吨青贮饲料可省近 60 元。可按油菜与大麦 1∶1、2∶1、3∶2 的比例试种，进行饲料油菜与大麦混种做发酵全混合日粮试验，既要达到水分的“黄金搭配”，也要保证足够的产量。按最佳配种比例种植，共同收割青贮。青贮饲料存放有 4 种方法：

青贮塔：青贮塔分全塔式和半塔式两种。一般为圆筒形，直径 3～6 米，高 10～15 米，可青贮水分含量 40%～80%的青贮料，装填原料时，较干的原料在下面。青贮塔特点为取料出口小、深度大、青贮原料自重压实程度大、空气含量少、贮存质量好，但造价高，仅适宜大型牧场采用。

青贮窖：青贮窖分地下式、半地下式和地上式 3 种，圆形或方形，直径或宽 2～3 米，深 2.5～3.5 米。通常用砖和水泥做材料，窖底预留排水口。一般根据地下水位高低、当地习惯及操作方便决定采用哪一种形式。但窖底必须高出地下水位 0.5 米以上，以防止水渗入窖。青贮窖结构简单，成本低，易推广。

地表堆贮：选择干燥、利水、平坦、地表坚实并带倾斜的地面，将青贮原料堆放压实后，再用较厚的黑色塑料膜封严，上面覆盖一层杂草之后，再盖上厚20～30厘米的一层泥土，四周挖出排水沟排水。地表堆贮简单易学、成本低，但应注意防止家畜踩破塑料膜而进气、进水造成腐烂。

半地表青贮：选择高燥、利水、带倾斜度的地面，挖60厘米左右的浅坑，坑底及四周要磨平，将塑料膜铺入坑内，再将青贮原料置于塑料膜内，压实后，将塑料膜提起封口，再盖上杂草和泥土，四周开排水沟深30～60厘米。地表青贮的缺点是取料后与空气接触面大，不及时利用则青贮质量变差，造成损失。

塑料袋青贮：除大型牧场采用青贮圆捆机和圆捆包膜机外，农村普遍推广塑料袋青贮。青贮塑料袋只能用聚乙烯塑料袋，严禁用装化肥和农药的塑料袋，也不能用聚苯乙烯等有毒的塑料袋。青贮原料装袋后，应整齐摆放在地面平坦光洁的地方，或分层存放在棚架上，最上层袋的封口处用重物压上。在常温条件下，青贮1个月左右，低温2个月左右，即青贮完熟，可饲喂家畜，在较好环境条件下，存放一年以上仍保持较好质量。塑料袋青贮优点：投资少，操作简便；贮藏地点灵活，青贮省工，不浪费，节约饲养成本。

青贮场地应选择在地势高燥、土质坚硬、地下水位低、易排水、不积水、靠近畜舍、远离水源、远离圈厕和垃圾堆的地方，防止污染。青贮饲料一次性投资较大，如青贮壕（沟）或青贮窖，以及青贮切碎设备等。由于青贮原料粉碎细度较小，以及发酵产生乳酸等，饲喂青贮饲料过多有可能引起某些消化代谢障碍，如酸中毒、乳脂率降低等。若制作方法不当，如水分过高、密封不严、踩压不实等，青贮饲料有可能腐烂、发霉和变质等。青贮饲料在饲喂时还应注意以下三点：饲喂前要对制作的青贮饲料进行严格的品质评定；已开窖的青贮饲料要合理取用，妥善保管；饲喂肉牛时要喂量适当，均衡供应。

另据试验，80％饲料油菜＋20％玉米秸秆混合，70％饲料油菜＋30％稻草混合，78％饲料油菜＋6.4％稻草＋15％玉米粉＋0.6％预混料＋适量酵母混合成全日量，青贮处理50天后饲料油菜外观形状及品质都比较好，牛喜欢采食。湖北省青贮饲料油菜饲喂肉羊试验表明，在相同精饲料的基础上，饲喂青贮饲料油菜3.3千克的肉羊平均日增重54克，屠宰率49.5%，胴体净肉率80.0%，与饲喂全株青贮玉米相当，比饲喂去棒青贮玉米分别提高了28.6%、3.3%和1.1%；对羊肉营养成分及肉质无明显影响。饲喂青贮饲料油菜对羔羊增重效果更好。

总之，我国目前饲料油菜发展速度较快，对饲料油菜的研究较多集中在品种筛选和复种模式上，可供选择的饲料油菜专用品种还不够多，需要加快针对不同地区的特点开展品种选育工作。在饲料油菜栽培生理研究上，主要开展了播种期和播种量对饲料油菜产量和品质形成机理方面的研究，对饲料油菜营养的研究，还仅限于刈割后的常规养分测定，试验单一。饲料油菜标准化生产、油菜全株与其他作物秸秆混合后的贮存技术，不同收获时期饲用价值评价，以及不同加工方式对其营养价值的影响、消化利用情况，尤其是反刍动物养分代谢，瘤胃发酵及畜产品品质等方面需进一步开展深入系统研究。相信饲料油菜将成为种养结合，调整种植业结构的关键作物。

>>> 第三章　沼气生产及综合利用技术

第一节　沼气的概述

随着农村经济的发展和农民生活水平的提高以及沼气生产技术的逐步完善，农民发展沼气的积极性也空前高涨。近年来，由科技人员的技术创新与广大农民丰富实践经验相结合，创造了南方猪-沼-果（菜、鱼）等生态模式和北方“四位一体”的生态模式，这些模式将种植业生产、动物养殖转化、微生物还原的生态原理运用到整个农业生产中，促进了经济、社会、环境的协调发展，也推动了农业可持续发展战略的进行。目前，沼气建设也已从单一的能源效益型发展到以沼气为纽带且集种植业、养殖业、农副产品加工业为一体的循环农业模式，在更大范围内为农业生产和农业生态环境展示了沼气的魅力。随着近年来粮食生产持续丰收，畜牧养殖业也得到了长足发展，为发展沼气生产奠定了物质基础。

一、沼气的概念和发展

沼气是有机物质如秸秆、杂草、人畜粪便、垃圾、污泥、工业有机废水等在厌氧的环境和一定条件下，经过种类繁多、数量巨大、功能不同的各类厌氧微生物的分解代谢而产生的一种气体，由于人们最早是在沼泽地中发现的，因此称为沼气。

沼气是一种多组分的混合气体，它的主要成分是甲烷，占体积的50%～70%，其次是二氧化碳，占体积的30%～40%，此外还有少量的一氧化碳、氢气、氧气、硫化氢、氮气等气体。沼气中的甲烷、一氧化碳、氢气、硫化氢是可燃气体，氧气是助燃气体，二氧化碳和氮气是惰性气体。未经燃烧的沼气是一种无色、有臭味、有毒、比空气轻、易扩散、难溶于水的可燃性混合气体。沼气经过充分燃烧后即变为一种无毒、无臭味、无烟尘的气体。沼气燃烧时最高温度可达1 400℃，每立方米沼气热度值为2.13万～2.51万焦耳，沼气是一种比较理想的优质气体燃料。

沼气中的主要气体甲烷还是大气层中产生温室效应的主要气体，其对全球气候变暖的贡献率达20%～25%，仅次于二氧化碳。目前大气中甲烷的含量已达1.73微升/升，平均年增长率达到0.9%，其近年来的增长率是所有温室气体中最高的。但是，甲烷在空气中存在的时间较短，一般只有12年。因此，其浓度的变化比较敏感且快速，比二氧化碳快7.5倍。

当空气中甲烷的含量占空气的5%～15%时，遇火会发生爆炸，而含60%沼气的混合气中甲烷含量爆炸下限是9%，上限是23%。当空气中甲烷含量达25%～30%时，对人畜会产生一定的麻醉作用。沼气与氧气燃烧的体积比为1∶2，在空气中完全燃烧的体积比为1∶10，沼气不完全燃烧后产生的一氧化碳气体可以使人中毒、昏迷，严重时会危及生命。因此，在使用沼气时，一定要正确地使用沼气，避免发生事故。

沼气最早被发现于100多年前，我国是世界上最早制取和利用沼气的国家之一，20世纪50年代台湾新竹县的罗国瑞先生就在上海开办了“中华国瑞天然瓦斯全国总行”，他以此为商，并举办了全国性的技术培训班，就这样，人工制取沼气在我国许多地方发展起来。大规模开发利用沼气是从20世纪50年代开始的，到了70年代又掀起了一个高潮，但由于这两次高潮不重视科学，一哄而上，在建池材料上多采用二合土、三合土夯砸而成，材料密封性和永固性较差；在建池形式上又大又深；在管理和使用技术上也不完善。因此，所建沼气池多半不能很好利用，或使用时间不长就漏水漏气，很快就报废不用了。进入20世纪80年代，沼气技术得到了长足发展，沼气工作者在总结过去经验教训的基础上，研究出了以“圆、小、浅”为特点的水压式沼气池，从建池材料上也由过去的以土为主，变成了现浇混凝土或砖砌水泥结构，加上密封胶的应用，使沼气池的密封性和永固性得到根本性改变，由于人们重视科学，重视管理，因此，20世纪80年代以后所建的沼气池大多能较长时间利用。近几年来，随着科技的发展和农业特别是粮食的连年丰收，一方面促进了畜牧业的发展，发展沼气的好原料——牲畜粪便增多；另一方面随着生活水平的提高，人们对卫生条件和环保的重视，加上各级政府的大力支持和发展循环农业的需要，沼气事业在全国各地得到了快速发展，目前已迎来了又一个历史发展高潮。

二、农村发展沼气的好处与用途

多年来的实践证明，农村发展沼气是一举多得的好事，是我国农村小康社会建设的重要组成部分，也是建设生态家园的关键环节。在农村发展的沼气不但可用于做饭、照明等生活方面，它还可以用于农业生产中，如温室保温、烧锅炉、加工和烘烤农产品、防蛀、储备粮食、水果保鲜等，并且沼气也可发电作农机动力。在农村发展沼气的好处，概括起来主要有以下几个方面。

（一）农村发展沼气是解决农村燃料问题的重要途径之一

一户3～4口人的家庭，修建一口容积为6～10米^{3}的沼气池，只要发酵原料充足，并管理得好就能解决照明、煮饭的燃料问题。同时凡是沼气办得好的地方，农户的卫生状况及居住环境大有改观，尤其是广大农妇通过使用沼气，从烟熏火燎的传统炊事方式中解脱了出来。另外，办沼气改变了农村传统的烧柴习惯，节约了柴草，有利于保护林草资源，促进植树造林的发展，减少水土流失，改善农业生态环境。

（二）农村发展沼气可改变农业生产条件，促进农业生产发展

1. 增加肥料 发展沼气后，大量农作物秸秆和畜禽粪便被加入沼气池密闭发酵，既能产气，又沤制成了优质的有机肥料，扩大了有机肥料的来源。同时，人畜粪便、秸秆等经过沼气池密闭发酵，提高了肥效、消灭了寄生虫卵等危害人们健康的病原菌。沼气办得好，有机肥料能成倍增加，带动粮食、蔬菜、瓜果连年增产，同时产品的质量也大大提高，生产成本下降。

2. 增强作物抗旱、防冻能力，生产健康的绿色食品 凡是施用沼肥的作物均增强了抗旱防冻的能力，提高秧苗的成活率。由于人畜粪便及秸秆经过密闭发酵后，在生产沼气的同时，还产生一定量的沼肥，沼肥中因存留丰富的氨基酸、B族维生素、各种水解酶、某些植物激素和对病虫害有明显抑制作用的物质，对各类作物均具有促进生长、增产、抗寒、抗病虫之功能。使用沼肥不但节省化肥、农药的使用量，也有利于生产健康的绿色产品。

3. 有利于发展畜禽养殖 办起沼气后，有利于解决“三料”（燃料、饲料和肥料）的矛盾，促进畜牧业的发展。

4. 节省劳动力和资金 办起沼气后，过去农民捡柴、运煤花费的大量劳动力就能节约下来，投入农业生产第一线去。同时，节省了买柴、买煤、买农药、化肥的资金，使办沼气的农户减少了日常的经济开支，得到实惠。

（三）农村发展沼气，有利于保护生态环境，加快实现农业生态化

据统计，全球每年因人为活动导致向大气中排放的甲烷气体多达3.3亿吨。农村办沼气后，把部分人、畜、禽和秸秆所产沼气收集起来并有效地利用，减少向大气中的排放量，有效地减轻大气温室效应，保护生态环境。而且用沼气做饭、照明或作动力燃料，开动柴油机（或汽油机）用于抽水、发电、打米、磨面、粉碎饲料等效益也十分显著，深受农民欢迎。柴油机使用沼气的节油率一般为70%～80%。用沼气作动力燃料，清洁无污染，制取方便，成本又低，既能为国家节省石油制品，又能降低作业成本，为实现农业生

态化开辟了新的动力资源，是农村一项重要的能源建设，也是实现山川秀美的重要措施。

（四）农村办沼气是卫生工作的一项重大变革

消灭血吸虫病、钩虫病等寄生虫病的一项关键措施，就是搞好人、畜粪便管理。办起沼气后，人、畜粪便都投入沼气池密闭发酵，粪便中寄生虫卵可以减少95%左右，农民居住的环境卫生大有改观，控制和消灭寄生虫病，为搞好农村除害灭菌工作找到了一条新的途径。

（五）农村办沼气是一项重大的科学普及行动

农村办沼气，推动了农村科学技术普及工作的发展，生动地显示出科学技术对提高生产力的巨大作用。

第二节　沼气的生产原理与生产方法

一、沼气发酵的原理与产生过程

沼气是有机物在厌氧条件下（隔绝空气），经过多种微生物（统称沼气细菌）的分解而产生的。沼气细菌分解有机物产出沼气的过程，称为沼气发酵。沼气发酵是一个极其复杂的生理化过程。沼气微生物种类繁多，目前已知的参与沼气发酵的微生物有20多个属100多种，包括细菌、真菌、原生动物等类群，它们都是一些肉眼看不见的微小生物，需要借助显微镜才能看到。生产上一般把沼气细菌分为两大类：一类细菌为分解菌，它的作用的是将复杂的有机物如碳水化合物、纤维素、蛋白质、脂肪等分解成简单的有机物（如乙酸、丙酸、丁酸、脂类、醇类）和二氧化碳等；另一类细菌为产甲烷菌，它的作用是把简单的有机物及二氧化碳氧化或还原成甲烷。沼气的产生需要经过液化、产酸、产甲烷3个阶段。

（一）液化阶段

在沼气发酵中首先是发酵性细菌群利用它所分泌的胞外酶，如纤维酶、淀粉酶、蛋白酶和脂肪酶等，对复杂的有机物进行体外酶解，也就是把畜禽粪便、作物秸秆、农副产品废液等大分子有机物分解成溶于水的单糖、氨基酸、甘油和脂肪酸等小分子化合物。这些液化产物可以进入微生物细胞，并参加微生物细胞内的生物化学反应。

（二）产酸阶段

上述液化产物进入微生物细胞后，在胞内酶的作用下，进一步转化成小分子化合物（如低级脂肪酸、醇等），其中主要是挥发酸，包括乙酸、丙酸和丁酸，乙酸最多，约占80%。

液化阶段和产酸阶段是一个连续的过程，统称为不产甲烷阶段。在这个过程中，不产甲烷的细菌种类繁多，数量巨大，它们的主要作用是为产甲烷提供营养，创造适宜的厌氧条件，消除部分毒物。

（三）产甲烷阶段

在此阶段中，将第二阶段的产物进一步转化为甲烷和二氧化碳。在这个阶段中，产氨细菌大量活动而使氨态氮浓度增加，氧化还原势降低，为产甲烷菌提供了适宜的环境，产甲烷菌的数量大大增加，开始大量产生甲烷。

不产甲烷菌类群与产甲烷菌类群相互依赖、互相作用，不产甲烷菌为产甲烷菌提供了物质基础和排除毒素，产甲烷菌为不产甲烷菌消化了酸性物质，有利于更多地产生酸性物质，二者相互平衡。如果产甲烷量太小，则沼气内酸性物质积累造成发酵液酸化和中毒，如果不产甲烷菌量少，则不能为产甲烷菌提供足够养料，也不可能产生足量的沼气。人工制取沼气的关键是创造一个适合于沼气微生物进行正常生命活动（包括生长、发育、繁殖、代谢等）所需要的基本条件。

从沼气发酵的全过程看，液化阶段所进行的水解反应大多需要消耗能量，而不能为微生物提供能量，所以进行比较慢，要想加快沼气发酵的进展，首先要设法加快液化阶段。原料进行预处理和增加可溶性有机物含量较多的人粪、猪粪以及嫩绿的水生植物都会加快液化的速度，促进整个发酵的进展。产酸阶段能否控制得住（特别是沼气发酵启动过程）是决定沼气微生物群体能否形成、有机物转化为沼气的进程能否保持平衡、沼气发酵能否顺利进行的关键。沼气池第一次投料时应适当控制秸秆用量，保证一定数量的人畜粪便入池，以及人工调节料液的酸碱度，是控制产酸阶段的有效手段。产甲烷阶段是决定沼气产量和质量的主要环节，首先要为产甲烷菌创造适宜的生活环境，促进产甲烷菌旺盛成长。防止毒害、增加接种物的用量是促进产甲烷阶段的良好措施。

二、沼气发酵的工艺类型

（一）按发酵原料的类型分类

根据农村常见的发酵原料，主要分为全秸秆沼气发酵、全秸秆与人畜粪便混合沼气发酵和完全用人畜粪便沼气发酵 3 种。各种不同的发酵工艺，投料时原料的搭配比例和补料量不同。

（1）采用全秸秆进行沼气发酵，在投料时可一次性将原料备齐，并采用浓度较高的发酵方法。

（2）采用秸秆与人畜粪便混合发酵，则秸秆与人畜粪便的重量比宜为 1∶1，在发酵进行过程中，多采用人畜粪便的补料方式。

（3）完全采用人畜粪便进行沼气发酵时，在南方农村最初投料的发酵浓度是指原料的干物质重量占发酵料液重量的百分比，用公式表示为：浓度＝（干物质重量÷发酵液重量）×100％，发酵浓度控制在 6％左右，在北方可以达到 8％，在运行过程中采用间断补料或连续补料的方式进行沼气发酵。

（二）按投料方式分类

1. 连续发酵 投料启动后，经过一段时间正常发酵产气后，每天或随时连续定量添加新料，排除旧料，使正常发酵能长期连续进行。这种工艺适于处理来源稳定的城市污水、工业废水和大中型畜牧厂的粪便。

2. 半连续发酵 启动时一次性投入较多的发酵原料，当产气量趋向下降时，开始定期添加新料和排除旧料，以维持较稳定的产气率。目前农村家用沼气池大多采用这种发酵工艺。

3. 批量发酵　一次投料发酵，运转期中不添加新料，当发酵周期结束后，取出旧料，再投入新料发酵。这种发酵工艺的产气不均衡，产气初期产量上升很快，维持一段时间的产气高峰，即逐渐下降，我国农村有的地方也采用这种发酵工艺。

（三）按发酵温度分类

1. 高温发酵　发酵温度在50～60℃，特点是微生物特别活跃，有机物分解消化快，产气量高（一般每天每立方米料液产气2.0米^{3}以上）原料滞留期短。但沼气中甲烷的含量比中温、常温发酵都低，一般只有50%左右，从原料利用的角度来讲并不合算。该方式主要适用于处理温度较高的有机废物和废水，如酒厂的酒糟废液、豆腐厂的废水等，这种工艺的自身能耗较多。

2. 中温发酵　发酵温度在30～35℃，特点是微生物较活跃，有机物消化较快，产气率较高（一般每天每立方米料液产气1米^{3}以上）。与高温发酵相比，液化速度慢一些，但沼气的总产量和沼气中甲烷的含量都较高，可比常温发酵产气量高5～15倍，从能量回收的经济观点来看，是一种较理想的发酵工艺类型。目前世界各国的大中型沼气池普遍采用这种工艺。

3. 常温（自然温度，也称变温）发酵　是指在自然温度下进行的沼气发酵。发酵温度基本上随气温变化而不断变化。由于我国农村沼气池多数为地下式，因此发酵温度直接受到地温变化的影响，而地温又与气温变化密切相关。所以发酵随四季温度变化而变化，在夏天产气率较高，而在冬天产气率较低。该工艺的优点是沼气池结构简单、操作方便、造价低，但由于发酵温度常较低，不能满足沼气微生物的适宜活动温度，所以原料分解慢，利用率低，产气量少。我国农村采用的大多是这种工艺。

（四）按发酵级差分类

1. 单级发酵　在1个沼气池内进行发酵，农村沼气池多属于这种类型。

2. 二级发酵　在2个互相连通的沼气池内发酵。

3. 多级发酵　在多个互相连通的沼气池内发酵。

（五）两步发酵工艺

即将产酸和产甲烷分别在不同的装置中进行，产气率高，沼气中的甲烷含量高。

三、影响沼气发酵的因素

沼气发酵与发酵原料、发酵浓度、沼气微生物、酸碱度、严格的厌氧环境和适宜的温度这6个因素有关，人工制取沼气必须适时掌握和调节好这6个因素。

（一）发酵原料

发酵原料是产生沼气的物质基础，只有具备充足的发酵原料才能保证沼气发酵的持续运行。目前农村用于沼气发酵的原料十分丰富，数量巨大，主要是各种有机废弃物，如农作物秸秆、畜禽粪便、人粪尿、水浮莲（凤眼蓝）、树叶杂草等。用不同的原料发酵时要注意碳、氮元素的配比，一般碳氮比（C/N）在（20～30）：1时最合适，高于或低于这个比值，发酵就要受到影响，所以在发酵前应对发酵原料进行配比，使碳氮比在这个范围之中。同时，不是所有的植物都可作为沼气发酵原料。例如，桃叶、百部、马钱子果、元江金光菊、元江黄芩、大蒜、植物生物碱、盐类和刚消过毒的畜禽粪便等，都不能进入沼气池。它们对沼气发酵有较大的抑制作用，故不能作为沼气发酵原料。

由于各种原料所含有机物成分不同，它们的产气率也是不相同的。根据原料中所含碳素和氮素的比值（即碳氮比）不同，可把沼气发酵原料分为以下类型：

1. 富氮原料　人、畜和家禽粪便为富氮原料，一般碳氮比都小于25：1，这类原料是农村沼气发酵的主要原料，其特点是发酵周期短、分解和产气速度快，但这类原料单位发酵原料的总产气量较低。

2. 富碳原料　在农村主要是指农作物秸秆，这类原料一般碳氮比都较高，在30：1以上，其特点是原料分解速度慢、发酵产气周期长，但单位原料总产气量较高。

另外，还有其他类型的发酵原料，如城市有机废物、大中型农副产品加工废水和水生植物等。

根据测试结果显示，玉米秸秆的产气潜力最大，稻草、麦草和人粪次之，牛马粪、鸡粪产气潜力较小。各种原料的产气速度分解有机物的速度也是各不相同的。猪粪、马粪、青草 20 天产气量可达总产气量的 80%以上，60 天结束；作物秸秆一般要 30～40 天产气量才能达到总产气量的 80%左右，60 天达到 90%以上。

农村常用原料的含水量、碳氮比和产气率见表 3-1。

表 3-1　常用发酵原料的构成与效能

发酵原料	含水量（%）	碳素比重（%）	氮素比重（%）	碳氮比	产气率（米^3/千克）
干麦秸	18.0	46.0	0.53	87∶1	0.27～0.45
干稻草	17.0	42.0	0.63	67∶1	0.24～0.40
玉米秸	20.0	40.0	0.75	53∶1	0.30～0.5
落叶	不确定	41.0	1.00	41∶1	—
大豆茎	不确定	41.0	1.30	32∶1	—
野草	76.0	14.0	0.54	27∶1	0.26～0.44
鲜羊粪	不确定	16.0	0.55	29∶1	—
鲜牛粪	83.0	7.3	0.29	25∶1	0.18～0.30
鲜马粪	78.0	10.0	0.42	24∶1	0.20～0.34
鲜猪粪	82.0	7.8	0.60	13∶1	0.25～0.42
鲜人粪	80.0	2.5	0.85	2.9∶1	0.26～0.43
鲜人尿	99.6	0.4	0.93	0.43∶1	—
鲜鸡粪	70.0	35.7	3.70	9.7∶1	0.30～0.49

在农村以人畜粪便为发酵原料时，其发酵原料提供量可根据下列参数计算。一般来说，一个成年人一年可排粪便 600 千克左右；畜禽粪便的排泄量如下：猪（体重 40～50 千克）的粪排泄量为 2.0～2.5 千克/（天・头），牛的粪排泄量为 18～20 千克/（天・头），鸡的粪排泄量为 0.1～0.2 千克/（天・只），羊的粪排泄量为

2 千克/（天·头）。

农村最主要的发酵原料是人畜粪便和秸秆，人畜粪便不需要进行预处理。而农作物秸秆必须预先经过堆沤才有利于沼气发酵。在北方由于气温低，宜采用坑式堆沤：首先将秸秆铡成 3 厘米左右，踩紧堆成 30 厘米厚左右，泼 2%的石灰澄清液并加 10%的粪水（即 100 千克秸秆，2 千克石灰澄清液，10 千克粪水）。照此方法铺 3～4 层，堆好后用塑料薄膜覆盖，堆沤半个月左右，便可作发酵原料。在南方由于气温较高，用上述方法直接将秸秆堆沤在地上即可。

（二）发酵浓度

除了上述原料种类对沼气发酵的影响外，发酵原料的浓度对沼气发酵也有较大影响。发酵原料的浓度在一定程度上表示沼气微生物营养物质丰富程度。浓度越高表示营养越丰富，沼气微生物的生命活动也越旺盛。在生产实际应用中，可以产生沼气的浓度范围很广，2%～30%的浓度都可以进行沼气发酵，但一般农村常温发酵池发酵料浓度以 6%～10%为好。人畜和家禽粪便为发酵原料时料浓度可以控制在 6%左右；以秸秆为发酵原料时料浓度可以控制在 10%左右。另外，根据实际经验，夏天以 6%的浓度产气量最高，冬季以 10%的浓度产气量最高，这就是通常说的“夏天浓度稀一点好，冬天浓度稠一点好”。

（三）沼气微生物

沼气发酵必须有足够的沼气微生物接种，接种物是沼气发酵初期所需要的微生物菌种，接种物来源于阴沟污泥或老沼气池沼渣、沼液等。也可人工制备接种物，方法是将老沼气池的发酵液添加一定数量的人畜粪便。例如，要制备 500 千克发酵接种物，一般添加 200 千克的沼气发酵液和 300 千克的人畜粪便混合，堆沤在不渗水的坑里并用塑料薄膜密闭封口，1 周后即可作为接种物。如果没有沼气发酵液，可以用农村较为肥沃的阴沟污泥 250 千克，添加 250 千克人畜粪便混合堆沤 1 周左右即可；如果没有污泥，可直接用人畜粪便 500 千克进行密闭堆沤，10 天后便可作沼气发酵接种物。

一般接种物的用量应达到发酵原料的20%～30%。

（四）酸碱度

发酵料的酸碱度也是影响发酵的重要因素，沼气池适宜的酸碱度（即pH）为6.5～7.5，过高过低都会影响沼气池内微生物的活性。在正常情况下，沼气发酵的pH有一个自然平衡的过程，一般不需调节，但在配料不当或其他原因而出现池内挥发酸大量积累，导致pH下降，俗称酸化，这时便可采用以下措施进行调节。

（1）如果是因为发酵料液浓度过高，可让其自然调节并停止向池内进料。

（2）可以加一些草木灰或适量的氨水，氨水的浓度控制在5%左右（即100千克氨水中，95千克水，5千克氨水），并注意发酵液充分搅拌均匀。

（3）用石灰水调节。用此方法，尤其要注意逐渐加石灰水，先用2%石灰水澄清液与发酵液充分搅拌均匀，测定pH，如果pH还偏低，则适当增加石灰水澄清液，充分混匀，直到pH达到要求为止。

发酵料的酸碱度可用pH试纸来测定，将这种试纸条在沼液里浸一下，将浸过的纸条与测试酸碱度的标准纸条比较，浸过沼液的纸条上的颜色与标准纸上的颜色一致的便是沼气池料液的酸碱度数值。

（五）严格的厌氧环境

沼气发酵一定要在密封的容器中进行，避免与空气中的氧气接触，要创造一个严格的厌氧环境。

（六）适宜的温度

发酵温度对产气率的影响较大，农村采用变温发酵方式，沼气池的适宜发酵温度为15～25℃。为了提高产气率，农村沼气池在冬季应尽可能提高发酵温度。可采用覆盖秸秆保温、塑料大棚增温和增加高温性发酵料增温等措施。

另外，要提高沼气池的产气量，除要掌握和调节好以上6个因素外，还需在沼气发酵过程中对发酵液进行搅拌，使发酵液分布均匀，增加微生物与原料的接触面，加快发酵速度，提高产气量。在农村简易的搅拌方式主要有以下 3 种：

一是机械搅拌。用适合各种池型的机械搅拌器对料液进行搅拌，对搅拌发酵液有一定的效果。

二是液体回流搅拌。从沼气池的出料间将发酵液抽出，然后又从进料管注入沼气池内，产生较强的料液回流以达到搅拌和菌种回流的目的。

三是简单震动搅拌。用一根前端略弯曲的竹竿每日从进出料间向池底震荡数十次，以震动的方式进行搅拌。

四、沼气池的类型

懂得了沼气发酵的原理，就可以在人工控制下利用沼气微生物来制取沼气，为人类的生产、生活服务。人工制取沼气的首要条件就是要有一个合格的发酵装置，这种装置，目前我国统称为沼气池。沼气池的形状类型很多，形式不一，根据各自的特点，将其分为以下几类：

（一）按贮气方式分类

可分为水压式沼气池、浮罩式沼气池及袋式沼气池。

1. 水压式沼气池 又分为侧水压式、顶水压式和分离水压式。

水压式沼气池是目前我国推广数量最大、种类最多的沼气池，其工作原理是在池内装入发酵原料（占池容积的 80%左右），以料液表面为界限，上部为贮气间，下部为发酵间。当沼气池产气时，沼气集中于贮气间内，随着沼气的增多，容积不断增大，此时沼气压迫发酵间内发酵液进入水压间。当用气时，贮气间的沼气被放出，此时，水压间内的料液进入发酵间。如此“气压水、水压气”反复进行，因此称之为水压式沼气池。

水压式沼气池结构简单、施工方便，各种建筑材料均可使用，取料容易，价格较低，比较适合我国的农村经济水平。但水压式沼气池气压不稳定，对发酵有一定的影响，且水压间较大，冬季不易保温，压力波动较大，对抗渗漏要求严格。

2. 浮罩式沼气池 又分为顶浮罩式和分离浮罩式。

浮罩式沼气池是把水压式沼气池的贮气间单独建造分离出来，即沼气池所产生的沼气被一个浮沉式的气罩贮存起来，沼气池本身只起发酵间的作用。

浮罩式沼气池压力稳定，便于沼气发酵及使用，对抗渗漏性要求较低，但其造价较高，在大部分农村有一定的经济局限性。

3. 袋式沼气池 如河南省研制推广的全塑及半塑沼气池等。

袋式沼气池成本低，进出料容易，便于利用阳光增温，提高产气率，但其实用寿命较短，年使用期短，气压低，对燃烧有不利的影响。

（二）按发酵池的几何形状分类

可分为圆筒形池、球形池、椭球形池、长方形池、方形池、纺锤形池、拱形池等。

圆形或近似圆形的沼气池与长方形池相比较，具有以下优点：第一，相同容积的沼气池，圆形池比长方形池的表面积小，省工、省料；第二，圆形池受力均匀，池体牢固，同一容积的沼气池，在相同荷载作用下，圆形池比长方形池的池墙厚度小；第三，圆形沼气池的内壁没有直角，容易解决密封问题。

球形水压式沼气池具有结构合理、整体性好、表面积小、省工省料等优点，因此球形水压式沼气池已从沿海河网地带发展到其他地区，推广面逐步扩大。其中，球形A型，适用于地下水位较低的地方，其特点是在不打开活动盖的情况下，可经出料管提取沉渣，方便管理，节省劳力；球形B型占地少，整体性好，因此在土质差、水位高的情况下，具有不易断裂、抗浮力强等特点。

椭球形池是近年来发展的新池型，具有埋置深度浅、受力性能好、适应性能广、施工和管理方便等特点。其中，A型池体由椭圆曲线绕短轴旋转而形成的旋转椭球壳体形，亦称扁球形，埋置深度浅，发酵底面大，一般土质均可选用；B型池体由椭圆曲线绕长轴旋转而形成的旋转椭球壳体形，似蛋，亦称蛋形，埋置深度浅，便于搅拌和进出料，适应狭长地面建池。

（三）按建池材料分

可分为砖结构池、石结构池、混凝土池、钢筋混凝土池、钢丝网水泥池、钢结构池、塑料或橡胶池、抗碱玻璃纤维水泥池等。

（四）按埋伏的位置分

可分为地上式沼气池、半埋式沼气池、地下式沼气池。

多年的实践证明，在我国农村建造家用沼气池一般为水压式池、圆筒形池、地下式池，平原地区多采用砖水泥结构池或混凝土浇筑池。

五、沼气池的建造

农村家用沼气池是生产和贮存的装置，它的质量好坏、结构和布局是否合理，直接关系到能否产好、用好、管好沼气。因此，修建沼气池要做到设计合理、构造简单、施工方便、坚固耐用、造价低廉。

有些地方由于缺乏经验，对于建池质量注意不够，以致池子建成后漏气、漏水，不能正常使用而成为“病态池”；有的沼气池容积过大、过深，有效利用率低，出料也不方便。根据多年来的实践经验，在沼气池的建造布局上，南方多采用“三结合”（厕所、猪圈、沼气池），北方多采用“四位一体”（沼气池、猪圈、厕所、太阳能温棚）方式，有利于提高综合效益。

由于北方冬季寒冷的气候使沼气池运行较困难，并且易造成池体损坏，沼气技术难以推广。广大科技人员通过技术创新和实践，根据北方冬季寒冷的特定环境创建北方“四位一体”生态模式，即将沼气池、猪圈、厕所、太阳能温棚四者修在一起，它的主要好处是：第一，人畜粪便能自动流入沼气池，有利于粪便管理；第二，猪圈设置在太阳能温棚内，冬季使圈舍温度提高3～5℃，为猪提供了适宜的生长条件，缩短了生猪育肥期；第三，猪圈下的沼气池由于太阳能温棚而增温、保温，解决了北方地区在寒冷冬季产气难、池子易冻裂的问题，年总产气量与太阳能温棚的沼气池相比提高了20%～30%；第四，高效有机肥（沼肥）增加60%以上，猪呼出的二氧化碳，使太阳能温棚内二氧化碳的浓度提高，有助于温棚内农作物的生长，既增产，又优质。

（一）建造沼气池的基本要求

不论建造哪种形式、哪种工艺的沼气池，都要符合以下基本要求：

（1）严格密闭，保证沼气微生物所要求的严格厌氧环境，使发酵能顺利进行，能够有效地收集沼气。

（2）结构合理，能够满足发酵工艺的要求，保持良好的发酵条件，管理操作方便。

（3）坚固耐用，造价低廉，建造施工及维修保养方便。

（4）安全、卫生、实用、美观。

（二）建造沼气池的标准

怎样修建沼气池，修建沼气池使用什么材料，沼气池建好后怎么判断它的质量是否符合使用要求，这些问题需要在下面的国家标准中找到答案，即：

《户用沼气池设计规范》（GB 4750—2016）；

《户用沼气池质量检查验收规范》（GB 4751—2016）；

《户用沼气池施工操作规程》（GB 4752—2016）；

《农村家用昭气管路施工安装操作规程》（GB 7637—1987）；

《粪便无害化卫生要求》（GB 7959—2012）。

还可以参考《北方农村能源生态模式标准》（DB21/T 835—1994）。修建沼气池不同于修建民用住房，有一些要求。所以国家专门发布了有关技术标准（包括土建工程中相关的国家标准），来保证沼气池的建造质量。如果建池质量不符合要求或者因为建池地基处理不适当，会使沼气池漏水、漏气，不能正常工作，则需要进行检查，进行修补，费时费力。

我国沼气技术推广部门已形成了一个网络，各省（区）、市、县有专门的机构负责沼气的推广工作，有的地区乡镇、村都有沼气技术员负责沼气的推广工作，如果你要想修建沼气池，可以找当地农村能源办公室（有的地方称为沼气办公室），因为他们是经过专门的技术培训，经考核并获资格证书，故修建的沼气池质量可以得到保证。

（三）沼气池容积大小的确定

沼气池容积的大小（一般是指有效容积，既主池的净容积），应该根据发酵原料的数量和用气量等因素来确定，同时要考虑到沼肥的用量及用途。

在农村，按每人每天平均用气量 0.3～0.4 米^3，一个 4 口人的家庭，每天煮饭、点灯需用沼气 1.5 米^{3}左右。如果使用质量好的沼气灯和沼气灶，耗气量还可以减少。

根据科学试验和各地的实践，一般要求平均按一头猪的粪便量（约 5 千克）入池发酵，即规划建造 1 米^{3}的有效容积估算。池容积可根据当地的气温、发酵原料来源等情况具体规划。北方地区冬季寒冷，产气量比南方低，一般家用池选择 8 米^{3}或 10 米^3；南方地区，家用池选择 6 米^{3}左右。按照这个标准修建的沼气池，管理得好，春、夏、秋三季所产生的沼气，除供煮饭、烧水、照明外还可有余，冬季气温下降，产气减少，仍可保证煮饭的需要。如果有养殖规模，粪便量大或有更多的用气量要求，可建造较大的沼气池，池容积可扩大到 15～20 米^3。如果仍不能满足要求或需要就要考虑建多个池。

有的人认为“沼气池修得越大，产气越多”，这种看法是片面的。实践证明，有气无气在于“建”（建池），气多气少在于“管”（管理）。大沼气池容积虽大，如果发酵原料不足，科学管理措施跟不上，产气还不如小沼气池。但是也不能单纯考虑管理方便，把沼气池修得很小，因为容积过小，影响沼气池蓄肥、造肥的功能，这也是不合理的。

（四）水压式、圆筒形沼气池的建造工艺

目前国内农村推广使用最为广泛的为水压式沼气池，这种沼气池主要由发酵间、贮气间、进料管、水压间、活动盖、导气管等 6 个主要部分组成。它们相互连通组成一体。其沼气池结构示意图见图 3-1：

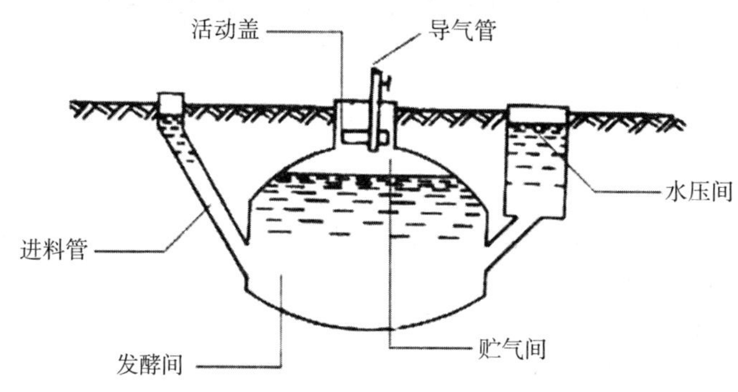

图 3-1　农村家用沼气池示意图

发酵间与贮气间为一整体，下部装发酵原料的部分称为发酵间，上部贮存沼气的部分称为贮气间，这两个部分称为主池。进料管插入主池中下部，作为平时进料用。水压间的作用一是起着存放从主池挤压出来的料液的作用，二是用气时起着将沼气压出的作用。活动盖设置在沼气池顶部，是操作人员进出沼气池的通道，平时作为大换料的进出料孔。

沼气池的工作原理：当池内产生沼气时，贮气间内的沼气不断增多，压力不断提高，迫使主池内液面下降，挤压出一部分料液到水压间内，水压间液面上升，与池内液面形成水位差，使池内沼气产生压力。当人们打开炉灶开关用气时，沼气池内的压力逐渐下降，水压间料液不断流回主池，液面差逐渐减小，压力也随之减小。当沼气池内液面与水压间液面高度相同时，池内压力就等于零。

1. 修建沼气池的步骤

（1）查看地形，确定沼气池修建的位置；

（2）拟订施工方案，绘制施工图纸；

（3）准备施工材料；

（4）放线；

（5）挖土方；

（6）支模（外模和内模）；

（7）混凝土浇捣，或砖砌筑，或预制砼大板组装；

（8）养护；

（9）拆模；

（10）回填土；

（11）密封层施工；

（12）输配气管件、灯、灶具安装；

（13）试压，验收。

2. 建池材料的选择 农村户用小型沼气池，常用的建池材料是砖、沙、石子、水泥。现将这些材料的一般性质介绍如下：

（1）水泥。水泥是建池的主要材料，也是池体产生结构强度的主材料。了解水泥的特性，正确使用水泥，是保证建池质量的重要环节。常见的水泥有普通硅酸盐水泥和矿渣硅酸盐水泥两种。普通硅酸盐水泥早期强度高，低温环境中凝结快，稳定性、耐冻性较好，但耐碱性能较差。矿渣硅酸盐水泥耐酸碱性能优于普通水泥，但早期强度低，凝结慢，不宜在低温环境中施工，耐冻性差。因此，建池一般应选用普通硅酸盐水泥，而不宜用矿渣硅酸盐水泥。

水泥的标号是以水泥的强度来定的。水泥强度是指每平方厘米能承受的最大压力。普通水泥常用标号有 225、325、425、525（分别相当于原来的 300 号、400 号、500 号、600 号），修建沼气池要求 325 号以上的水泥。

（2）沙、石。沙、石是混凝土的填充骨料，沙的容重为 1 500～1 600 千克/米^3，按粒径的大小，可以分为粗沙、中沙、细沙。建池需选用中沙和粗沙，一般不采用细沙。碎石一般容重为 1 400～1 500千克/米^3，按照施工要求，混凝土中的石子粒径不能大于构件厚度的 1/3，建池用碎石最大粒径不得超过 2 厘米为宜。

（3）砖的选择。砖的尺寸一般为 240 毫米×115 毫米×53 毫米，砖容重为 1 600～1 800 千克/米^3，建池一般选用 75 号以上的机制砖（目前沼气池的施工完全采用水泥混凝土浇筑，砖只用来搭模用，要求表面平滑即可）。

3. 施工工艺

沼气池的施工工艺大体可分为3种：一是整体浇筑；二是快体砌筑；三是混合施工。

（1）整体浇筑。整体浇筑是从下列上，在现场用混凝土浇成。这种池子整体性能好，强度高，适合在无地下水的地方建池。混凝土浇筑可采用砖模、木模、钢模均可。

（2）快体砌筑。快体砌筑是用砖、水泥预制或料石一块一块拼砌起来。这种施工工艺适应性强，各类基地都可以采用。快体砌筑可以实行工厂化生产，易于产线规格化、标准化、系列化批量生产；实行配套供应，可以节省材料、降低成本。

（3）混合施工。混合施工是快体砌筑与现浇施工相结合的施工方法。如池底、池墙用混凝土浇筑，拱顶用砖砌；池底浇筑，池墙砖砌，拱顶支模浇筑等。

为方便于初学者理解容易，在此重点介绍一种10米^{3}水泥混凝土现场浇筑沼气池的施工过程。

沼气池的修建应选择背风向阳、土质坚实，沼气池与猪圈、厕所相结合的适当位置。

其一，在选好的建池位置，以1.9米为半径画圆，垂直下挖1.4米，圆心不变，将半径缩小到1.5米再画圆，然后再垂直下挖1米，即为池墙高度。池底要求周围高、中间低，做成锅底形。同时将出料口处挖开，出料口的长、宽、高不能小于0.6米，以便于进出人。最后沿池底周围挖出下圈梁（高、宽各0.05米）。

池底挖好后即可进行浇筑，建一个10米^{3}的沼气池约需沙子2米^3、石子2米^3、水泥2 120千克、砖500块（搭模用）。配制150号混凝土，在挖好的池底上铺垫厚度0.05米的混凝土，充分拍实。表面抹1∶2的水泥沙灰，厚度5毫米。

其二，池底浇筑好，人可稍事休息，然后在池底表面覆盖一层塑料布，周围留出池墙厚度0.05米，在塑料布上填土，使池底保持平面。池墙的浇筑方法是以墙土壁作外模、砖作内模，砖与土墙之间留0.05米的空隙，填150号混凝土，边填边捣实。出料口以上至圈梁部位，池墙高 0.4 米、厚 0.2 米，浇筑时接口处要加入钢筋。进料管可采用内径 20 厘米的缸瓦管或水泥管。进料管距池底 0.2～0.5 米，可以直插也可以斜插，但与拱顶接口处一定要严格密封。

其三，拱顶的浇筑采用培制土模的方法。先在池墙周围用砖摆成高 0.9 米的花砖，池中心用砖摆成直径 0.5 米、高 1.4 米的圆筒，然后用木椽搭成伞状，木椽上铺玉米秸或麦草，填土培成馒头形状，土模表面要拍平拍实。配制 200 号混凝土，先在土模表面抹一层湿沙作隔离层，以便于拆模，浇筑厚度 0.05 米。拱顶浇筑完后，将导气管一端用纸团塞住并插入拱顶，导气管应选用内径 8～10 毫米的铜管。

其四，水压间的施工同样采用砖模，水压间长 1.4 米、宽 0.8 米、深 0.9 米，容积约 1 米^3，水压箱上方约 0.1 米处留出溢流孔，用塑料管接通到猪舍外的储粪池内。

至此，沼气池第一期工程进入保养阶段。采用硅酸盐水泥拌制混凝土需连续潮湿养护 7 天。

其五，池内装修。沼气池养护好后，从水压间和出料口处开始拆掉砖模，清理池内杂物，按 7 层密封方法（三灰四浆）进行池内装修。为达到曲线流动分布料液的目的，池内设置两块分流板，每块长 0.7 米、宽 0.3 米、厚 0.03 米，可事先预制好，也可以用砖砌。分流板距进料口 0.4 米，两块分流板之间的距离为 0.06 米、夹角 120°，用水泥沙灰固定在池底。池内装修完后，养护 5～7 天，即可进行试水、试气。

4. 试水试气检查质量 除了在施工过程，对每道工序和施工的部分要按相关标准中规定的技术要求检查外，池体完工后，应对沼气池各部分的几何尺寸进行复查，池体内表面应无蜂窝、麻面、裂纹、沙眼和空隙，无渗水痕迹等明显缺陷，粉刷层不得有空壳或脱落。在使用前还要对沼气池进行检查，最基本和最主要的检查是看沼气池有没有漏水、漏气现象。检查的方法有两种：一种是水试压法，另一种是气试压法。

（1）水试压法。即向池内注水，水面至进出料管封口线水位时可停止加水，待池体湿透后标记水位线，观察 12 小时。当水位无明显变化时，表明发酵间进出料管水位线以下不漏水，才可进行试压。

试压前，安装好活动盖，用泥和水密封好，在沼气出气管上接上气压表后继续向池内加水，当气压表水柱差达到 10 千帕（1 000 毫米水柱）时，停止加水，记录水位高度，稳压 24 小时，如果气压表水柱差下降在 0.3 千帕（300 毫米水柱）内，符合沼气池抗渗性能。

（2）气试压法。第一步与水试压法相同。在确定池子不漏水之后，将进、出料管口及活动盖严格密封，装上气压表，向池内充气，当气压表压力升至 8 千帕时停止充气，并关好开关。稳压观察 24 小时，若气压表水柱差下降在 0.24 千帕以内，沼气池符合抗渗性能要求。

（五）户用沼气池建造与启动管理技术要点

怎样建好、管好和用好沼气池是当前推广和应用沼气的关键环节。现根据多年基层工作实践提出如下建造与启动管理技术要点：

1. 沼气池建造技术要点　沼气池的建造方式很多，要根据国家标准结合当地气候条件和生产条件建造，关键技术要注意以下几点：

（1）选址。沼气池的选址与建设质量和使用效果有很大关系，如果池址选择不当，对池体寿命和以后的正常运行、管理以及使用效果造成影响。一般要选择在院内厕所和养殖圈的下方，利于“一池三改”，并且要求土质坚实，底部没有地窖、渗井、虚土等隐患，距厨房要近。

（2）池容积的确定。户用沼气池由于采用常温发酵方式，冬季温度相对低、产气量小，要以冬季保证满足能做三顿饭及满足照明取暖为基本目标，根据当地气候条件与采取的一般保温措施相结合来确定建池容积，通过近年实践，豫北地区以 10～15 米^{3}大小为宜。

（3）主体要求。一般要求主体高 1.25～1.5 米，拱曲率半径为直径的 0.65～0.75 倍。另外还要求底部为锅底形。

（4）留天窗口并加盖活动盖。无论何种类型及结构的沼气池，均应采用留天窗口并加盖活动盖的建造方式，否则将会给管理应用带来很多不便，甚至影响沼气池的使用寿命。天窗口一般要留在沼气池顶部中间，直径 60～70 厘米，活动口盖应在地表 30 厘米以下，以防冬季受冻结冰。

（5）对进料管与出料口的要求。进料管与出料口要求对称建造，进料管直径不小于 30 厘米，管径太细容易产生进料堵塞和气压大时喷料现象；出料口一般要求月牙槽式底层出料方式，月牙槽高 60～70 厘米、宽 50 厘米左右。

（6）水压间。户用沼气池不能太小，太小池内沼气压力不实，要求水压间应根据主池容积而定，其容积一般为主体容积×0.3÷2，即建一个 10 米^{3}的沼气池，水压间容积应为 10×0.3÷2＝1.5 米^3。

（7）密封剂。沼气池密封涂料是要保证沼气池质量的一项必不可少的重要材料，必须按要求足量使用密封涂料。要求选用正规厂家生产的密封胶，同时要求密封剂要具备密封和防腐蚀两种功能。

（8）持证上岗，规范施工。沼气生产属特殊工程，需要由国家“沼气工”持证人员按要求建池，才能够保证结构合理、质量可靠、应用效果好，不能够为省钱，图方便，私自乱建，否则容易走弯路，劳民伤财。

2. 沼气池的启动与管理技术 沼气池建好后必须首先试水、试气，检查质量，合格后才能启动使用。

（1）对原料的要求。新建沼气池最好选用牛、马粪中作为启动原料，牛、马粪中适当掺些猪粪或人粪便，但不能直接用鸡粪启动。使用牛、马粪原料，要在地上盖塑料膜，高温堆沤 5～7 天，然后按池容积 80%的总量配制启动料液，料液浓度以 10%左右为宜，同时还要添加适量的坑塘污泥或老沼气池底部的沉渣作为发酵菌种。

（2）对温度要求。沼气池启动温度最好在 20～60℃，温度低于10℃就无法启动了。所以户用沼气池一般不要在冬季气温低时启动，否则会使料液酸化变质，很难启动成功。

(3) 对料液酸碱度的要求。沼气菌适用于在中性或微碱性环境中启动，过酸、过碱均不利于启动产气。因此，料液保持在中性，即 pH 在 7 左右。

(4) 投料后管理。进料 3～5 天后，有气泡产生时，要密封沼气池，当气压表指针指到 4 时，先放一次气，当指针恢复到 4 时，可进行试火，试火时先点火柴，再打开开关，在沼气灶上试火。如果点不着，继续放掉杂气，等气压表指针再达到 4 时，再点火，当气体中甲烷含量达到 30%以上时，就能点着火了，说明沼气池开始正常工作了。

(5) 正常管理。沼气池正常运行后，第一个月内，每天从水压间提料液 3～5 桶，再从进料管处倒进沼气内，使池内料液循环流动，这段时间一般不用添加新料。待沼气产气高峰过后，一般过两个月后，要定期进料出料，原则上出多少进多少，平常不要大进大出。在寒冷季节到来前（即每年的 11 月），可进行大换料一次，要换掉料液的 50%～60%，以保证冬季多产气。

另外还要勤搅拌，可扩大原料和细菌的接触面积，打破上层结壳，使池内温度平衡。

(6) 采取覆盖保温措施。冬季气温低，要保证正常产气就要注意沼气池上部采取覆盖保温措施，可在上部覆盖秸秆或搭塑料布暖棚。

(7) 注意事项。猪、牛、鸡、羊等畜禽粪便和人粪尿沼气池，要严禁洗涤剂、电池、杀菌剂类农药、消毒剂和一些辛辣蔬菜老梗等物质进入，以免影响发酵产气。

六、输气管道的选择与输气管道的安装

沼气输气管道的基本要求：一是要保证沼气池的沼气能够顺利、安全、经济地输出；二是输出的沼气要能够满足燃具的工作要求，要有一定的流量和一定的压力。输气导管内径的大小，要

根据沼气池的容积、用气距离和用途来决定。如沼气池容积大、用气量大、用气距离较远，则输气导管的内径应当大一些。一般农户使用的沼气池输气导管的内径以0.8～1厘米为宜，管径小于0.8厘米，沿程阻力较大，当压力小于灶具（灯具）的额定压力时燃烧效果较差。目前农村使用的输气管，主要是聚氯乙烯塑料管。输气管道分地下和地上两部分，地下部分可采用直径20毫米的硬质塑料管，埋设深度应在当地冻土层以下，以利于保温和抗老化。室内部分可采用8～10毫米的软质塑料管。沼气池距离使用地点应在30米以内。由于冬季气温较低，沼气容易冷凝成水，阻塞导气管，因此应在输气管道的最低处接一放水开关，及时将导管内的积水排除。

（一）输气管道的布置原则与方法

（1）沼气池至灶前的管道长度一般不应超过30米。

（2）当用户有两个沼气池时，从每个沼气池可以单独引出沼气管道，平行敷设，也可以用三通将两个沼气池的引出管接到一个总的输气管上再接向室内（总管内径要大于支管内径）。

（3）庭院管道一般应采取地下敷设，当地下敷设有困难时亦可采用沿墙或架空敷设，但高度不得低于2.5米。

（4）地下管道埋设深度南方应在0.5米以下，北方应在冻土层以下。所有埋地管道均应外加硬质套管（铁管、竹管等）或砖砌沟槽，以免压毁输气管。

（5）管道敷设应有坡度，一般坡度为1%左右。布线时使管道的坡度与地形相适应，应在管道的最低点安装气水分离器。如果地形较平坦，应将庭院管道铺向沼气池方向。

（6）管道拐弯处不要太急，拐角一般不应小于120°。

（二）检查输气管路是否漏气的方法

输气管道安装后还应检查输气管路是否漏气，方法是将连接灶具的一端输气管拔下，把输气管接灶具的一端用手堵严，将沼气池气箱出口一端管子拔开，向输气管内吹气或打气，U形压力表水柱达30厘米以上时，迅速关闭沼气池输送到灶具的管路之间的开关，观察压力是否下降，2～3 分钟后压力不下降，则输气管不漏气，反之则漏气。

（三）注意安装气水分离器和脱硫器

沼气灶具燃烧时输气管里有水泡声，或沼气灯点燃后经常出现一闪一闪的现象，这种情况的原因是沼气中的水蒸气在管内凝结或在出料时因负压将压力表内的水倒吸入输气导管内，严重时，灯、灶具会点不着火。在输气管道的最低处安装一个水气分离器就可解决这个问题。

由于沼气中含有以硫化氢为主的有害物质，在作为燃料燃烧时会危害人体健康，并对管道阀门及应用设备有较强的腐蚀作用。目前，国内大部分用户均未安装脱硫器，已造成严重后果。为减轻硫化氢对灶具及配套用具的腐蚀损害，延长设备使用寿命，保证人身体健康，必须安装脱硫器。

目前脱硫的方法有湿法脱硫和干法脱硫两种。干法脱硫具有工艺简单、成熟可靠、造价低等优点，并能达到较好的净化程度。当前家用沼气脱硫基本上采用这个方法。

干法脱硫上是应用脱硫剂脱硫，脱硫剂有活性炭、氧化锌、氧化锰、分子筛及氧化铁等，从运转时间、使用温度、公害、价格等综合考虑，目前采用最多的脱硫剂是氧化铁（Fe_2O_3）。

简易的脱硫器材料可选玻璃管式、硬塑料管式，但不能漏气。

七、沼气灶具、灯具的安装及使用

（一）沼气灶的构造

沼气灶一般由喷射器（喷嘴）、混合器、燃烧器三部分组成。喷射器起喷射沼气的作用。当沼气以最快的速度从喷嘴射出时，引起喷嘴周围的空气形成低压区，在喷射的沼气气流的作用下，周围的空气被沼气气流带入混合器。混合器的作用是使沼气和空气能充分地混合，并有降低高速喷入的混合气体压力的作用。燃烧器由混合气分配室和燃烧火孔两部分构成。分配室使沼气和空气进一步混合，并起稳压作用。燃烧火孔是沼气燃烧的主要部位，火孔分布均匀，孔数要多些。

（二）沼气灯的结构

沼气灯是利用沼气燃烧使纱罩发光的一种灯具。正常情况下，它的亮度相当于 60～100 瓦的电灯。

沼气灯由沼气喷管、气体混合室、耐火泥头、纱罩、玻璃灯罩等部分构成。沼气灯的使用方法：沼气灯接上耐火泥头后，先不套纱罩，直接在耐火泥头上点火试烧，如果火苗呈淡蓝色，而且均匀地从耐火泥头喷出来，火焰不离开泥头，表明灯的性能良好。关掉沼气开关，等耐火泥头冷却后绑好纱罩，即可正常使用。新安装的沼气灯第一次点火时，要等沼气池内压力达到 784.5 帕（80 厘米水柱）时再点。新纱罩点燃后，通过调节空气配比，或从底部向纱罩微微吹气，使光亮度达到白炽。

在日常使用沼气灯时还应注意以下两点：一是在点灯时切不可打开开关后迟迟不点，这会使大量的沼气跑到纱罩外面，一旦点燃火会烧伤人手，严重的还会烧伤人的面部。二是因损坏而拆换下来的纱罩要小心处理，燃烧后的纱罩含有有毒的二氧化钍。手上如果沾到纱罩灰粉时要及时洗净，不要弄到眼睛里或沾到食物上而误食中毒。

八、沼气池的管理与应用

沼气池建好并经过试水、试气检查，质量合格后就可正常使用了。

（一）沼气发酵原料的配置

农村沼气发酵种类根据原料和进料方式，常采用以秸秆为主的一次性投料和以禽畜粪便为主的连续进料两种发酵方式。

1. 以禽畜粪便为主的连续进料发酵方式 在我国农村一般的家庭宜修建 10 米^3 水压式沼气池，发酵有效容积约 8.5 米^3。由于不同种类畜禽粪便的干物质含量不同，现以猪粪为例计算如何配置沼气发酵原料。

猪粪的干物质含量为18%左右，南方发酵浓度宜为6%左右，则需要猪粪2 100千克，制备的接种物900千克（视接种物干物质含量与猪粪一样），添加清水5 700千克；北方发酵浓度宜为8%左右，则需猪粪2 900千克左右，制备的接种物900千克，添加清水4 700千克，在发酵过程中由于沼气池与猪圈、厕所建在一起，可自行补料。

2. 秸秆结合禽畜粪便投料发酵方式　可根据所用原料的碳氮比、干物质含量等通过计算就可以得出各种原料的使用量（表3-2）。

表3-2　几种干物质含量的秸秆与禽畜粪便原料使用量

原料比例	干物质含量（%）	每立方米装料量（千克）				
鲜猪粪：秸秆：水		猪粪		秸秆	水	接种物
1：1：23	4	40		40	620～820	100～300
1：1：15	6	60		60	580～730	100～300
1：1：10	8	75		75	550～750	100～300
1：1：8	10	100		100	500～700	100～300
人粪：猪粪：秸秆：水		人粪	猪粪	秸秆	水	接种物
1：1：1：27	4	33	33	33	600～800	100～300
1：1：1：17	6	50	50	50	550～750	100～300
1：1：1：12	8	66	66	66	500～700	100～300
1：1：1：8	10	83	83	83	456～650	100～300

3. 配建秸秆酸化池，提高产气率　虽然近年来农村养殖业发展迅速，但一些地区受许多因素限制，畜牧业还不发达，只靠牲畜粪便还不能满足沼气发展的需求，而目前的池型又只适宜纯粪便原料，草料入池发酵就会使上层结壳，并且出料难。为了解决这一问题，可在猪舍内建一秸秆水解酸化池，把杂草和作物秸秆填入池内，加水浸泡沤制，发酵变酸后再将酸化池内的水放入正常的沼气池，这样可以大大提高产气率。这种做法的好处有以下几点：一是可扩大原料来源，把野草、菜叶及各种农作物秸秆都可以入池浸泡

沤制，变废为宝用来生产沼气；二是由于秸秆原料的碳素含量高，可改善沼气池内料液的碳氮比，使之达到（20～30）：1的最佳状态，有利于提高产气量；三是由于实现了分步发酵，沼气中的甲烷含量有所提高，使沼气灯更亮，灶火更旺。

该工艺是根据沼气发酵过程分为产酸和产甲烷两个阶段的原理而设计的，在使用过程中应注意以下事项：

（1）新鲜的草料、秸秆需要浸泡一周以上，产生的酸液方可加入沼气池。

（2）酸化池的大小可根据猪舍大小而定，一般以不超过长2米、宽1米、深0.9米为宜，可以采用砖砌或水泥混凝土浇筑保证不漏水即可。

（3）产生的酸液每天定量加入沼气池，以便于调节当天和第二天的产气量。

（4）酸化池内草料浸泡一个月后，需全部取出并换上新鲜草料重新沤制。

（5）冬季酸化池内尽量少放水，以利于草料堆沤发酵，提高池温。

（二）选择适宜的投料时期进行投料。

由于农村沼气池发酵的适宜温度为15～25℃，因而，在投料时宜选取气温较高的时候进行，在适宜温度范围内投料，一般北方宜在3月准备原料，4～5月投料，7～8月温度升高后，有利于沼气发酵的完全进行，充分利用原料；南方除3～5月可以投料外，下半年宜在9月准备原料，10月投料，超过11月，沼气池启动缓慢，同时，使沼气发酵的周期延长。在具体什么时间投料，则宜选取中午进行投料。

（三）沼气发酵料投料方法

经检查沼气池的密封性符合要求后即可投料。沼气池投料时，先应按沼气发酵原料的配置要求根据发酵液浓度计算出水量，向池内注入定量的清水，再将准备的原料先倒一半，搅拌均匀，再倒一半接种物与原料混合均匀，照此方法，将原料和菌种在池内充分搅拌均匀，最后将沼气池密封。

（四）正常启动沼气池

要使沼气池正常启动，如前所述的那样，要选择好投料的时间，准备好配比合适的发酵原料，入池后原料搅拌要均匀，水封盖板要密封严密。一般沼气池投料后第二天，便可观察到气压上升，表明沼气池已有气体产生。最初所产生的气体，主要是各种分解菌、酸化菌活动时产生的二氧化碳和池内残留的空气，甲烷含量较低，一般不容易点燃，要将产生的气体放掉（直至气压表指针降至零），待气压再次上升到784.5帕（80厘米水柱）时，即可进行点火试验。点火时一定要在炉灶上点，千万不可在沼气池导气管上点火，以防发生回火爆炸事故，如果能点燃，表明沼气池已正常启动。如果不能点燃，需将池内气体全部放掉，照上述方法再重复一次，如还不行，则要检查沼气的料液是否酸化或其他原因。

猪粪作发酵料，易分解，酸碱度适中，因而最易启动；牛粪只要处理得当，启动也较快。而用人粪、鸡粪作发酵料，铵态氮浓度高，料液易偏碱；秸秆作发酵料，难以分解，采用常规方法较难启动。如何才能使新沼气池投料后尽快产气并点火使用呢？可采取以下快速启动技术：

（1）掌握好初次进料的品种，全部用猪粪或2/3的猪粪，配搭1/3的牛马粪。

（2）搞好沼气池外预发酵，使其变黑发酸后方可入池。

（3）加大接种物数量，粪便入池后，从正常产气的沼气池水压间内取沼渣或沼液加入新池。

（4）在池温12℃以上时进料。在我国北方地区冬季最好不要启动新池，待春季池温回升到12℃以上时再投料启动。

（五）搞好日常管理

1. 及时补充新料　沼气池建好并正常产气后，头一个月内的管理方法是：每天从水压间提水（3～5桶），再从进料管处倒进沼气池内，使池内料液自然循环流动，这段时间不用另加新料。随着发酵过程中原料的不断消耗，待沼气产气高峰过后，便要不断地补充新鲜原料。一般从第二个月开始，应不断填入新料，每 10 米^{3}沼气池平均每天应填入新鲜的人畜粪便 15～20 千克，才能满足日常使用。如粪便不足，可每隔一定时间从别处收集一些粪便加入池内。自然温度发酵的沼气池，如沼气池与猪圈、厕所建在一起的，每天都在自动进料，一般不需考虑补料。

2. 经常搅拌可提高产气量 搅拌的目的在于打破浮渣，防止液面结壳，使新入池的发酵原料与沼气菌种充分接触，使产甲烷菌获得充足的营养和良好的生活环境，以利于提高产气量。搅拌器的制作方法是用一根长度一米的木棒，一端钉上一块耐水木板，每天插入进料管内推拉几次，即可起到搅拌的作用。

3. 注意出料 多数家用的三结合沼气池（厕所、畜禽圈、沼气池三结合）是半连续进、出料的，即每天畜禽粪便是自动加入的，可以少量连续出料，最好进多少出多少，不要进少出多。如果压力表指示的压力为零，说明沼气池里已经没有可供使用的沼气，也可能是出料太多，进、出料管口没有被水封住，沼气从进、出料间跑了，这时要进一些料，封住沼气池的气室。

在沼气池活动盖密封的情况下，进料和出料的速度不要太快，应保证池内缓慢生压或降压。

当一次出料比较大时，当压力表指针下降到零时，应打开输气管的开关，以免产生负压过大而损坏沼气池。

4. 及时破壳 沼气池正常产气并使用一段时间后，如果出现产气量下降，可能是池内发酵料液表面出现了结壳，致使沼气无法顺利输出，这时可将破壳器上下提拉并前后左右移动，即可将结壳破掉。结壳的多少与选用的发酵原料有关，如完全采用猪粪发酵出现结壳的现象要少一些；如果发酵原料中混合有牛、马等草食类牧畜粪便则结壳现象要多一些。特别是与厕所相连的沼气池，应注意不要把卫生纸冲下去，卫生纸很容易造成结壳。

5. 产气量与产气率的计算 沼气池在运行过程中有机物质产气的总量称为产气量。而有机质单位重量的产气量称为原料产气率，它是衡量原料发酵分解好坏的一个主要指标。在农村，一般常采用池容产气率来衡量沼气发酵的正常与否。例如，一个 6 米^{3}的水压式沼气池，通过流量计的计数，每天生产沼气 1.2 米^3，因此它的池容产气率应为 1.2/6＝0.2 米^3/（米^3·天）。通过池容产气率计算，我们可以发现沼气发酵是否正常，从而查找原因，提高沼气的产气量。

九、沼气池使用过程中常见故障和处理方法以及预防措施

目前广泛推广的“三位一体”式沼气池，具有自动进料、自动出料、常年运转、中途不需要大换料的特点，因此使用管理都很方便。尽管有了质量好的沼气池，在使用中仍然需要科学管理并及时预防和排除故障。

（一）新建沼气池装料后不产气的主要原因

（1）发酵原料预处理没按要求做好；

（2）原料配比不合适；

（3）接种物不够；

（4）池内温度太低；

（5）沼气池漏水、漏气等。

（二）沼气池产气后，又停止产气的主要原因

（1）发酵原料营养已耗尽，需要加料；

（2）发酵原料酸化；

（3）池温太低；

（4）池子漏气。

（三）判断和查找沼气池漏水和漏气的方法

在试水、试压时，当水柱压力表上水柱上升到一定位置时，如水柱先快后慢地下降说明漏水，以比较均匀的速度下降说明是漏气。

在平时不用气时，如发现压力表中水柱不但不上升，反而下降，甚至出现负压，这说明沼气池漏水；水柱移动停止或移动到一定高度不再变化，这说明沼气池漏气或轻微漏气。

发现漏水或漏气后应按以下步骤检查：应先查输配气管件，后查内部，逐步排除疑点，找准原因，再对症修理。

外部检查方法是：把套好开关的胶管圈好，一端用绳子捆紧，放入盛有水的盆中，一端用打气筒（或用嘴）压入空气，观察胶管、开关、接头处有无气泡出现，有气泡之处，就有漏气的小孔。在使用时，可用毛笔在导气管、输气管及接头处涂抹肥皂水，看是否有气泡产生。也可用鹅、鸭细绒毛在导气管、输气管及接头、开关处来回移动，如果漏气，绒毛便会被漏气吹动。另外，导气铁管和池盖的接头处及活动盖座缝处也容易出毛病，要注意检查。

内部检查方法是：进入池内观察池墙、池底、池盖等部分有无裂缝、小孔。同时，用手指或小木棒叩击池内各处，如有空响则说明粉刷的水泥沙浆翘壳。进料管、出料间与发酵间连接处也容易产生裂缝，应当仔细检查。

（四）造成沼气池漏水、漏气的常见部位和原因

第一，混凝土配料不合格、拌和不均匀，池墙未夯实筑牢，造成池墙倾斜或砼不密实，存在孔洞或有裂缝。第二，池盖与池墙的交接处灰浆不饱满，黏结不牢而造成漏气。第三，石料接头处水泥沙浆与石料黏结不牢。出现这种情况，主要是勾缝时沙浆不饱满，抹压不紧。第四，沼气池安砌好后，池身受到较大震动，使接缝处水泥沙浆裂口或脱落。第五，沼气池建好后，养护不好，大出料后未及时进水、进料，经曝晒、霜冻而产生裂缝。第六，池墙周围回填土未夯紧填实，试压或产气后，池子内外压力不平衡，引起石料移位。第七，池墙、池盖粉刷质量差，毛细孔封闭不好，或各层间黏结不牢造成翘壳。第八，混凝土结构的池墙，常因混凝土的配合比和含水量不当，干后强烈收缩，出现裂缝；沼气池建成后，混凝土未达到规定的养护期，就急于加料，由于混凝土强度不够，而造成裂缝。第九，导气管与池盖交接处水泥沙浆凝固不牢，或受到较大的震动而造成漏气。第十，沼气池试水、试压或大量进出料时，由于速度太快，造成正、负压过大，使池墙裂缝

甚至胀坏沼气池。

（五）修补沼气池的方法

查出沼气池漏水、漏气的确切部位后，标上记号，根据具体情况加以修补。

第一，裂缝处要先将裂缝剔成V形，周围打成毛面，再用1∶1的水泥沙浆填塞漏处，压实、抹光，然后用纯水泥浆粉刷几遍。

第二，使气箱粉刷层剥落，铲掉翘壳部位，重新仔细粉刷。

第三，如果漏气部位不明确，应将气箱洗刷干净，用纯水泥浆或1∶1的水泥沙浆交替粉刷3～4遍。

第四，导气管与池盖衔接处漏气，可重新用水泥沙浆黏接，并加高和加大水泥沙浆护座。

第五，池底全部下沉或池底与池墙四周交接处有裂缝的，先把裂缝剔开一条宽2厘米、深3厘米的围边槽，并在池底和围边槽内，浇筑一层4～5厘米厚的混凝土，使之连接成一个整体。

第六，由于膨胀土湿胀、干缩引起裂缝的沼气池，应在池盖和进料管、出料间上沿的四周铺上三合土，以保持膨胀土干湿度的稳定。

（六）人进入沼气池维修或出料时应采取安全措施

沼气池是严格密封的，里面充满沼气，氧气含量很少，即便盖子打开一段时间后，沼气也不易自然排除干净。这是因为有些沼气池可能进、出料口被粪渣堵塞，空气不能流通；或有的池子建在室内，空气流通不好，又没有向池内鼓风，不能把池内的残留气体完全排除。沼气的主要成分是甲烷，它是一种无色气体，当空气中甲烷浓度达到30％左右时，可使人麻醉；浓度达到70％以上时，会因缺氧而使人窒息死亡。沼气中的另一主要成分为二氧化碳，也是一种易使人窒息性气体，由于二氧化碳比空气重（为空气的1.52倍），在空气流通不良的情况下，它仍能留在池内，造成池内严重缺氧。因此，尽管甲烷、一氧化碳等比空气轻的气体被排除后，人入池仍会造成窒息中毒事故。同时，加入沼气池中的有机物质，在厌氧条件下也能产生一些有毒气体。下池检修或清除沉渣时，必须提高警惕，事先采取安全措施，才能防止窒息和中毒事故的发生。

人进入沼气池前应注意以下安全措施：

（1）新建沼气池装料后，就会发酵产气，如需继续加料，只能从进料管或活动盖口处加入，严禁进入池内加料。

（2）清除沉渣或查漏、修补沼气池时，先要将输气导管取下，发酵原料至少要出到进、出料口挡板以下，有活动盖板的要将盖板揭开，并用风车（南方吹稻谷用的工具）或小型空压机等向池内鼓风，以排出池内残存的气体。当池内有了充足的新鲜空气后，人才能进入池内。入池前，应先进行动物试验，可将鸡、兔等动物用绳拴住，漫漫放入池内。如动物活动正常，说明池内空气充足，可以入池工作，若动物表现异常，或出现昏迷，表明池内严重缺氧或有残存的有毒气体未排除干净，这时要严禁人员进入池内，而要继续通风排气。

（3）在向池内通风和进行动物试验后，下池的人员要在腰部拴上保险绳，搭梯子下池，池外要有人看护，以便一旦发生意外时，能够迅速将人拉出池外，进行抢救。入池操作的人员如果感到头昏、发闷、不舒服，要马上离开池内，到池外空气流通的地方休息。

（4）为了减少和防止池内产生有毒气体，要严禁将菜油枯（榨菜油后的渣）加入沼气池，因菜油枯在密闭的条件下，能产生剧毒气体磷化氢，人接触后，极易引起中毒死亡。

（5）由于沼气是易燃气体，遇火就会猛烈燃烧。已装料、产气的沼气池，在入池出料、维修、查漏时，只能用电筒或镜子反光照明，绝对不能持煤油灯、桅灯、蜡烛等明火照明工具入池；也不能采用向沼气池内先丢火团烧掉沼气后再点明火入池的办法，因为向池内丢入火团虽然可以把池内的沼气烧掉，同时也烧掉池内的氧气，使池内的二氧化碳浓度更大，如不注意通风，容易发生窒息事故。另外，人入池后，沼气仍不断释放出来，一遇明火，同样可以发生燃烧，发生烧伤事故。同时，丢火团入池易引起火灾，损坏沼气池。所以，这种办法很不安全；也不能在池内和池口吸烟，以免引燃池内残存沼气，发生烧伤事故。揭开活动盖板进行维修、加料、搅拌时，也不能在盖口吸烟、划火柴或点明火。特别是沼气池修在池内或棚内的，更应特别注意这一点。

（七）入池人员若发生窒息、中毒时应采取的抢救措施

发生入池人员窒息、中毒情况时，要组织力量进行抢救。抢救时，要沉着冷静、动作迅速，切忌慌张，以免连续发生窒息、中毒事故。在抢救的步骤上，首先要用风车等连续不断地向池内输入新鲜空气。同时迅速搭好梯子，组织抢救人员入池。抢救人员要拴上保险绳，入池前要深吸一口气（最好口内含一胶管通气，胶管的一端伸出池外），尽快把昏迷者搬出池外，放在空气流通的地方。如已停止呼吸，要立即进行人工呼吸，做胸外心脏按压，严重者经初步处理后，要送往就近医院抢救。如昏迷者口中含有粪便，应事先用清水冲洗面部，掏出嘴里的粪渣，并抱住昏迷者的腹部，让头部下垂，使肚内粪液吐出，再进行人工呼吸和必要的药物治疗。

（八）防止沼气池发生爆炸

引起沼气池爆炸的原因一般有两种：一是新建的沼气池装料后不正确地在导气管上点火，试验是否开始产气，引起回火，使池内气体猛烈膨胀、爆炸，使池体破裂。二是沼气池出料，池内形成负压，这时点火用气，容易发生内吸现象，引起火焰入池，发生爆炸。

防止方法：第一，检查新建沼气池是否产生沼气时，应用输气管将沼气引到灶具上试验，严禁在导气管上直接点火试验。第二，池内如果出现负压，就要暂时停止点火用气，并及时投加发酵原料，等到出现正压后再使用。

（九）沼气池使用过程中的一般性故障处理

为了便于用户在沼气使用过程中及时发现并解决所遇到的问题，对沼气使用过程中的一般性故障，制作了表 3-3，可供用户快速查阅。

表 3-3　沼气池使用过程中的一般性故障、原因及处理方法

故障现象	原因	处理方法
1. 压力表水柱上下波动，火焰燃烧不稳定	输气管道内有积水	排除管道内积水
2. 打开开关，压力表急降，关上开关，压力表急升	导气管堵塞或拐弯处扭曲，管道通气不畅	疏通导气管，理顺管道
3. 压力表上升缓慢或不上升	沼气池或输气管漏气、发酵料不足、沼气发酵接种物不足	修补漏气部位；添加新鲜发酵原料；增加沼气发酵接种物
4. 压力表上升慢，到一定程度不再上升	贮气室或管道漏气，进料管或水压间漏水	检修沼气池拱顶及管道；修补漏水处
5. 压力表上升快，使用时下降也快	池内发酵料液过多，水压间体积太小	取出一些料液，适当增大水压间
6. 压力表上升快，气多，但较长时间点不燃	发酵原料产甲烷菌种少	排放池内不可燃气体，增添接种物或换掉大部分料液
7. 开始产气正常，以后逐渐下降或明显下降	逐渐下降是未及时补充新料，明显下降是管道漏气或误将喷过药物的原料加入池内	取出一些旧料，添加新料；检查维修系统漏气问题；如误将含农药的原料加入池内，只能进行大换料，并清洗池内
8. 产气正常，但燃烧火力小或火焰呈红黄色	灶具火孔堵塞；火焰呈红黄色是池内发酵液过量，甲烷含量少	清扫灶具的喷火孔；取出部分旧料，补充新料，调节灶具空气调节环
9. 沼气灯点不亮或时明时暗	沼气中甲烷含量低，压力不足，喷嘴口径不当、纱罩存放过久受潮质次、喷嘴堵塞或偏斜、输气管内有积水	添加发酵原料和接种物，提高沼气产量和甲烷含量；调节进气阀，选用 100～300 瓦的优质纱罩；及时排除管道中的积水

第三节　沼气的综合利用技术

一、沼气的利用

沼气在农村的用途很广，其常规用途主要是炊事照明，随着科技的进步和沼气技术的完善，沼气的应用范围越来越广，目前在许多方面发挥了效应。

（一）沼气炊事照明

沼气在炊事照明方面的应用是通过灶具和灯具来实现的。

1. 沼气灶的类型　沼气灶按材料分为铸铁灶、搪瓷面灶、不锈钢面灶；按燃烧器的个数分为单眼灶、双眼灶。按燃料的热流量（火力大小）分为 8.4 兆焦/时、10.0 兆焦/时、11.7 兆焦/时，最大的为 42 兆焦/时。

按使用类别分为户用灶、食堂用中餐灶、取暖用红外线灶。按使用压力分为 800 帕和 1 600 帕两种，铸铁单灶一般使用压力为 800 帕，不锈钢单、双眼灶一般采用 1 600 帕。

沼气是一种与天然气较接近的可燃混合气体，但它不是天然气，不能用天然气灶来代替沼气灶，更不能用煤气灶和液化气的灶改装成沼气灶用。因为各种燃烧气有自己的特性，如可燃烧的成分、含量、压力、着火速度、爆炸极限等都不同。而灶具是根据燃烧气的特性来设计的，所以不能混用。沼气要用沼气灶，才能达到最佳效果，保证使用安全。

2. 沼气灶的选择　根据经济条件和沼气池的大小及使用需要来选择沼气灶。如果沼气池较大、产气量大，可以选择双眼灶。如果沼气池小，产气量少，只用于做一日三餐，可选用单眼灶。目前较好的是自动点火不锈钢灶面灶具。

3. 沼气灶的应用　先开气后点火，调节灶具风门，以火苗蓝里带白、急促有力为佳。

我国农村家用水压式沼气池的特点是压力波动大，早晨压力高，中午或晚上由于用气后压力会下降。在使用灶具时，应注意控制灶前压力。目前沼气灶的设计压力为 800 帕和 1 600 帕（即 80 毫米水柱和 160 毫米水柱）两种，当灶前压力与灶具设计压力相近时，燃烧效果最好。而当沼气池压力较高时，灶前压力也同时增高，而大于灶具的设计压力时，热负荷虽然增加了（火力大），但热效率却降低了（沼气却浪费了），这对当前产气率还不太大的情况是不划算的。所以在沼气压力较高时，要调节灶前开关的开启度，将开关关小一点，控制灶前压力，从而保证灶具具有较高的热效率，以达到节气的目的。

由于每个沼气池的投料数量、原料种类及池温、设计压力不同，所产沼气的甲烷含量和沼气压力也不同，因此沼气的热值和压力也在变化。沼气燃烧需要 5～6 倍空气，所以调风板（在沼气灶面板后下方）的开启度应随沼气中甲烷含量的多少进行调节。当甲烷含量高时（火苗发黄时），可将调风板开大一些，使沼气得到完全燃烧，以获得较高的热效率。当甲烷含量低时，将调风板关小一些。因此，要通过正确掌握火焰的颜色、长度来调节风门的大小。但千万不能把调风板关死，这样火焰虽较长而无力，进入的空气等于零，而形成扩散式燃烧，这种火焰温度很低，燃烧极不完全，并产生过量的一氧化碳。根据经验，调风板开启度以打开 3/4 为宜（火焰呈蓝色）。

灶具与锅底的距离，应根据灶具的种类和沼气压力的大小而定，过高、过底都不好，合适的距离应是灶火燃烧时“伸得起腰”，有力，火焰紧贴锅底，火力旺，带有响声，在使用时可根据上述要求调节适宜的距离。一般灶具灶面距离锅底以 2～4 厘米为宜。

沼气灶在使用过程中火苗不旺可从以下几个方面找原因：第一，沼气池产气不好，压力不足。第二，沼气中甲烷含量低，杂气多。第三，灶具设计不合理，灶具质量不好。如灶具在燃烧时，带入空气不够，沼气与空气混合不好不能充分燃烧。第四，输气管道太细、太长或管道阻塞导致沼气流量过小。第五，灶面离锅底太近或太远。第六，沼气灶内没有废气排除孔，二氧化碳和水蒸气排放不畅。

4. 沼气灯的应用 沼气灯是通过灯纱罩燃烧来发光的，只有烧好新纱罩，才能延长其使用寿命。其烧制方法是：先将纱罩均匀地捆在沼气灯燃烧头上，把喷嘴插入空气孔的下沿，通沼气将灯点燃，让纱罩全部着火燃红后，慢慢地升高或后移喷嘴，调节空气的进风量，使沼气、空气配合适当，猛烈点燃，在高温下纱罩会自然收缩最后发生“乓”一声响，发出白光即成。烧新纱罩时，沼气压力要足，烧出的纱罩才饱满发白光。

为了延长纱罩的使用寿命，使用透光率较好的玻璃灯罩来保护纱罩，以防止飞蛾等昆虫撞坏纱罩或风吹破纱罩。

沼气灯纱罩是用人造纤维或苎麻纤维织成需要的罩形后，在硝酸钍的碱溶液中浸泡，使纤维上吸满硝酸钍后晾干制成的。纱罩燃烧后，人造纤维就被烧掉了，剩下的是一层二氧化钍白色网架，二氧化钍是一种有害的白色粉末，它在一定温度下会发光，但一触就会粉碎。所以燃烧后的纱罩不能用手或其他物体去触击。

5. 使用沼气灯、灶具时，应注意的安全事项　第一，沼气灯、灶具不能靠近柴草、衣服、蚊帐等易燃物品，特别是草房、灯和房顶结构之间要保持 1～1.5 米的距离。第二，沼气灶具要安放在厨房的灶面上使用，不要在床头、桌柜上煮饭烧水。第三，在使用沼气灯、灶具时，应先划燃火柴或点燃引火物，再打开开关点燃沼气。如将开关打开后再点火，容易烧伤人的面部和手，甚至引起火灾。第四，每次用完后，要把开关扭紧，不使沼气在室内扩散。第五，要经常检查输气管和开关有无漏气现象，如输气管被鼠咬破、老化而发生破裂，要及时更新。第六，使用沼气的房屋，要保持空气流通，如进入室内，闻有较浓的臭鸡蛋味（沼气中硫化氢的气味），应立即打开门窗，排除沼气。这时，绝不能在室内点火吸烟，以免发生火灾。

（二）沼气取暖

沼气在用于炊事照明的同时除产生温度可以取暖外，还可用于专用的红外线炉以取暖。

（三）沼气增温增光增气肥

沼气在北方“四位一体”的温室内通过灶具、灯具燃烧可转化成二氧化碳，在转化过程的同时，提供了温室内的温度、光照和二氧化碳气肥。

1. 应掌握的技术要点

（1）增温增光，主要通过点燃沼气灶、沼气灯来解决，适宜燃烧时间为 5:30—8:30。

（2）增供二氧化碳，主要靠燃烧沼气，适宜时间应安排在6:00—8:00。注意通风前30分钟应停止燃烧沼气。

（3）温室内按每50米^{2}设置一盏沼气灯，每100米^{2}设置一台沼气灶。

2. 注意事项

（1）点燃沼气灶、沼气灯应在凌晨气温较低（低于30℃）时进行。

（2）施放二氧化碳后，水肥管理必须及时跟上。

（3）不能在温棚内堆沤发酵原料。

（4）当1 000米^{3}的日光温室燃烧1.5米^{3}的沼气时，沼气需经脱硫处理后再燃烧，以防有害气体对作物产生危害。

（四）沼气作动力燃料

沼气的主要成分是甲烷，它的燃点是814℃，而柴油机压缩行程终了时的温度一般只有700℃，低于甲烷的燃点。由于柴油机本身没有点火装置，因此在压缩行程上止点前不能点燃沼气。用沼气作动力燃料在目前大部分是采用柴油引燃沼气的方法，使沼气燃烧（即柴油-沼气混合燃烧），简称油气混烧。油气混烧保留了柴油机原有的燃油系统，只在柴油机的进气管上装一个沼气-空气混合器即可。在柴油机进气行程中，沼气和空气在混合器混合后进入气缸，在柴油机压缩行程上止点前喷油系统自动喷入少量柴油（引燃油量）引燃沼气，使之作功。

柴油机改成油气混烧保留了原机的燃油系统。压缩比、喷油提前角和燃烧室均未变动，不改变原机结构，所以不影响原机的工作性能。当没有沼气或沼气压力较低时，只要关闭沼气阀，即可成为全柴油燃烧，保持原机的功率和热效率。

据测定，油气混烧与原机比较，一般可节油70%～80%，每0.735千瓦（1马力）一小时要耗沼气0.5米^3。如S195型柴油机即8.88千瓦（12马力），一小时要耗用6米^{3}沼气。

（五）沼气灯光诱蛾

沼气灯光的波长在300～1 000纳米，许多害虫对于300～400

纳米的紫外光线有较大的趋光性。夏、秋季节，正是沼气池产气和多种害虫成虫发生的高峰期，利用沼气灯光诱蛾养鱼、养鸡、养鸭并捕杀害虫，可以一举多得。

1. 技术要点

（1）沼气灯应吊在距地面或水面 80～90 厘米处。

（2）沼气灯与沼气池相距 30 米以内时，用直径 10 毫米的塑料管作沼气输气管，超过 30 米远时应适当增大输气管道的管径。也可在沼气输气管道中加入少许水，产生气、液局部障碍，使沼气灯工作时产生忽闪现象，增强诱蛾效果。

（3）幼虫喂鸡、鸭的办法。在沼气灯下放置一只盛水的大木盆，水面上滴入少许食用油，当害虫大量拥来时，落入水中，被水面浮油黏住翅膀死亡，以供鸡鸭采食。

（4）诱虫喂鱼的办法。离塘岸 2 米处，用 3 根竹竿做成简易三脚架，将沼气灯固定。

2. 注意事项　诱蛾时间应根据害虫前半夜多于后半夜的规律，掌握在天黑至 24:00 为宜。

（六）沼气贮粮

利用沼气贮粮，造成一种窒息环境，可有效抑制微生物生长繁殖，杀死粮食中害虫，保持粮食品质，还可避免常规粮食贮藏中的药剂污染。据调查，采用此项技术可节约粮食贮藏成本 60%，减少粮食损失 12%以上。

1. 技术要点及方法步骤　清理贮粮器具、布置沼气扩散管、装粮密封、输气、密闭杀虫。

（1）农户贮粮。

建仓：可用大缸或商品储仓，也可建 1～4 米^{3}小仓，密闭。

布置沼气扩散管：缸用管可采用沼气输气管烧结一端，用烧红的大头针刺若干小孔，置于缸底；仓式贮粮需制作“十”字形或“丰”字形扩散管，刺孔，置仓底。

装粮密封：包括装粮、装好进出气管、塑膜密封等。

输入沼气：每立方米粮食输入沼气 1.5 米^3，使仓内氧气含量由

20%下降到5%（检验标准以沼气输出管接沼气炉能点燃为宜）。

密封后输气：密封4天后，再次输入1次沼气，以后每15天补充一次沼气。

（2）粮库贮粮。粮库贮粮由粮仓、沼气进出系统、塑料薄膜密封材料组成。

扩散管等的设置：粮仓底部设置“十”字形、中上部设置“丰”字形扩散管，扩散管达到粮仓边沿。扩散管主管用10毫米塑管，支管用6毫米塑管，每隔30毫米钻一孔。扩散管与沼气池相通，其间设节气门，粮仓周围和粮堆表面用0.1～0.2毫米的塑料薄膜密封，并安装好测温度和湿度线路。粮堆顶部设一小管作为排气管，并与氧气测定仪相连。

密闭通气：每立方米粮食输入1.5米^{3}沼气，至氧气含量下降到5%以下停止输气，每隔15天补充一次气。

2. 注意事项

（1）常检查是否漏气，严禁粮库周围吸烟、用火。

（2）电器开关须安装于库外。

（3）沼气池产气量要与通气量配套。

（4）贮粮前应尽量晒干所储粮食，贮粮结束后及时翻晒。

（5）输气管中安装集水器或生石灰过滤器，及时排出管内积水。

（6）注意人员安全。人员入库前必须充分通风（打开门窗），并有专人把守库外，发现异常及时处理。

（七）水果保鲜

沼气气调贮藏就是在密封的条件下，利用沼气中甲烷和二氧化碳含量高、含氧量极少、甲烷无毒的性质和特点，来调节贮藏环境中的气体成分，造成一种高二氧化碳和低氧的状态，以控制贮果的呼吸强度，减少贮藏过程中的基质消耗，并防治虫、霉、病、菌危害，达到延长贮藏时间及保持良好品质的目的。

生产中应根据实际需要来确定贮果库、沼气池的容积，以确保保鲜所需沼气，建贮果库时要考虑通风换气和降温工作，并做好预冷散热和贮果库及用具的杀菌消毒工作，充气时要充足，换气时要彻底。一般贮果库应建在距沼气池 30 米以内，以地下式或半地下式为好，贮库容积 30 米^3，面积 10～15 米^3，设贮架 4 层，一次贮果 3 000～5 000 千克，顶部留有 60 厘米×60 厘米的天窗。

二、沼液的利用

（一）沼液作肥料

腐熟的沼液中含有丰富的氨基酸、生长素和矿质营养元素，其中全氮含量 0.03%～0.08%，全磷含量 0.02%～0.07%、全钾含量 0.05%～1.4%，是很好的优质速效肥料。沼液可单施，也可与化肥、农药、生长剂等混合施；可作种肥、追肥和叶面喷肥。

1. 作种肥浸种　沼液浸种能提高种子发芽率、成苗率，具有壮苗保苗作用。其原因已知道的有以下 3 个方面：一是营养丰富。腐熟的沼气发酵液含有动植物所需的多种水溶性氨基酸和微量元素，还含有微生物代谢产物，如多种氨基酸和消化酶等各种活性物质。用于种子处理，具有催芽和刺激生长的作用。同时，在浸种期间，钾离子、铵离子、磷酸根离子等都会因渗透作用不同程度地被种子吸收，而这些养分在秧苗生长过程中可增加酶的活性，加速养分运转和代谢过程。二是有灭菌杀虫作用。沼液是有机物在沼气池内厌氧发酵的产物。由于缺氧、沉淀和大量铵离子的产生，使沼液不会带有活性菌和虫卵，并可杀死或抑制种子表面的病菌和虫卵。三是可提高作物的抗逆能力，避免低温影响。种子经过浸泡吸水后，即从休眠状态进入萌芽状态。春季气温忽高忽低，按常规浸种育秧法，往往会对种子正常的生理过程产生影响，造成闷芽、烂秧，而采用沼液浸种，沼气池水压间的温度稳定在 8～10℃，基本不受外界气温变化的影响，有利于种子的正常萌发。

（1）技术要点。

小麦：在播种前一天进行浸种，将晒过的麦种在沼液中浸泡 12 小时，去除种子袋，用清水洗净并将袋里的水沥干，然后把种子摊在席子上，待种子表面水分晾干后即可播种。如果要催芽的，即可按常规办法催芽播种。

玉米：将晒过的玉米种装入塑料编织袋内（只装半袋），用绳子吊入出料间料液中部，并拽一下袋子的底部，使种子均匀松散于袋内，浸泡 24 小时后取出，用清水洗净，沥干水分，即可播种。此法比干种播种增产 10%～18%。

甘薯与马铃薯：甘薯浸种是将选好的薯种分层放入清洁的容器内（桶、缸或水泥池），然后倒入沼液，以淹过上层薯种 6 厘米左右为宜。在浸泡过程中，沼液略有消耗，应及时添加，使之保持原来液面高度。浸泡 2 小时后，捞出薯种，用清水冲洗后，放在草席上，晾晒半个小时左右，待表面水分干后，即可按常规方法排列上床育苗。该法比常规育苗产芽量提高 30%左右，沼液浸种的壮苗率达 99.3%，平均百株重 0.61 千克；而常规浸种的壮苗率仅为 67.7%，平均百株重 0.5 千克。马铃薯浸种也是将选好的薯种分层放入清洁的容器内，取正常沼液浸泡 4 小时，捞出后用清水冲洗净，然后催芽或播种。

早稻：沼液浸种 24 小时后，再清水浸种 24 小时；对一些抗寒性较强的品种，浸种时间适当延长，可用沼液浸种 36 小时或 48 小时，然后清水浸种 24 小时；早稻杂交品种由于其呼吸强度大，因此宜采用间歇法浸种，即浸种 6 小时后提起用清水沥干（不滴水为止），然后再浸，连续重复做，直到浸够为止。

棉花：沼液中含有较高浓度的氨和铵盐。氨水能使棉花枯萎病得到抑制。沼液中还含有有效磷和水溶性钾。这些物质比一般有机肥含量高，有利于棉株健壮生长，增强抗病能力，沼液防治棉花枯萎病效果明显，而且可以提高产量，同时既节省了农药开支，又避免了环境污染。其方法是：用沼液原液浸棉种，浸后的棉种用清水漂洗一下，晒干再播；然后用沼液原液分次灌蔸，每亩用沼液 5 000～7 500 千克为宜。棉花现蕾前进行浇灌效果最佳。一般枯萎病防治率达 52%左右，死苗率下降 22%左右。棉花枯萎病发病高峰正是棉花现蕾盛期，因此沼液灌蔸主要在棉花现蕾前进行，以利于提高防治效果。据报道，沼液浸棉种一般单株成数增加 2 个左右；棉花产量提高 9%～12%左右，亩增皮棉 11～17.5 千克。

花生：一次浸种 4～6 小时，清水洗净晾干后即可播种。

烟籽：浸种 3 小时，取出后放清水中，轻揉 2～3 分钟，晾干后播种。

瓜类与豆类：一次浸种 2～4 小时，清水洗净，然后催芽或播种。

（2）使用效果。

①相比清水浸种，沼液浸种后水稻和谷种的发芽率能提高 10%。

②相比清水浸种，沼液浸种后水稻的成秧率能提高 24.82%，小麦成苗率提高 23.6%。

③沼液浸种的秧苗素质好，秧苗增高、茎增粗、分蘖数目多，而且根多、子根粗、芽壮、叶色深绿，移栽后返青快、分蘖早、长势旺。

④用沼液浸种的秧苗“三抗”能力强，基本无恶苗病发生，而清水浸种的恶苗病发病率平均为 8%。

（3）注意事项。

①用于沼液浸种的沼气池要求正常产气 3 个月以上。

②浸种时间以种子吸足水分为宜，浸种时间不宜过长，过长种子易水解过度，影响发芽率。

③沼液浸过的种子，都应用清水淘洗，然后催芽或播种。

④及时给沼气池加盖，注意安全。

⑤由于地区、墒情、温度、农作物品种不同，浸种时间各地可先进行一些简单的对比试验后确定。

⑥在产气压力低（50 毫米水柱）或停止产气的沼气池水压间浸种，其效果较差。

⑦浸种前盛种子的袋子一定要清洗干净。

2. 作追肥　用沼液作追肥一般作物每次每亩用量 500 千克，需对清水 2 倍以上，结合灌溉进行更好；瓜菜类作物可适当增加用量，两次追肥要间隔 10 天以上。果树追肥可按株进行，幼树一般每株每次可施沼液 10 千克，成年挂果树每株每次可施沼液 50 千克。

3. 叶面喷肥

（1）选择沼液：选用正常产气 3 个月以上的沼气池中腐熟液，要求澄清、纱布过滤并晾半天。

（2）施肥时期：农作物萌动抽梢期（分蘖期）、花期（孕穗期、始果期）、果实膨大期（灌浆结实期）、病虫害暴发期。每隔 10 天喷施一次。

（3）施肥时间：上午露水干后（10:00 左右）进行，以夏季傍晚为宜，中午高温及暴雨前不施。

（4）浓度：幼苗、嫩叶期，1 份沼液加 1～2 份清水；夏季高温时，1 份沼液加 1 份清水；气温较低，老叶（苗）时，不加水。

（5）用量：视农作物品种和长势而定，一般每亩 40～100 千克。

（6）喷洒部位：以喷施叶背面为主，兼顾正面，以利养分吸收。

（7）果树叶面追肥：用沼液作果树的叶面追肥要分 3 种情况。如果果树长势不好和挂果的果树，可用纯沼液进行叶面喷洒，还可适当加入 0.5%的尿素溶液与沼液混合喷洒。气温较高的南方应将沼液稀释，以 100 千克沼液对 200 千克清水进行喷洒。如果果树的虫害很严重可按照农药的常规稀释量加入防治不同虫害的不同农药，配合喷洒。

（二）沼液防虫

1. 柑橘螨、蚧和蚜虫　沼液 50 千克，双层纱布过滤，直接喷施，10 天一次；虫害发生高峰期，连治 2～3 次。若气温在 25℃以下，全天可喷；气温超过 25℃，应在下午 5:00 以后进行。如果在沼液中加入 20%甲氰菊酯乳油 1 000～3 000 倍液，灭虫卵效果尤为显著，且药效持续时间 30 天以上。

2. 柑橘黄、红蜘蛛　取沼液 50 千克，澄清过滤，直接喷施。

一般情况下，红、黄蜘蛛3～4小时失活，5～6小时死亡98.5%。

3. 玉米螟 沼液50千克，加入2.5%溴氰菊酯乳油10毫升，搅匀，灌玉米新叶。

4. 蔬菜蚜虫 每亩取沼液30千克，加入洗衣粉10克，喷雾。也可利用晴天温度较高时，直接泼洒。

5. 麦蚜虫 每亩取沼液50千克，加入20%氰戊·马拉松乳油25克，晴天露水干后喷洒；若6小时以内遇雨，则应补治一次。蚜虫28小时失活，40～50小时死亡，杀灭率94.7%。

6. 水稻螟虫 取沼液1份加清水1份混合均匀，泼浇。

（三）沼液养鱼

1. 技术要点

（1）原理。将沼肥施入鱼塘，为水中浮游动植物提供营养，增加鱼塘中浮游动植物产量，丰富滤食性鱼类饵料的一种饲料转换技术。

（2）基肥。春季清塘、消毒后进行。每亩水面用沼渣150千克或沼液300千克均匀施肥。沼渣，可在未放水前运至大塘均匀撒开，并及时放水入塘。

（3）追肥。4～6月，每周每亩水面施沼渣100千克或沼液200千克；7～8月，每周每亩水面施沼液150千克；9～10月，每周每亩水面施沼渣100千克或沼液150千克。

（4）施肥时间。晴天8:00—10:00施沼液最好；阴天可不施；有风天气，顺风撒施；闷热天气、雷雨来临之前不施。

2. 注意事项

（1）鱼类以花白鲢为主，混养优质鱼（底层鱼）比例不超过40%。

（2）专业养殖户，可从出料间连接管道到鱼池，形成自动溢流。

（3）水体透明度大于30厘米时每2天施一次沼液，每次每亩水面施沼液100～150千克，直到透明度回到25～30厘米后，转入正常投肥。

3. 配置颗粒饵料养鱼 利用沼液养鱼是一项行之有效的实用技术，但是如果技术使用不当或遇到特殊气候条件时，容易使水质污染，造成鱼因缺氧窒息而死亡，针对这一问题，用沼液、蚕沙、麦麸、米糠、鸡粪配成颗粒饵料喂鱼，则水不会受到污染，从而降低了经济损失。具体技术如下：

（1）原料配方。用沼液 28%、米糠 30%、蚕沙 15%、麦麸 21%、鸡粪 6%。

（2）配制方法。蚕沙、麦麸、米糠用粉碎机粉碎成细末，而后加入鸡粪再加沼液搅拌均匀晾晒，在七成干时用筛子筛成颗粒，晒干保管。

（3）堰塘养鱼比例。鲢 20%、草鱼 60%、鲤 15%、鲫 5%。撒放颗粒饵料要有规律性，以 7:00 和 17:00 撒料为宜，定地点、定饵料。

（4）养鱼需要充足的阳光。颗粒饵料养鱼，务必选择阳光充足的堰塘，据测试，阳光充足，草鱼每天能增长 11 克，花鲢增长 8 克；阳光不充足，草鱼每天只增长 7 克，花鲢增长 6 克。

（5）掌握加沼液的时间。配有沼液的饵料，含蛋白质较高，重 200 克以下的草鱼不适宜喂，否则鱼吃后会引起腹泻；重 200 克以上的鱼可添加沼液的饵料，但开始不宜过多，以后根据鱼大小和数量适当增加。最好将重 200 克以下和 200 克以上的鱼分开，避免小鱼吃后腹泻。

该技术的关键是饵料配制、日照时间要长及掌握好添加沼液的时间。

（四）沼液养猪

1. 技术要点

（1）沼液采自正常产气 3 个月以上的沼气池。清除出料间的浮渣和杂物，并从出料间取中层沼液，经过滤后加入饲料中。

（2）添加沼液喂养前，应对猪进行驱虫、健喂和防疫，并把喂熟食改为喂生食。

（3）按生猪体重确定每餐投喂的沼液量，每日喂食 3～4 餐。

（4）观察生猪饲喂沼液后有无异常现象，以便及时处置。

（5）沼液日喂量的确定。

体重确定法：育肥猪体重从 20 千克开始，日喂沼液 1.2 千克；体重达 40 千克时，日喂沼液 2 千克；体重达 60 千克时，日喂沼液 3 千克；体重达 100 千克以上，日喂沼液 4 千克。若猪喜食，可适当增加喂量。

精饲料确定法：精饲料是指不完全营养成分拌和料；体重达 100 千克以上，沼液日喂食量按每千克饲料拌 1.5～2.5 千克为宜。

青饲料确定法：以青饲料为主的地区，将青饲料粉碎淘净放在沼液中浸泡，2 小时后直接饲喂。

2. 注意事项

（1）饲喂沼液。猪有个适应过程，可采取先盛放沼液让其闻到气味，或者让其饿 1～2 餐，从而增加食欲，将少量沼液拌入饲料等，3～5 天后，即可正常进行。猪体重 20～50 千克时，饲喂增重效果明显。

（2）严格掌握日饲喂量。如发现猪饲喂沼液后拉稀，可减量或停喂 2 天。所喂沼液一般须取出后搅拌或放置 1～2 小时让氨气挥发后再喂。放置时间可根据气温高低灵活掌握，放置时间不宜过长，以防光解、氧化及感染细菌。

（3）沼液喂猪期间，猪的防疫驱虫、治病等应在当地兽医的指导下进行。

（4）池盖应及时还原，死畜、死禽、有毒物不得投入沼气池。

（5）病态的、不产气的和投入了有毒物质的沼气池中的沼液，禁止喂猪。

（6）沼液的酸碱度以中性为宜，即 pH 6.5～7.5。

（7）沼液仅是添加剂，不能取代基础粮食，只有在满足猪日粮需求的基础上，才能体现添加剂的效果。

（8）添加沼液的养猪体重在 120 千克左右出栏，经济效果最佳。

三、沼渣的利用

（一）沼渣作肥料

1. 作底肥直接使用 由于沼渣含有丰富的有机质、腐殖酸类物质，因而应用沼渣作底肥不仅能使作物增产，长期使用，还能改变土壤的理化性状，使土壤疏松、容重下降、团粒结构改善。

沼渣用于旱地作物时，先将土壤挖松一次，将沼渣以每亩 2 000 千克均匀撒播在土壤中，翻耕，耙平，使沼渣埋于土表下 10 厘米处，半个月后便可播种、栽培；用于水田作物时，要在第一次犁田后，将沼渣倒入田中，并犁田 3～4 遍，使土壤与沼渣混合均匀，10 天后便可播种、栽培。

2. 沼渣与碳酸氢铵配合使用 沼渣作底肥与化肥碳酸氢氨配合使用，不仅能减少化肥的用量，还能改善土壤结构，提高肥效。方法是：将沼渣从沼气池中取出，让其自然风干 1 周左右，以每亩使用沼渣 500 千克、碳酸氢铵 10 千克，如果缺磷的土壤，还需补施 25 千克过磷酸钙，将土壤或水田再耙一次。旱地还需覆盖 10 厘米厚泥土，以免化肥快速分解，其余施肥方法按照作物的常规施肥与管理。

3. 制沼腐磷肥 先取出沼气池的沉渣，滤干水分，每 50 千克沼渣加 2.5～5 千克磷矿粉，拌和均匀，将混合料堆成圆锥形，外面糊一层稀泥，再撒一层细沙泥，不让开裂，堆放 50～60 天，便制成了沼腐磷肥。再将其挖开、打细、堆成圆锥形，在顶上向不同的方向打孔，每 50 千克沼腐磷肥加 5 千克碳酸氢铵稀释液，从顶部孔内漫漫灌入堆内，再糊上稀泥密封即可使用。

（二）沼渣种植食用菌（蘑菇）

1. 堆制培养料 蘑菇是依靠培养料中的营养物质来生长发育的，因此培养料是蘑菇栽培的物质基础。用来堆置的培养料应选择含碳氮物质充分、质地疏松、富有弹性、能含蓄较多空气的材料，以利于好气性微生物的培养和蘑菇菌丝体吸收养分，如麦秸、稻草和沼渣。

以沼渣麦秸为原料，按 1∶0.5 的配料比堆制培养料的具体操作步骤是：

（1）铡短麦草。把不带泥土的麦草铡成 3～4 厘米的短草，收贮备用。

（2）晒干。打碎沼渣，选取不带泥土的沼渣晒干后打碎，再用筛孔为豌豆大的竹筛筛选。筛取的沼渣干粒收放屋内，不让雨淋受潮。

（3）堆料。把截短的麦草用水浸透发胀，铺在地上，厚度以 16.7 厘米为宜。在麦草上均匀铺撒沼渣干粒，厚约 3.3 厘米。照此程序，在铺完第一层堆料后，再继续铺放第二层、第三层。铺完第三层时，开始向料堆均匀泼洒沼气水肥，每层泼 350～400 千克，第四、五、六、七层都分别泼洒相同数量的沼气水肥，使料堆充分吸湿浸透。料堆长 3 米、宽 2.33 米、高 1.5 米，共铺 7 层麦草 7 层沼渣，共用晒干沼渣约 800 千克、麦草 400 千克、沼气水肥 2 000千克左右，料堆顶部呈瓦背状弧形。

（4）翻草。堆料 7 天左右，用细竹竿从料堆顶部朝下插一个孔，把温度计从孔中放进料堆内部测温，当温度达到 70℃时开始第一次翻草。如果温度低于 70℃，应当适当延长堆料时间，待温度上升到 70℃时再翻料，同时要注意控制温度不超过 80℃，否则原料腐熟过度，会导致养分消耗过多。第一次翻料时，加入 25 千克碳酸氢铵、20 千克钙镁磷肥、50 千克油枯粉、23 千克石膏粉。加入适量化肥，可补充养分和改变培养料的硬化性状；石膏可改变培养料的黏性，使其松散，并增加硫、钙矿质元素。翻料方法：料堆四周往中间翻，再从中间往外翻，达到拌和均匀。翻完料后，继续进行堆料，堆 5～6 天，料堆温度达到 70℃时，开始第二次翻料。此时，用 40%甲醛水剂（福尔马林）1 千克，加水 40 千克，在翻料时喷入料堆消毒，边喷边拌，翻拌均匀。如料堆变干，应适当泼洒沼气水肥，泼水量以手捏滴水为宜；如料堆偏酸，就适当加石灰水，如呈碱性，则适当加沼气水肥，调节料堆的酸碱度使其从中性到微碱（pH 7～7.5）为宜。然后继续堆料 3～4 天，温度达到 70℃时，进行第三次翻料。在这之后，一般再堆料 2～3 天，即可移入菌床使用。整个堆料和 3 次翻料共 18 天左右。

2. 沼渣种蘑菇的优点

（1）取材广泛、方便、省工、省时、省料。

（2）成本低、效益高。用沼渣种蘑菇，每平方米菇床成本仅 1.22 元，比用牛粪种蘑菇（每平方米菇床的成本 2.25 元）节省了 1.03 元，还节省了 400 千克秸草（价值 18.40 元）。沼渣栽培蘑菇，一般提前 10 天左右出菇，蘑菇品质好，产量高。

（3）沼渣比牛粪卫生。牛粪在堆料过程中有粪虫产生，沼渣因经过沼气池厌氧灭菌处理，堆料中没有粪虫。用沼渣作培养料，杂菌污染的可能性小。

四、沼肥的综合利用

有机物质（如猪粪、秸秆等）经厌氧发酵产生沼气后，残留的渣和液统称为沼气发酵残留物，俗称沼肥。沼肥是优质的农作物肥料，在农业生产中发挥着极其重要的作用。

（一）沼肥配营养土盆栽

1. 技术要点

（1）配制培养土。腐熟 3 个月以上的沼渣与园土、粗沙等拌匀，比例为鲜沼渣 40%、园土 40%、粗沙 20%，或者干沼渣 20%、园土 60%、粗沙 20%。

（2）换盆。盆花栽植 1～3 年后，需换土、扩钵，一般品种可用上面方法配制的培养土填充，名贵品种视品种适肥性能增减沼肥量和其他培养料。新植、换盆花卉，不见新叶不追肥。

（3）追肥。盆栽花卉一般土少树大、营养不足，需要人工补充，但补充的数量与时间视品种与长势确定。

茶花类（以山茶为代表）要求追肥次数少、浓度低，3～5 月每月一次沼液，浓度为 1 份沼液加 1～2 份清水；季节花（以月季花为代表）可一月一次沼液，比例同上，至 9～10 月停止。

观赏类花卉宜多施，观花观果类花卉宜与磷、钾肥混施，但在花蕾展开观赏和休眠期停止施用沼肥。

2. 注意事项

（1）沼渣一定要充分腐熟，可将取出的沼渣用桶存放 20～30 天再用。

（2）沼液作追肥和叶面喷肥前应敞半天以上。

（3）用沼液种盆花，应计算用量，切忌过量施肥。若施肥后，老叶纷落，则表明浓度偏高，应及时淋水稀释或换土；若嫩叶边缘呈水渍状脱落，则表明水肥中毒，应立即脱盆换土，剪枝、遮阴护养。

（二）沼肥旱土育秧

1. 技术要点　沼液沼渣旱土育秧是一项培育农作物优质秧苗的新技术。

（1）苗床制作。整地前，每亩用沼渣 1 500 千克撒入苗床，并耕耙 2～3 次，随即做畦，畦宽 140 厘米、畦高 15 厘米、畦长不超过 10 米，平整畦面，并做好腰沟和围沟。

（2）播种前准备。每亩备好农膜 80～100 千克（或地膜 10～12 千克）、竹片 450 片，并将种子进行沼液浸种、催芽。

（3）播种。播种前，用木板轻轻压平畦面，畦面缝隙处用细土填平压实，用洒水壶均匀洒水至 5 厘米土层湿润。按 2～3 千克/米^2 标准喷施沼液。待沼液渗入土壤后，将种子来回撒播均匀，逐次加密。播完种子后，用备用的干细土均匀撒在种子面上，种子不外露即可。然后用木板轻轻压平，用喷雾器喷水，以保持表土湿润。

（4）盖膜。按 40 厘米间隙在畦面两边拱行插好支撑地膜的竹片，其上盖好薄膜，四边压实即可。

（5）苗床管理。种子进入生根立苗期应保持土壤湿润。天旱时，可掀开薄膜，用喷雾器喷水浇灌。长出二叶一心时，如叶片不卷叶，可停止浇水，以促进扎根，待长出三叶一心后，方可浇淋。秧苗出圃前一周，可用稀释一倍的沼液浇淋一次送嫁肥。

2. 注意事项

（1）使用的沼液及沼渣必须经过充分腐熟。

（2）畦面管理应注意棚内定时通风。

（三）利用沼肥种菜

沼肥经沼气发酵后杀死了寄生虫卵和有害病菌，同时又富集了养分，是一种优质的有机肥料，用来种菜，即可增加肥效，又可减少使用农药和化肥，生产的蔬菜深受消费者喜爱，与未使用沼肥的菜地对比，可增产30%左右，市场销售价格也比普通同类价格要高。

1. 沼渣作基肥　采用移栽秧苗的蔬菜，基肥以穴施方法进行。秧苗移栽时，每亩用腐熟沼渣2 000千克施入定植穴内，与开穴挖出的园土混合后进行定植。对采用点播或大面积种植的蔬菜，基肥一般采用条施条播方法进行。对于瓜菜类，如南瓜、冬瓜、黄瓜、番茄等，一般采用大穴大肥方法，每亩用沼渣3 000千克、过磷酸钙35千克、草木灰100千克和适量生活垃圾混合后施入穴内，盖上一层厚5～10厘米的园土，定植后立即浇透水，及时盖上稻草或麦秆。

2. 沼液作追肥　一般采用根外淋浇和叶面喷施2种方式。根部淋浇沼液量可视蔬菜品种而定，一般每亩用量为500～3 000千克。施肥时间以晴天或傍晚为好，雨天或土壤过湿时不宜施肥。叶面喷施的沼液需经纱布过滤后方可使用。在蔬菜嫩叶期，沼液应对水1倍稀释，用量在40～50千克，喷施时以叶背面为主，以布满液珠而不滴水为宜。喷施时间，一般在上午露水干后进行，夏季以傍晚为好，中午、下雨时不喷施。叶菜类可在蔬菜的任何生长季节施肥，也可结合防病灭虫时喷施沼液。瓜菜类可在现蕾期、花期、果实膨大期进行，并在沼液中加入3%磷酸二氢钾。

3. 注意事项

（1）沼渣作基肥时，沼渣一定要在沼气池外堆沤腐熟。

（2）沼液作叶面追肥时，应观察沼液浓度。如沼液呈深褐色，有一定稠度时，应对水稀释后使用。

（3）沼液作叶面追肥，沼液一般要在沼气池外搁置半天。

（4）蔬菜上市前7天，一般不追施沼肥。

(四) 用沼肥种花生

1. 技术要点

(1) 备好基肥。每亩用沼渣 2 000 千克、过磷酸钙 45 千克堆沤 1 个月后与 20 千克氯化钾或 50 千克草木灰混合拌匀备用。

(2) 整地做畦，挖穴施肥。翻耙平整土地后，按当地规格做畦，一般采用规格为畦宽 100 厘米，畦高 12～15 厘米，沟宽 35 厘米，畦长不超过 10 米。视品种不同挖穴规格一般为 15 厘米×20 厘米或 15 厘米×25 厘米，每亩保持 1.5 万～2.0 万株。穴宽 8 厘米、穴深 10 厘米，每穴施入混合好的沼渣 0.1 千克。

(3) 浸种播种，覆盖地膜。在播种前，用沼液浸种 4～6 小时，清洗后用 0.1%～0.2%钼酸铵拌种，稍干后即可播种。每穴 2 粒种子，覆土 3 厘米，然后用五氯酸钠 500 克对水 75 千克喷洒畦面即可盖膜，盖膜后四边用土封严压紧，使膜不起皱，紧贴土面。

(4) 管理。幼苗出土后，用小刀在膜上划开 6 厘米十字小洞，以利幼苗出土生长。幼苗 4～5 片叶至初花期，每亩用 750 千克沼液淋浇追肥。盛花期，每亩喷施沼液 75 千克，如加入少量尿素和磷酸二氢钾则效果更好。

2. 注意事项

(1) 沼渣与过磷酸钙务必堆沤 1 个月。

(2) 追肥用沼液如呈深褐色且稠度大时，应对水 1 倍方可施肥。

实践证明，使用沼渣和沼液作花生基肥和追肥可提高出苗率 10%，可增产 20%左右。

(五) 用沼肥种西瓜

1. 浸种　浸种 8～12 小时，中途搅动一次，结束后取出轻搓 1 分钟，洗净，保温催芽 1～2 天，温度 30℃左右，一般 20～24 小时即可发芽。

2. 配制营养土及播种　取腐熟沼渣 1 份与园土 10 份，补充磷肥（按 1 千克/米^3）拌和，至手捏成团，落地能散，制成营养钵；当种子露白时，即可播入营养钵内，每钵 2～3 粒种子。

3. 作基肥 移栽前一周，将沼渣施入大田瓜穴，每亩施沼渣2 500千克。

4. 作追肥 从花蕾期开始，每10～15天行间施一次，每次每亩施沼液500千克，沼液：清水＝1：2。可重施一次壮果肥，用量为每亩100千克饼肥、50千克沼肥、10千克钾肥，开10～20厘米深的环状沟，施肥后在沟内覆土。

5. 作叶面喷肥 初蔓开始，7～10天喷一次，沼液：清水＝1：2，后期改为1：1，能有效防治枯萎病。

（六）用沼肥种梨

1. 技术要点

（1）原理。用沼液及沼渣种梨，花芽分化好，抽梢一致，叶片厚绿，果实大小一致，光泽度好，甜度高，树势增强；能提高抗轮纹病、黑心病的能力；单产提高3%～10%，节省商品肥投资40%～60%。

（2）幼树。生长季节，可实行一月一次沼肥，每次每株施沼液10千克，其中春梢肥每株应深施沼渣10千克。

（3）成年挂果树。以产定肥，以基肥为主，按每生产1 000千克鲜果需氮4.5千克、磷2千克、钾4.5千克要求计算（利用率40%）。

基肥：占全年用量的80%，一般在初春梨树休眠期进行，方法是在主干周围开挖3～4条放射状沟，沟长30～80厘米、宽30厘米、深40厘米，每株施沼渣25～50千克，补充复合肥250克，施后覆土。

花前肥：开花前10～15天，每株施沼液50千克，加尿素50克，撒施。

壮果肥：一般施2次，一次在花后1个月，每株施沼渣20千克或沼液50千克，加复合肥100克，抽槽深施。第二次在花后2个月，用法、用量同第一次，并根据树势有所增减。

还阳肥：根据树势，一般在采果后进行，每株施沼液20千克，加入尿素50千克，根部撒施。还阳肥要从严掌握，控制好用肥量，以免引发秋梢秋芽生长。

2. 注意事项

（1）梨属于大水大肥型果树，沼肥虽富含氮、磷、钾，但对于梨树来说还是偏少。因此，沼液、沼渣种梨要补充化肥或其他有机肥。如果有条件实行全沼渣、沼液种梨，每株成年挂果树需沼渣、沼液 250～300 千克。

（2）沼液、沼渣种梨除应用追肥外，还应经常用沼液进行叶面喷肥，才能取得更好的效果。

第四节　沼气在循环农业中的作用

一、沼气在循环农业工程中的重要作用

在循环农业建设中，能量、物质和信息的汇集和交换场所称为接口；运用系统科学和生态经济学原理，在接口配套建设的现代工业和工程设施及其调控手段，称为接口工程。

实现循环农业良性循环的接口工程至少由肥料工程、饲料工程、加工工程和贮藏工程四部分组成。肥料工程将畜禽粪便加工成种植业需要的肥料，完成养殖业到种植业的接口；同时也将作物秸秆加工还田，完成不同作物之间、上下茬作物之间的接口，目前将畜禽粪便和作物秸秆加工成种植业所需肥料的最好方法是利用沼气发酵技术，它不但能为种植业创造所需优质肥料，同时也制造了能源，并且还改善了环境卫生条件，可为一举多得。饲料工程将种植业的主副产品加工处理，将加工工程的废弃物加工处理，为养殖业提供饲料，完成种植业和加工业到养殖业的接口；同时，又将畜禽粪便、屠宰下脚料饲料化，完成养殖业内部不同畜种间的接口。加工工程将种、养二业的产品加工后投放市场，完成系统向外环境的接口。贮藏工程，即可存贮生产原料，又可对农产品起保存（鲜）、后熟作用，实现种、养二业之间以及系统与外环境的接口。因此，它们既是系统的组织，又是系统的调节器。

我国传统农业早在 12 世纪就明确提出了“天无废物”的思想。

变废为宝，使农业废弃物得到有效的再利用，即废弃物资源化的问题就成为当今可持续农业中的突出课题。

我国是个农业大国，每年产生的农业废弃物是相当可观的，弃而不用，或只低效率利用，无疑是一种巨大的资源浪费。例如，长期以来，由于广大农村生活用能没有很好解决，大量秸秆作燃料直接燃烧，每年要烧掉2亿多吨以上，损失的氮、磷、钾相当于全国化肥产量的60%左右，这是导致土壤肥力下降的一个重要原因。废弃物的不加处理利用还造成环境污染和自然生态恶化。

在循环农业中有机废弃物利用方面，一般是先将有机废弃物加工处理后，配合部分精饲料喂养畜禽；利用畜禽粪便配合新鲜植物体、秸秆等制取沼气；再将沼液和沼渣作农田肥料。这种方式把有机废物中的营养物质转化成甲烷和二氧化碳，将其余的各种营养物质较多地保留在发酵后的残渣中。秸秆经沼气池发酵比直接燃烧，生物质的热能利用率提高近2倍。据测定，5千克秸秆（稻草）经发酵生成的沼气可烧90千克开水，而秸秆直接燃烧只能烧50千克开水。同时，作物秸秆、人畜粪便等有机废物经过沼气发酵，还可获得数量多、质量高的肥料。据江苏省沼气研究所试验，稻草经沼气池发酵70天，有机质损失20.5%，氮素损失仅2%～3%；而敞口粪坑发酵，相同的原料和时间有机质损失达40%～60%，氮素损失18%～30%。此外，各种有机质经沼气池厌氧发酵，速效养分增加较多，发酵前的新鲜原料，有效氮一般只占全氮的5%左右，发酵后提高到10%～20%；有机磷、钾元素经沼气发酵后大量释放出来，约各有50%的磷、钾转化为有效磷，经沼气池发酵后大量释放，约各有50%的磷、钾转化为有效磷和速效钾。因此，厌氧发酵生产沼气能充分利用资源，并能产生新的能源——沼气，不仅可以处理含水量多的猪、鸡粪，还可处理高浓度有机污水，对于机械清粪和水冲法的饲养工艺均可适用，所产生的沼渣、沼液已不会产生二次污染，而且无蝇无蛆，可用于肥田、养鱼，有利于建立循环农业型生产系统。

二、沼气的开发及综合利用具有广阔的发展前景

我国农村生活用能有70%依靠生物能，按最低需要限度计算，农村生活用能仍短缺20%。沼气开发利用，既简便可行，又有利于生态平衡，是解决农村能源供应，保护环境，实现废弃物资源化，促进农、牧业生产发展的战略措施。目前沼气发酵的主要材料是牲畜粪便和作物秸秆。据测算，每千克秸秆从直接燃烧改为沼气燃烧可使有效热值提高94%，还将不能直接燃烧的有机物如粪便中所含的能量加以利用，而且作物秸秆、人畜粪便经厌氧发酵后，还消灭了寄生虫卵和病菌。

江苏省沼气研究所和长江水产研究所多年养鱼经验证明，沼渣养鱼较猪粪处理的增产25.6%，其中白鲢、花鲢增产幅度可达44.7%，还改善了鱼的品质，增加了鲜味，降低了养鱼成本。沈阳农业大学在义县试验表明，以20%沼渣配入配合饲料成糊状喂猪与全喂配合饲料的猪比较，增重与料肉比无明显差别，每育肥一头猪可节省饲料费30元左右，还节省大量粮食。

沼渣有机质含量比目前栽培平菇常用的原料棉籽壳高0.85%～0.95%，而且含有更多的促进食用菌生长发育及可利用的速效养分，能加快平菇发育，杂菌污染少，出菇时间早。根据经验，采用60%沼渣、40%棉籽壳，并按棉籽壳用量每50千克加水80千克拌匀，再与沼渣充分混匀即可上床接种。栽培后的沼渣残留物还可继续用来培养蚯蚓、鱼或作为肥料还田。据推算，一个10米^{3}沼气池，每年出2次料，总出渣量不少于3米^3，其中1/4作食用菌栽培料，约750千克，折干物质300千克，相当于180千克棉籽壳，栽培平菇可获得鲜菇120～150千克。

利用农业废弃物进行沼气发酵，不仅可以解决农村部分生活用能和沼渣、沼液的综合利用，更重要的是，将微生物发酵引入食物链后，它将种植业和养殖业联系起来，成为能量转化过程中的纽带，提高了生物能量的利用率，可谓量的“加速器”和“增效剂”，也是固体废物能源回收的重要方法之一。

沼气发酵技术不论在消化废物方面的作用，还是在制造再生能源方面的作用，还是剩余物可利用方面的作用，都是有利于循环农业发展的，循环农业又是今后农业发展的方向，所以说沼气的开发及综合利用具有广阔的发展前景。

三、稳步发展沼气事业

沼气事业是一项一举多得的伟大事业，实践证明，要想把该项事业办好，也不是一件容易的事情，需要做到以下几点：

（一）干好沼气事业需要有工作动力

发展循环农业是人类现阶段对农业生产追求的一个目标，随着农业生产水平与人们生活水平的不断提高和经济全球化步伐的加快，对发展循环农业的要求也越来越迫切，同时过去一些高投入、高产出、高效益的生产模式最终也不能持续发展下去，在过去20多年从事农技推广工作过程中得到启示，要想使农业高产高效持续发展下去，靠化肥、激素和农药的控制是不能实现的，必须寻找一个有效的可持续发展途径。利用人畜粪便和作物秸秆发展沼气，通过生物能转换技术，组成农村能源综合利用体系，用沼气连接养殖业和种植业，不仅能为生产、生活提供大量的清洁能源，还能降低养殖和种植成本，并能提供优质有机肥培肥地力，减轻病虫危害，是一项一举多得的好事情，既是一条较好的致富途径，也是一条人类长期生存、实现可持续发展的重要途径。从事该项事业的人员，就应该对该项事业有较深刻的认识，并积极投身于这项事业，自身有干好沼气事业的动力。

（二）搞好沼气事业需要掌握相应的专业理论知识并与当地实际情况相结合

干好工作光靠热情是不够的，搞好任何一项事情都需要全面掌握相应的专业理论知识，道路不明将要走弯路，甚至会蛮干，这就需要首先学习和掌握相应的专业理论知识与技术，在此基础上还需要结合当地气候、生产等综合条件，提出适宜当地情况的发展模式。同时根据实践情况及时总结适应当地的建池与管理关键技术及发展模式，不断完善发展模式。

（三）稳固沼气事业需要坚持“国家标准”

发展沼气，建池是基础，管理是关键。农业农村部在总结前两次发展高潮受挫教训的基础上，通过广大沼气科研工作者的共同努力推出了沼气池建设“国家标准”，这里边凝聚了生态学、生物学、理论力学、生物动力学等多种学科技术内容，技术已经十分完善了，不能随便改动，在现实建设中一些建池人员或一些农民，往往为了节省一些资金或凭空想象随意改动或降低建池标准，结果往往是“交学费”、走弯路，造成不必要的浪费，甚至劳民伤财。标准是科技成果转化的一个重要途径，也是我们事业发展的基础，既然有了“国家标准”，从事沼气事业的人就应该自觉坚持。

（四）发展沼气事业需要务实创新，充分挖掘沼气潜力

发展沼气只停留在用于做饭、照明上是不够的，效益也比较低，长期停留将会失去发展活力，因此，必须看到沼气在发展循环农业中的核心作用，必须结合当地实际，搞好务实创新，积极研究推广一些适宜当地情况的高效生态模式，如猪-沼-菜（或瓜等）、猪-沼-果、猪-沼-菌、猪-沼-蚕等，充分挖掘沼气的作用和潜力，最大限度地发挥好沼气带来的经济与社会效益，这样才能把沼气事业做大做强、稳步持续发展。

>>> 第四章　土壤管理与培肥实用技术

土壤培肥管理及生产条件的改善是农业生产的第三个基本环节，也称第三“车间”。“万物土中生”“良田出高产”，土壤肥力为农作物增产提供物质保证，作物要高产，必须有高肥力土壤作为基础。土壤的培肥管理及生产条件的改善是植物生产的潜力积累，该环节的主要任务是一方面利用微生物，将一些有机物质分解为作物可吸收利用的形态，或形成土壤腐殖质，改良土壤结构，另一方面通过物理、化学、微生物等方法制造植物生产所需的营养物质，投入生产中促进植物生产，并采取措施改善植物生长其他环境因素，有利于植物生产。

土壤管理与培肥工作也是农业良性循环过程中一个十分重要的环节，关系到植物生产环节和可持续生产。

第一节　高产土壤

一、高产土壤的特点

俗话说“万物土中生”，要使作物获得高产，必须有高产土壤作为基础。因为只有在高产土壤中，水、肥、气、热、松紧状况等各个肥力因素才有可能调节到适合作物生长发育所要求的最佳状态，使作物生长发育有良好的环境条件，通过栽培管理，才有可能获得高产。高产土壤要具备以下几个特点：

（一）土地平坦，质地良好

高产土壤要求地形平坦，排灌方便，无积水和漏灌的现象，能经得起雨水的侵蚀和冲刷，蓄水性能好，一般中、小雨不会让其流失，能做到水分调节自由。

（二）良好的土壤结构

高产土壤要求土壤质地以壤质土为好，从结构层次来看，通体壤质或上层壤质下层稍黏为好。

（三）熟土层深厚

高产土壤要求耕作层深厚，以30厘米以上为宜。土壤中固、液、气三相物质比以1∶1∶0.4为宜。土壤总孔隙度应在55%左右，其中大孔隙应占15%，小孔隙应占40%。土壤容重在1.1～1.2为宜。

（四）养分含量丰富且均衡

高产土壤要求有丰富的养分含量，并且作物生长发育所需要的大量、中量和微量元素含量均衡，不能有个别极端缺乏和过多现象。在黄淮海平原潮土区一般要求土壤中有机质含量要达到1%以上，全氮含量要大于0.1%，其中水解氮含量要大于80毫克/千克，全磷含量要大于0.15%，其中有效磷含量要大于30毫克/千克，全钾含量要大于1.5%，其中速效钾含量要大于150毫克/千克，另外，其他作物需要的钙、镁、硫中量元素和铁、硼、锰、铜、钼、锌、氯等微量元素也不能缺乏。

（五）适中的土壤酸碱度

高产土壤还要求酸碱度适中，一般pH在7.5左右为宜。石灰性土壤还要求石灰反应正常，钙离子丰富，从而有利于土壤团粒结构的形成。

（六）无农药和重金属污染

按照国家对无公害农产品土壤环境条件的要求，农药残留和重金属离子含量要低于国家规定标准。

需要指出的是：以上对高产土壤提出的养分含量指标，只是一个应该努力奋斗的目标，它不是对任何作物都十分适宜的，具体各种作物对各种养分的需求量在不同地区和不同土壤中以及不同产量水平条件下是不尽相同的，故各种作物对高产土壤中各种养分含量的要求也不一致。一般小麦吸收氮、磷、钾养分的比例为 3∶1.3∶2.5，玉米则为 2.6∶0.9∶2.2，棉花是 5∶1.8∶4.8，花生是 7∶1.3∶3.9，甘薯是 0.5∶0.3∶0.8，芝麻是 10∶2.5∶11。在生产中，应综合应用最新科研成果，根据作物需肥、土壤供肥能力和近年的化肥肥效，在施用有机肥料的基础上，产前提出各种营养元素肥料适宜用量和比例以及相应的施肥技术，积极地开展测土配方施肥工作，合理而有目的地去指导调节土壤中养分含量，将对各种作物产量的提高和优质起到重要的作用。

二、用养结合，努力培育高产稳产土壤

我国有数千年的耕作栽培历史，有丰富的用土改土和培肥土壤的宝贵经验。各地因地制宜在生产中根据高产土壤特点，不断改造土壤和培肥土壤，才能使农业生产水平得到不断提高。

（一）搞好农田水利建设是培育高产稳产土壤的基础

土壤水分是土壤中极其活跃的因素，除它本身有不可缺少的作用外，还在很大程度上影响着其他肥力因素，因此搞好农田水利建设，使之排灌方便，能根据作物需要人为地调节土壤水分因素是夺取高产的基础。同时，还要努力搞好节约用水工作，在高产农田要提倡推广滴灌和渗灌技术，以提高灌溉效益。

（二）实行深耕细作，广开肥源，努力增施有机肥料，培肥土壤

深耕细作可以疏松土壤、加厚耕层、熟化土壤，改善土壤的水、气、热状况和营养条件，提高土壤肥力。瘠薄土壤大部分土壤容重值大于 1.3 吨/米^3，比高产土壤要求的容重值大，所以需要逐步加深耕层、疏松土壤。要迅速克服目前存在的小型耕作机械作业带来的耕层变浅局面，按照高产土壤要求改善耕作条件，不断加深耕层。

增施有机肥料，提高土壤中有机质的含量，不仅可以增加作物

养分，而且还能改善土壤耕性，提高土壤的保水保肥能力，对土壤团粒结构的形成，协调水、气、热因素，促进作物健壮生长有着极其重要的作用。目前大多数土壤有机肥的施用量不足，质量也不高，在一些坡地或距村庄远的地块还有不施有机肥的现象。因此，需要广开肥源，在搞好常规有机肥使用的同时，还要大力发展养殖业和沼气生产，以生产更多的优质有机肥，在增加施用量的同时还要提高有机肥质量。

（三）合理轮作，用养结合，调节土壤养分

由于各种作物吸收不同养分的比例不同，根据各作物的特点合理轮作，能相应地调节土壤中的养分含量，培肥土壤。生产中应综合考虑当地农业资源，研究多套高效种植制度，根据市场行情，及时进行调整种植模式。同时，在比较效益不低的情况下应适当增加豆科作物的种植面积，充分发挥作物本身的养地作用。

第二节　作物营养元素的作用与施肥

植物生长需要内因和外因两方面条件，内因是指基因潜力，就是说植物内在动力，植物通过选择优良品种和采用优良种子，产量才有保证；外因是植物与外界交换物质和能量，植物生长发育还要有适当的生存空间。很多因素影响植物的生长发育，它们可大致分为两类：产量形成因素和产量保护因素。产量形成因素分为六大类：养分、水分、大气、温度、光照和空间。在一定范围内，每个因素都会单独对产量的提高做出贡献，但严格地说，它们往往是在相互配合的基础上提高生物学产量的。产量保护因素主要指对病、虫和杂草的防除和控制，保护已经形成的产量不会遭受损失而降低。

六大产量形成因素主要在相互配合的基础上提高生物产量时需要保持相互之间的平衡，某一因素的过量或不足都会影响作物的产量和品质。

当前，在施肥实践中还存在以下主要问题：一是有机肥用量偏少。20 世纪 70 年代以来，随着化肥工业的高速发展，化肥高浓缩

的养分、低廉的价格、快速的效果得到广大农民的青睐，化肥用量逐年增加，有机肥的施用则逐渐减少，进入80年代，实行土地承包责任制后，随着农村劳动力的大量外出转移，农户在施肥方面重化肥施用，忽视有机肥的投入，人畜粪尿及秸秆沤制大量减少，有机肥和无机肥施用比例严重失调。二是氮、磷、钾三要素施用比例失调。一些农民对作物需肥规律和施肥技术认识和理解不足，存在氮、磷、钾施用比例不当的问题，如部分中低产田玉米单一施用氮肥（尿素）和不施磷、钾肥的现象仍占一定比例，还有部分高产地块农户使用氮、磷、钾比例为15∶15∶15的复合肥，不再补充氮肥，造成氮肥不足，磷、钾肥浪费的现象，影响作物产量的提高。三是化肥施用方法不当。如氮肥表施问题、磷肥撒施问题。四是秸秆还田技术体系有待于进一步完善。秸秆还田作为技术体系包括施用量、墒情、耕作深度、破碎程度和配施氮肥等关键技术环节，当前农业生产应用过程中存在施用量大、耕地浅和配施氮肥不足等问题，影响其施用效果，需要在农业生产施肥实践中完善和克服。五是施用肥料没有从耕作制度的有机整体系统考虑。现有的施肥模式是建立满足单季作物对养分的需求上，没有充分考虑耕作制度整体养分循环对施肥的要求，上下季作物肥料分配不够合理，肥料资源没有得到充分利用。

在生产中要想获得高产和优质的农产品，首先要选择优良品种，提高基因内在潜力；其次要考虑如何使上述各种产量因素协调平衡，使这些优良品种的基因潜力得到最大限度的发挥。同时，还要考虑产量保护因素，进行有效的保护。一般情况下高产优质的作物品种往往要求更多的养分、水分、光照及更适宜的通气条件、更好的温度控制等外部条件。有时更换了作物品种，但忽视了满足这些相应的外部条件，反而使产量大大受到影响。

一、植物生长的必需养分

植物是一座天然化工厂，植物从生命之初到结束，它的体内每时每刻都在进行着复杂微妙的化学反应。用最简单的无机物质作原料合成各种复杂的有机物质，从而有了地球上多种多样的植物。植物的这些化学反应是在光照的条件下进行的，植物叶片的气孔从大气中吸进二氧化碳，其根系从土壤中吸收水分，在光的作用下生成碳水化合物并释放出氧气和热量，这一过程称为光合作用。光合作用实际上是相当复杂的化学过程，在光反应（希尔反应）中，水反应生成氧，并经历光合磷酸化过程获得能量，这些能量在同时进行的暗反应（卡尔文循环）中使二氧化碳反应生成糖（碳水化合物）。

植物体内的碳水化合物与 13 种矿物质元素氮、磷、钾、硫、钙、镁、硼、铁、铜、锌、锰、钼、氯进一步合成淀粉、脂肪、纤维素或者氨基酸、蛋白质，以及原生质或核酸、叶绿素、维生素和其他各种生命必需物质，由这些物质构造出植物体来。总之，植物在生长过程中所必需的元素有 16 种，另外 4 种元素钠、钴、钒、硅只是对某些植物来说是必需的。

1. 大量营养元素　又称常量营养元素。除来自大气和水的碳、氢、氧元素之外，还有氮、磷、钾 3 种营养元素，它们的含量占作物干重的百分之几十至百分之几。由于作物需要的量比较多，而土壤中可提供的有效性含量又比较少，常常要通过施肥才能满足作物生长的要求，因此称为作物营养三要素。

2. 中量营养元素　有钙、硫、镁 3 种元素。这些营养元素占作物干重的千分之几十至千分之几。

3. 微量营养元素　有铁、硼、锰、铜、锌、钼、氯 7 种营养元素。这些营养元素在植物体内含量极少，只占作物干重的千分之几至百万分之几。

二、作物营养元素的同等重要性和不可替代性

16 种作物营养元素都是作物必需的，尽管不同作物体中各种营养元素的含量差别很大，即使同种作物，亦因不同器官、不同年龄、不同环境条件，甚至在一天内的不同时间亦有差异，但必需的营养元素在作物体内不论数量多少都是同等重要的，任何一种营养元素的特殊功能都不能被其他元素所代替。另外，无论哪种元素缺

乏都对植物生长造成危害并引起特有的缺素症；同样，某种元素过量也对植物生长造成危害，因为一种元素过量就意味着其他元素短缺。植物营养元素分类见表 4-1。

表 4-1 植物必须营养元素分类

元素名称	元素符号	养分矿质性	植物需要量	植物燃烧灰分	植物结构组成	植物体内活动性	土壤中流动性
碳	C	非矿质	大量	非灰分	结构		
氢	H	非矿质	大量	非灰分	结构		
氧	O	非矿质	大量	非灰分	结构		
氮	N	矿质	大量	非灰分	结构	强	强
磷	P	矿质	大量	灰分	结构	强	弱
钾	K	矿质	大量	灰分	非结构	强	弱
硫	S	矿质	中量	灰分	结构	弱	强
钙	Ca	矿质	中量	灰分	结构	弱	强
镁	Mg	矿质	中量	灰分	结构	强	强
铁	Fe	矿质	微量	灰分	结构	弱	弱
锌	Zn	矿质	微量	灰分	结构	弱	弱
锰	Mn	矿质	微量	灰分	结构	弱	弱
硼	B	矿质	微量	灰分	非结构	弱	强
铜	Cu	矿质	微量	灰分	结构	弱	弱
钼	Mo	矿质	微量	灰分	结构	强	强
氯	Cl	矿质	微量	灰分	非结构	强	强

三、矿质营养元素的功能和缺乏与过量症状

（一）氮

氮是第一个植物必需大量元素，它是蛋白质、叶绿素、核酸、酶、生物激素等重要生命物质的组成部分，是植物结构组分元素。

1. 氮缺乏之症状 植物缺氮就会失去绿色，植株生长矮小细弱，分枝、分蘖少，叶色变淡，呈色泽均一的浅绿色或黄绿色，尤

其是基部叶片。

蛋白质在植株体内不断合成和分解，因氮易从较老组织运输到幼嫩组织中被再利用，首先从下部老叶片开始均匀黄化，逐渐扩展到上部叶片，黄叶提早脱落；同时株型也发生改变，瘦小、直立、茎秆细瘦；根量少、细长而色白；侧芽呈休眠状态或枯萎；花和果实少；成熟提早；产量品质下降。

禾本科作物缺氮，则无分蘖或少分蘖，穗小粒少。玉米缺氮，下位叶黄化，叶尖枯萎，常呈 V 形向下延展。双子叶植物缺氮，则分枝或侧枝均少。草本的茎基部呈黄色。豆科作物缺氮，则根瘤少，无效根瘤多。

叶菜类蔬菜缺氮，则叶片小而薄，色淡绿色或黄色，含水量减少，纤维素增加，丧失柔嫩多汁的特色。结球菜类缺氮，则叶球不充实，商品价值下降。块茎、块根作物缺氮，则茎、蔓细瘦，薯块小，纤维素含量高，淀粉含量低。

果树缺氮，则幼叶小而薄，色淡，果小皮硬，含糖量相对提高，但产量低，商品品质下降。

除豆科作物外，一般作物缺氮都有明显反应，谷类作物中的玉米、蔬菜作物中的叶菜类以及果树中的桃、苹果和柑橘等尤为敏感。

根据作物的外部症状可以初步判断作物缺氮及程度，单凭叶色及形态症状容易误诊，可以结合植株和土壤的化学测试做出诊断。

2. 氮过量之症状　植株氮过量时营养生长旺盛，色浓绿，节间长，腋芽生长旺盛，开花坐果率低，易倒伏，贪青晚熟，对寒冷干旱和病虫的抗逆性差。

氮过量时往往伴随缺钾和/或缺磷现象发生，造成营养生长旺盛，植株高大细长，节间长，叶片柔软，腋芽生长旺盛，开花少，坐果率低，果实膨大慢，易落花、落果。禾本科作物氮过量，秕粒多，易倒伏，贪青晚熟；块根和块茎作物氮过量，地上部旺长，地下部小而少。过量的氮与碳水化合物形成蛋白质，剩下少量碳水化合物用作构成细胞壁的原料，细胞壁变薄，所以植株对寒冷、干旱和病虫的抗逆性差，果实保鲜期短，果肉组织疏松，易遭受碰压损伤。可用补施钾肥以及磷肥来纠正氮过量症状。有时氮过量也会出现其他营养元素的缺乏症。

3. 市场上主要的含氮化肥 含氮化肥分两大类：铵态氮肥和硝态氮肥。铵态氮肥主要包括碳酸氢铵、硫酸铵、氯化铵等，尿素施入土壤后会分解为氨和二氧化碳，可视为铵态氮肥。铵态氮肥是含氮化肥的主要成员。施用铵态氮肥时应注意两个问题；第一是铵能产酸，施用后注意土壤酸化问题；第二是在碱性土壤或石灰性土壤上施用时，特别是高温和一定湿度条件下，会产生氨挥发，注意不要使用过量避免造成氨中毒。其他含铵化肥还有磷酸一铵、磷酸二铵、钼酸铵等。在主要作为其他营养元素来源时也应同时考虑其中铵的效益和危害两方面的作用。硝态氮肥主要包括硝酸钠、硝酸钾、硝酸钙等，使用时往往重视其中的钾、钙等营养元素补充问题，但也不应忽视伴随离子硝酸盐的正反两方面作用。施用硝态氮肥则应注意淋失问题，尽量避免施入水田，对水稻等作物仅可叶面喷施。硝态氮肥肥效迅速，作追肥较好。另外，在土壤温度、通气状况、pH、微生物种群数量等条件处于不利情况下，硝态氮肥肥效远远大于铵态氮肥。硝酸铵既含铵又含硝酸盐，施用时要同时考虑这两种形态氮的影响。

（二）磷

磷是三要素之一，但植物对磷的吸收量远远小于钾和氮，甚至有时还不及钙、镁、硫等中量元素。核酸、磷酸腺苷等重要生命物质中都含磷，因此磷是植物结构组分元素。它在生命体中还构成磷脂、磷酸酯、肌醇六磷酸（植酸）等物质。

1. 磷缺乏之症状 植物缺磷时植株生长缓慢、矮小、苍老、茎细直立，分枝或分蘖较少；叶小，呈暗绿或灰绿色而无光泽，茎叶常因积累花青苷而带紫红色；根系发育差，易老化。由于磷易从较老组织运输到幼嫩组织中再利用，故症状从较老叶片开始向上扩展。缺磷植物的果实和种子少而小，成熟延迟，产量和品质降低。轻度缺磷外表形态不易表现。不同作物缺磷症状表现有所差异。十字花科作物、豆科作物、茄科作物及甜菜等是对磷极为敏感的作物。其中油菜、番茄常作为缺磷指示作物。玉米、芝麻为中等需磷作物，在严重缺磷时，也表现出明显症状。小麦、棉花、果树对缺磷的反应不甚敏感。

十字花科芸薹属的油菜在子叶期即可出现缺磷症状。油菜缺磷，叶小，色深，背面紫红色，真叶迟出，直挺竖立，随后上部叶片呈暗绿色，基部叶片暗紫色，尤以叶柄及叶脉为明显，有时叶缘或叶脉间出现斑点或斑块；分枝节位高，分枝少而细瘦，荚少粒小；生育期延迟。白菜、甘蓝缺磷时也出现老叶发红发紫。

缺磷大豆开花后叶片出现棕色斑点，种子小；严重时茎和叶均呈暗红色，根瘤发育差。茄科植物中，番茄幼苗缺磷则生长停滞，叶背紫红色，成叶呈灰绿色，蕾、花易脱落，后期出现卷叶。根菜类缺磷叶部症状少，但根肥大不良。洋葱移栽后缺磷幼苗发根不良，容易发僵。马铃薯缺磷，植株矮小、僵直、暗绿，叶片上卷。

甜菜缺磷，植株矮小，暗绿，老叶边缘呈黄色或红褐色焦枯。藜科植物菠菜缺磷，植株矮小，老叶呈红褐色。

禾本科作物缺磷，植株明显瘦小，叶片紫红色，不分蘖或少分蘖，叶片直挺，不仅每穗粒数减少且籽粒不饱满，穗上部常形成空瘪粒。

棉花缺磷，叶色暗绿，蕾、铃易脱落，严重时下部叶片出现紫红色斑块，棉铃开裂，吐絮不良，籽指低。

果树缺磷，整株发育不良，老叶黄花，落果严重，含酸量高，品质降低。

2. 磷过量之症状　磷过量植株叶片肥厚密集，叶色浓绿，植株矮小，节间过短，营养生长受抑制，繁殖器官加速成熟，导致营养体小，地上部生长受抑制而根系非常发达，根量多而短粗；谷类作物无效分蘖和瘪粒增加；叶菜纤维素含量增加；烟草的燃烧性等品质下降。磷过量常导致缺锌、锰等元素。

3. 市场主要的含磷化肥

（1）过磷酸钙。施用磷肥的历史比使用氮肥早半个世纪。1843

年英国已生产和销售过磷酸钙，1852 年美国也开始销售。过磷酸钙中既含磷，也含硫酸钙。

（2）重过磷酸钙。重过磷酸钙中含磷量高于过磷酸钙，不含硫，含钙量低。

（3）硝酸磷肥。含氮和磷，因为其中含有硝酸钙，容易吸湿，所以不太受欢迎，但它所含的硝态氮可直接被作物吸收利用。

以上 3 种肥料都是磷灰石酸化得到的。

（4）磷酸氢二铵。是一种很好的水溶性肥料，含磷和铵态氮。

（5）钙镁磷肥。是一种酸溶性肥料，在酸性土壤上使用较为理想。

因历史原因，肥料含磷量习惯以五氧化二磷当量表示，纯磷＝五氧化二磷×0.43；五氧化二磷＝纯磷×2.33。

（三）钾

虽然钾不是植物结构组分元素，但却是植物生理活动中最重要的元素之一。植物根系以钾离子（K^+）的形式吸收钾。

1. 钾缺乏之症状 农作物缺钾时，纤维素等细胞壁组成物质减少，厚壁细胞木质化程度也较低，因而影响茎的强度，易倒伏；蛋白质合成受阻；氮代谢的正常进行被破坏，常引起腐胺积累，使叶片出现坏死斑点。因为钾在植株体中容易被再利用，所以症状首先从较老叶片上出现，一般表现为最初老叶叶尖及叶缘发黄，以后黄化部逐步向内伸展同时叶缘变褐、焦枯，似灼烧，叶片出现褐斑，病变部与正常部界限比较清楚，尤其是供氮丰富时，健康部分绿色深浓，病部赤褐焦枯，反差明显，严重时叶肉坏死、脱落；根系少而短，活力低、早衰。

双子叶植物缺钾，叶片脉间缺绿，且沿叶缘逐渐出现坏死组织，渐呈烧焦状。单子叶植物缺钾，叶尖先萎蔫，渐呈坏死烧焦状，叶片因各部位生长不均匀而出现皱缩，植物生长受到抑制。

玉米缺钾，发芽后几个星期即可出现症状，下位叶尖和叶缘黄化，不久变褐，老叶逐渐枯萎，再累及中上部叶，节间缩短，常出现因叶片长宽度变化不大而节间缩短所致比例失调的异常植株；生育延迟，果穗变小，穗顶变细不着粒或籽粒不饱满、淀粉含量降低，穗端易感染病菌。

大豆容易缺钾，5～6 片真叶时即可出现症状，中下位叶缘失绿变黄，呈金镶边状；老叶脉间组织突出、皱缩不平，边缘反卷，有时叶柄变棕褐色；荚稀不饱满，瘪荚、瘪粒多。蚕豆缺钾，叶色蓝绿，叶尖及叶缘棕色，叶片卷曲下垂，与茎成钝角，最后焦枯、坏死，根系早衰。

油菜缺钾，苗期叶缘出现灰白色或白色小斑，开春后生长加速，叶缘及叶脉间开始失绿并有褐色斑块或白色干枯组织，严重时叶缘焦枯、凋萎，叶肉呈烧灼状，有的茎秆出现褐色条纹，秆壁变薄且脆，遇风雨植株常折断，着生荚果稀少，角果发育不良。

烟草缺钾，症状大约在生长中后期发生，老叶叶尖变黄及向叶缘发展，叶片向下弯曲，严重时变成褐色，干枯期坏死脱落；抗病力降低；成熟时落黄不一致。

马铃薯缺钾，生长缓慢，节间短，叶面粗糙、皱缩，向下卷曲，小叶排列紧密，与叶柄形成夹角小，叶尖及叶缘开始呈暗绿色，随后变为黄棕色，并渐向全叶扩展，老叶青铜色，干枯脱落，切开块茎时内部常有灰蓝色晕圈。

蔬菜作物缺钾，一般在生育后期表现为老叶边缘失绿，出现黄白色斑，变褐、焦枯，并逐渐向上位叶扩展，老叶依次脱落。

甘蓝、白菜、花椰菜缺钾易出现症状，老叶边缘焦枯卷曲，严重时叶片出现白斑，萎蔫枯死。缺钾症状尤以结球期明显，甘蓝叶球不充实，球小而松，花椰菜花球发育不良，品质差。

黄瓜、番茄缺钾，症状表现为下位叶叶尖及叶缘发黄，渐向脉间叶肉扩展，易萎蔫，提早脱落。黄瓜缺钾，果实发育不良，常呈头大蒂细的棒槌形；番茄缺钾，果实成熟不良，落果，果皮破裂，着色不匀，杂色斑驳，肩部常绿色不褪，果肉萎缩，汁少，称为“绿背病”。

果树中，柑橘轻度缺钾仅表现果形稍小，其他症状不明显，对品质影响不大；严重时叶片皱缩，呈蓝绿色，边缘发黄，新生枝伸长不良，全株生长衰弱。

总之，马铃薯、甜菜、玉米、大豆、烟草、甘蓝和花椰菜对缺钾反应敏感。

2. 市场上主要含钾化肥 钾矿以地下的固体盐矿床和死湖、死海中的卤水形式存在，有氯化物、硫酸盐和硝酸盐等形态。

氯化钾肥直接从盐矿和卤水中提炼，成本低。氯化钾肥会在土壤中残留氯离子，忌氯作物不宜使用。长期使用氯化钾肥容易造成土壤盐指数升高，引起土壤缺钙、板结、变酸，应配合施用石灰和钙肥。大多数其他钾肥的生产都与氯化钾有关。

硫酸钾会在土壤中残留硫酸根离子，长期使用容易造成土壤盐指数升高，板结、变酸，应配合施用石灰和钙镁磷肥。水田不宜施用硫酸钾，因为淹水状态下氧化还原电位低，硫酸根离子易还原为硫化物，致使植物根系中毒发黑。

硝酸钾肥是所有钾肥中最适合植物吸收利用的钾肥。其盐指数很低，不产酸，无残留离子。它的氮、钾元素重量比为 1∶3，恰好是各种作物氮钾养分的配比。硝酸钾溶解性好，不但可以灌溉追施，也可以叶面喷施，配制营养液一般离不开硝酸钾。

(四) 硫

按照当前的分类方法，它属于中量元素。硫存在于蛋白质、维生素和激素中，它是植物结构组分元素。植物根系主要以硫酸根阴离子形态从土壤中吸收硫，它主要通过质流，极少数通过扩散（有时可忽略不计）到达植物根部。植物叶片也可以直接从大气中吸收少量二氧化硫气体。不同作物需硫量不同，许多十字花科作物，如芸薹属的甘蓝、油菜、芥菜等，萝卜属的萝卜，以及百合科葱属的葱、蒜、洋葱、韭菜等需硫量最大。一般认为硫酸根通过原生质膜和液泡膜，都是主动运转过程。吸收的硫酸根大部分在液泡中。钼酸根、硒酸根等阴离子与硫酸根阴离子竞争吸收位点，可抑制硫酸根的吸收。通过气孔进入植物叶片的二氧化硫气体分子遇水转变为亚硫酸根阴离子，继而氧化成硫酸根阴离子，被输送到植物体各个部位，但当空气中二氧化硫气体浓度过高时植物可能受到伤害，大气中二氧化硫临界浓度为0.5～0.7毫克/米^3。

1. 硫缺乏之症状　缺硫植物生长受阻，尤其是营养生长，症状类似缺氮：植株矮小，分枝、分蘖减少，全株体色褪淡，呈浅绿色或黄绿色；叶片失绿或黄化，褪绿均匀，幼叶较老叶明显，叶小而薄，向上卷曲，变硬，易碎，脱落提早；茎生长受阻，株矮、僵直；梢木栓化；生长期延迟。缺硫症状常表现在幼嫩部位，这是因为植物体内硫的移动性较小，不易被再利用。不同作物缺硫症状有所差异。

禾谷类作物缺硫，植株直立，分蘖少，茎瘦，幼叶淡绿色或黄绿色。水稻缺硫，插秧后返青延迟，全株显著黄化，新老叶无显著区别（与缺氮相似），不分蘖，叶尖有水渍状圆形褐斑，随后焦枯。大麦缺硫，幼叶失绿较老叶明显，严重时叶片出现褐色斑点。

卷心菜、油菜等十字花科作物缺硫时，最初会在叶片背面出现淡红色。卷心菜随着缺硫加剧，叶片正反面都发红发紫，杯状叶反折过来，叶片正面凹凸不平。油菜缺硫，幼叶淡绿色，逐渐出现紫红色斑块，叶缘向上卷曲呈杯状，茎秆细矮并趋向木质化，花、荚色淡，角果尖端干瘪。

大豆缺硫，生育前期新叶失绿，后期老叶黄化，出现棕色斑点；根细长，植株瘦弱，根瘤发育不良。烟草缺硫，整个植株呈淡绿色，老叶焦枯，叶尖向下卷曲，叶面出现突起泡点。

马铃薯植株黄化，生长缓慢，但叶片并不提早干枯脱落，严重时叶片出现褐色斑块。

茶树缺硫，幼苗发黄，称茶黄，叶片质地变硬。果树缺硫，新生叶失绿黄化，严重时枯梢，果实小而畸形，色淡、皮厚、汁少。柑橘类缺硫，还出现汁囊胶质化，橘瓣硬化。

对硫敏感作物为十字花科如油菜等，其次为豆科、烟草和棉花。禾本科需硫较少。作物缺硫的一般症状为整个植株褪淡、黄化、色泽均匀，极易与缺氮症状混淆。但大多数作物缺硫，新叶比老叶重，不易枯干，发育延迟。而缺氮则老叶比新叶重，容易干枯、早熟。

2. 硫在大气、土壤、植物间的循环 硫在自然界中以单质硫、硫化物、硫酸盐以及与碳和氢结合的有机态存在。其丰度列为第13位。少量硫以气态氧化物或硫化氢（H_2S）气体形式在火山、热液和有机质分解的生物活动以及沼泽化过程中和从其他来源释放出来，H_2S也是天然气田的污染物质。在人类工业活动以后，燃烧煤炭、原油和其他含硫物质使二氧化硫（SO_2）排入大气，其中许多又被雨水带回大地。浓度高时形成酸雨，这是人为活动造成的来源。土壤中硫以有机和无机多种形态存在，呈多种氧化态，从硫酸的+6价到硫化物的−2价，并可有固、液、气3种形态。硫在大气圈、生物圈和土壤圈的循环比较复杂，与氮循环有共同点。大多数土壤中的硫存在于有机物、土壤溶液中和吸附于土壤复合体上。硫是蛋白质成分，蛋白质返回土壤转化为腐殖质后，大部分硫仍保持为有机结合态。土壤无机硫包括易溶硫酸盐、吸附态硫酸盐、与碳酸钙共沉淀的难溶硫酸盐和还原态无机硫化合物。土壤黏粒和有机质不吸收易溶硫酸盐，所以它留存于土壤溶液中，并随水运动，很易淋失，这就是表土通常含硫低的原因。大多数农业土壤表层中，大部分硫以有机态存在，占土壤全硫的90%以上。

3. 市场上主要的含硫化肥 长期以来很少有人提到硫肥。这可能有两个原因。一是工业活动以前，植物养分都是自然循环的，在那种条件下土壤中硫是充足的。植物养分不足是工业活动造成的，而施用化肥又是工业活动的产物。工业活动的能源一大部分来自煤炭和原油，它们燃烧后会放出含硫的气体，随降雨落回地面，这样就给土壤施进了硫肥。二是硫是其他化肥的伴随物。最早使用的氮肥之一是硫酸铵，新中国成立前和成立初期称之为“肥田粉”，人们将其作为氮肥使用，其实也同时施用了硫肥。再如作为磷肥的过磷酸钙，作为钾肥的硫酸钾，作为碱性土壤改良剂的石膏（即硫酸钙），用量都较大。随着工业污染的治理和化肥品种的改变，硫肥将会逐渐提到日程上来。单质硫是一种产酸的肥料，在我国使用不多，当施入土壤后就被土壤微生物氧化为硫酸，因此它常用作碱性土壤改良剂。

（五）钙

按目前的分类方法，它是中量元素。钙是植物结构组分元素。植物以二价钙离子的形式吸收钙。虽然钙在土壤中含量可能很大，有时比钾大 10 倍，但钙的吸收量却远远小于钾，因为只有幼嫩根尖能吸收钙。大多数植物所需的大量钙通过质流运到根表面。在富含钙的土壤中，根系附近可能积累大量钙，出现比植物生长所需更高浓度的钙时一般不影响植物吸收钙。

1. 钙缺乏之症状 因为钙在植物体内易形成不溶性钙盐沉淀而固定，所以它是不能移动和再度被利用的。缺钙造成顶芽和根系顶端不发育，呈“断脖”症状，幼叶失绿、变形，出现弯钩状。严重时生长点坏死，叶尖和生长点呈果胶状。缺钙时根常常变黑腐烂。一般果实和储藏器官供钙极差。水果和蔬菜常由储藏组织变形来判断缺钙。

禾谷类作物缺钙，幼叶卷曲、干枯，功能叶的叶间及叶缘黄萎，植株未老先衰，结实少，秕粒多。小麦缺钙，根尖分泌球状的透明黏液。玉米叶缘出现白色斑纹，常出现锯齿状不规则横向开裂，顶部叶片卷筒下弯呈“弓”状，相邻叶片常粘连，不能正常伸展。

豆科作物缺钙，新叶不伸展，老叶出现灰白色斑点，叶脉棕色，叶柄柔软下垂。大豆缺钙，根暗褐色、脆弱，呈黏稠状，叶柄与叶片交接处呈暗褐色，严重时茎顶卷曲呈钩状枯死。花生缺钙，在老叶反面出现斑痕，随后叶片正反面均发生棕色枯死斑块，空荚多。蚕豆缺钙，荚畸形、萎缩并变黑。豌豆缺钙，幼叶及花梗枯萎，卷须萎缩。

烟草缺钙，植株矮化，色深绿，严重时顶芽死亡，下部叶片增厚，出现红棕色枯死斑点，甚至顶部枯死，雌蕊显著突出。

棉花缺钙，生长点受抑，呈弯钩状，严重时上部叶片及部分老叶叶柄下垂并溃烂。

马铃薯缺钙，根部易坏死，块茎小，有畸形成串小块茎，块茎表面及内部维管束细胞常坏死。多种蔬菜因缺钙发生腐烂病，如番茄脐腐病，最初果顶脐部附近果肉出现水渍状坏死，但果皮完好，以后病部组织崩溃，继而黑化、干缩、下陷，一般不落果，无病部分仍继续发育，并可着色，此病常在幼果膨大期发生，越过此期一般不再发生。甜椒也有类似症状。大白菜和甘蓝的缘腐病，叶球内叶片边缘由水渍状变为果浆色，继而褐化坏死、腐烂，干燥时似豆腐皮状，极脆，又名干烧心、干边、内部顶烧症等，病株外观无特殊症状，纵剖叶球时在剖面的中上部出现棕褐色弧形层状带，叶球最外第1～3叶和中心稚叶一般不发病。胡萝卜缺钙，根部出现裂隙。莴苣缺钙，顶端出现灼伤。西瓜、黄瓜和芹菜缺钙，顶端生长点坏死、腐烂。香瓜缺钙，容易发生“发酵果”，整个瓜软腐，按压时出现泡沫。

苹果缺钙，果实出现苦陷病，又名苦痘病，病果发育不良，表面出现下陷斑点，先见于果顶，果肉组织变软、干枯，有苦味，此病在采收前即可出现，但以贮藏期发生为多。缺钙还引起苹果水心病，果肉组织呈半透明水渍状，先出现在果肉维管束周围，向外呈放射状扩展，病变组织质地松软，有异味，病果采收后在贮藏期间病变继续发展，最终果肉细胞间隙充满汁液而导致内部腐烂。梨缺钙极易早衰，果皮出现枯斑，果心发黄，甚至果肉坏死，果实品质低劣。

苜蓿对钙最敏感，常作为缺钙指示作物，需钙量多的作物有紫花苜蓿、芦笋、菜豆、豌豆、大豆、向日葵、草木樨、花生、番茄、芹菜、大白菜、花椰菜等作物，其次为烟草、番茄、大白菜、结球甘蓝、玉米、大麦、小麦、甜菜、马铃薯、苹果。而谷类作物、桃树、菠萝等需钙较少。

2. 市场上主要的含钙化肥 目前专门施钙的不多，主要还是施石灰改良酸性土壤时带入钙。大多数农作物主要还是利用土壤中储备的钙。土壤含钙量差异极大，湿润地区土壤钙含量低、沙质土壤含钙量低，石灰性土壤含钙量高。含钙量大于3%时一般表示土壤中存在碳酸钙。

钙常在施用过磷酸钙、重过磷酸钙等磷肥时施入土壤。早在希腊和罗马时代石膏已被用作肥料，又是碱性土壤改良剂。钙可使土壤絮凝、透水性更好。最近也有使用硝酸钙肥的，这是一种既含氮又含钙的肥料，溶解性好，可配制叶面喷施溶液，但吸湿性较大。

（六）镁

镁是植物结构组分元素，按当前的分类属于中量元素。土壤中的二价镁离子随质流向植物根系移动然后被根尖吸收，细胞膜对镁离子的透过性较小。植物根吸收镁的速率很低。镁主要是被动吸收，顺电化学势梯度而移动。

1. 镁缺乏之症状　镁是活动性元素，在植株中移动性很好，植物组织中全镁量的 70 %是可移动的，并与无机阴离子和苹果酸盐、柠檬酸盐等有机阴离子相结合。所以一般缺镁症状首先出现在低位衰老叶片上，共同症状是下位叶叶肉为黄色、青铜色或红色，但叶脉仍呈绿色。进一步发展，整个叶片组织全部淡黄，然后变褐直至最终坏死。大多发生在生育中后期，尤其以种子形成后多见。

马铃薯、番茄和糖用甜菜是对缺镁较为敏感的作物。菠萝、香蕉、柑橘、葡萄、柿子、苹果、牧草、玉米、油棕榈、棉花、柑橘、烟草、可可、油橄榄、橡胶等也容易缺镁。

禾谷类作物缺镁，早期叶片脉间褪绿，出现黄绿相间的条纹花叶，严重时呈淡黄色或黄白色。麦类缺镁，中下位叶脉间失绿，残留绿斑相连成串呈念珠状（对光观察时明显），尤以小麦典型，为缺镁的特异症状。水稻缺镁，亦出现黄绿相间条纹叶，叶狭而薄，黄化从前端逐步向后半扩展，边缘呈黄红色，稍内卷，叶身从叶枕处下垂，严重时褪绿部分坏死干枯，拔节期后症状减轻。玉米缺镁，先出现条纹花叶，后叶缘出现显著紫红色。

大豆缺镁，第一对真叶时可出现症状，成株后，中下部叶整个叶片先褪色，以后呈橘黄色或橙红色，但叶脉保持绿色，花纹清晰，脉间叶肉常微凸而使叶片起皱。花生缺镁，老叶边缘失绿，向中脉逐渐扩展，随后叶缘部分呈橘红色。苜蓿缺镁，叶缘出现失绿斑点，而后叶缘及叶尖失绿，最后变为褐红色。三叶草缺镁，首先是老叶脉间失绿，叶缘为绿色，以后叶缘变褐色或红褐色。

棉花缺镁，老叶脉间失绿，网状脉纹清晰，以后出现紫色斑块甚至全叶变红，叶脉保持绿色，呈红叶绿脉状，下部叶片提早脱落。

油菜缺镁，从子叶起出现紫红色斑块，中后期老叶脉间失绿，显示出橙、红、紫等各种色彩的大理石花纹，落叶提早。

马铃薯缺镁，老叶的叶尖、叶缘及脉间褪绿，并向中心扩展，后期下部叶片变脆、增厚，严重时植株矮小，失绿叶片变棕色而坏死、脱落，块根生长受抑制。

烟草缺镁，下部叶的叶尖、叶缘及脉间失绿，茎细弱，叶柄下垂，严重时下部叶趋于白色，少数叶片干枯或产生坏死斑块。甘蔗缺镁，在老叶上首先出现脉间失绿斑点，再变为棕褐色，随后这些斑点再结合为大块锈斑，茎秆细长。

蔬菜作物缺镁，一般为下部叶片出现黄化。莴苣、甜菜、萝卜等缺镁，通常都在脉间出现显著黄斑，并呈不均匀分布，但叶脉组织仍保持绿色。芹菜缺镁，首先在叶缘或叶尖出现黄斑，进一步坏死。番茄缺镁，下位叶脉间出现失绿黄斑，叶缘变为橙、赤、紫等各种色彩，色素和缺绿在叶中呈不均匀分布，果实亦由红色褪成淡橙色，果肉黏性减少。

苹果缺镁，叶片脉间呈现淡绿色斑或灰绿色斑，常扩散到叶缘，并迅速变为黄褐色转暗褐色，随后叶脉间和叶缘坏死，叶片脱落，顶部呈莲座状叶丛，叶片薄而色淡，严重时果实不能正常成熟，果小着色不良，风味差。柑橘缺镁，中下部叶片脉间失绿，呈斑块状黄化，随之转黄红色，提早脱落，结实多的树常重发，即使在同一树上，也因枝梢而异，结实多的症重，结实少的症轻或无症，通常无核、少核品种比多核品种症状轻。梨树缺镁，老叶脉间显出紫褐色至黑褐色的长方形斑块，新梢叶片出现坏死斑点，叶缘仍为绿色，严重时从新梢基部开始，叶片逐步向上脱落。葡萄缺镁，较老叶片脉间先呈黄色，后变红褐色，叶脉绿色，色界极为清晰，最后斑块坏死，叶片脱落。

2. 市场上主要的含镁化肥 目前专门施镁肥的不多，含大量镁的营养载体也不多。石灰材料中的白云质石灰石中含有碳酸镁，钙镁磷肥和钢渣磷肥中也含有效镁，硫酸钾镁和硝酸钾镁中也含镁，硅酸镁、氧化镁和氯化镁也用作镁肥。常用的水溶性镁肥是硫酸镁，其次为硝酸镁，它们都可以作为速效镁肥施用，也可以用来配制叶面喷施溶液。

（七）硼

硼是非植物结构组分元素。1923 年发现它是植物必需元素。植物以硼酸分子被动吸收硼。硼随质流进入根部，在根表自由空间与糖络合，吸收作用很快，是一个扩散过程。硼的运输主要受蒸腾作用的控制，因此很容易在叶尖和叶缘处积累，导致植物毒害。硼在植物体内相对不易移动，再利用率很低。

1. 硼缺乏之症状　硼不易从衰老组织向活跃生长组织移动，最先出现缺硼的是顶芽（停止生长）。缺硼植物受影响最大的是代谢旺盛的细胞和组织，硼不足时根端、茎端生长停止，严重时生长点坏死，侧芽、侧根萌发生长，枝叶丛生；叶片增厚变脆、皱缩歪扭、褪绿萎蔫，叶柄及枝条增粗变短、开裂、木栓化，或出现水渍状斑点或环节状突起；茎基膨大；肉质根内部出现褐色坏死、开裂；花粉畸形，花、蕾易脱落，受精不正常，果实种子不充实。

甘蓝型油菜缺硼时，花而不实，植株颜色淡绿，叶柄下垂不挺，下部叶片边缘首先出现紫红色斑块，叶面粗糙、皱缩、倒卷，枝条生长缓慢，节间缩短，甚至主茎萎缩；茎、根肿大，纵裂，褐色；花簇生，花柄下垂不挺，大多数因不能授粉而脱落，花期延长，已授粉的荚果短小，果皮厚，种子小。

棉花缺硼，叶柄呈浸润状暗绿色环状或带状条纹、顶芽生长缓慢或枯死、腋芽大量发生，在棉株顶端形成莲座效应（大田少见），植株矮化；蕾而不花，蕾铃裂碎，花蕾易脱落；老叶叶片厚，叶脉突起，新叶小，叶色淡绿，皱缩，卷曲，直至霜冻都呈绿色，难落叶。

大豆缺硼，幼苗期症状表现为顶芽下卷，甚至枯萎死亡，腋芽抽发；成株矮缩，叶片脉间失绿，叶尖下弯，老叶粗糙增厚，主根尖端死亡，侧根多而短、僵直，根瘤发育不良，开花不正常，脱落多，荚少，多畸形。三叶草缺硼，植株矮小，茎生长点受抑，叶片丛生，呈簇形，多数叶片小而厚、畸形、皱缩，表面有突起，叶色浓绿，叶尖下卷，叶柄短粗，有的叶片发黄，叶柄和叶脉变红，继而全叶成紫色，叶缘为黄色，形成明显的金边叶；病株现蕾开花少，严重时种子无收。

块根作物与块茎作物缺硼，如甜菜幼叶叶柄短粗弯曲，内部暗黑色，中下部叶出现白色网状皱纹，褶皱逐渐加深而破裂，老叶叶脉变黄、变脆，最后全叶黄化死亡，有时叶柄上出现横向裂纹，叶片上出现黏状物，根颈部干燥萎蔫，继而变褐腐烂，向内扩展成中空，称为腐心病。甘薯缺硼，藤蔓顶端生长受阻，节间短，常扭曲，幼叶中脉两侧不对称，叶柄短粗扭曲，老叶黄化，提早脱落，薯块畸形不整齐，表面粗糙，质地坚硬，严重时表面出现瘤状物及黑色凝固的渗出液，薯块内部形成层坏死。马铃薯缺硼，生长点及分枝死亡，节间短，侧芽丛生，老叶粗糙增厚，叶缘卷曲，叶片提早脱落，块茎小而畸形，有的表皮溃烂，内部出现褐色或组织坏死。

果树中多数对缺硼敏感。柑橘表现叶片黄化、枯梢，称为黄叶枯梢病，开始时顶端叶片黄化，从叶尖向叶基延展以后变褐枯萎，逐渐脱落，形成秃枝并枯梢，老叶变厚、变脆，叶脉变粗，木栓化，表皮爆裂，树势衰弱，坐果稀少，果实内汁囊萎缩发育不良，渣多汁少，果实中心常出现棕褐色胶斑，严重时果肉几乎消失，果皮增厚、显著皱缩，形小坚硬如石，称为石果病。苹果表现为新梢顶端受损，甚至枯死，导致细弱侧枝多量发生，叶变厚，叶柄短粗变脆，叶脉扭曲，落叶严重，并出现枯梢，幼果表面出现水渍状褐斑，随后木栓化，干缩硬化，表皮凹陷不平、龟裂，称为缩果病，病果常于成熟前脱落，或以干缩果挂于树上，果实内部出现褐色木栓化，或呈海绵状空洞化，病变部分果肉带苦味。葡萄缺镁，初期表现为花序附近叶片出现不规则淡黄色斑点，逐渐扩展，直至脱落，新梢细弱，伸长不良，节间短，随后先端枯死，开花结果时症状最明显，特点是红褐色的花冠常不脱落，坐果少或不坐果，果串中有多量未受精的无核小粒果。

需硼量高的作物有苹果、葡萄、柑橘、芦笋、硬花球花椰菜、抱子甘蓝、卷心菜、芹菜、花椰菜、三叶草、芜菁、甘蓝、大白菜、羽衣甘蓝、萝卜、马铃薯、油菜、芝麻、红甜菜、菠菜、向日葵、豆类及豆科绿肥作物等。

2. 硼过量之症状　硼过量会阻碍植物生长，大多数作物易受硼过量危害。施用过量硼肥会造成毒害，因为溶液中硼浓度从短缺到致毒之间跨度很窄。高浓度硼积累的部位出现失绿、焦枯坏死症状。叶缘最易积累，所以硼中毒最常见的症状之一是作物叶缘出现规则黄边，称为金边菜。老叶中硼积累比新叶多，症状更重。

3. 市场上主要的含硼化肥　应用最广泛的硼肥是硼砂（$Na_2B_7 \cdot 10H_2O$）和硼酸，这两种肥料水溶性都很好。缺硼土壤上一般采用基施，也有浸种或拌种作种肥使用的，必要时还可以喷施。

（八）铁

1844 年发现铁是必需元素。它是微量元素中被植物吸收最多的一种。铁是植物结构组分元素。植物根系主要吸收二价铁离子（亚铁离子），也吸收螯合态铁。植物为了提高对铁的吸收和利用，当螯合态铁补充到根系时，在根表面螯合物中的三价铁先被还原使之与有机配位体分离，分离出来的二价铁被植物吸收。

1. 铁缺乏之症状　铁离子在植物体中是最为固定的元素之一，通常呈高分子化合物存在，流动性很小，老叶片中的铁不能向新生组织转移，因此缺铁首先出现在植物幼叶上。缺铁植物叶片失绿黄白化，心叶常白化，称为失绿症。初期脉间褪色而叶脉仍绿，叶脉颜色深于叶肉，色界清晰，严重时叶片变黄，甚至变白。双子叶植物形成网纹花叶，单子叶植物形成黄绿相间条纹花叶。

果树等木本树种容易缺铁。新梢叶片失绿黄白化，称为黄叶病，失绿程度依次由下向上加重，夏、秋梢发病多于春梢，病叶多呈清晰的网目状花叶，又称黄化花叶病。通常不发生褐斑、穿孔、皱缩等。严重黄白化的，叶缘亦可烧灼、干枯、提早脱落，形成枯梢或秃枝。如果这种情况几经反复，可以导致整株衰亡。

花卉观赏作物也容易缺铁，网状花纹清晰，色泽清丽，可增添几分观赏价值。一品红缺铁，植株矮小，枝条丛生，顶部叶片黄化或变白。月季缺铁，顶部幼叶黄白化，严重时生长点及幼叶枯焦。菊花严重缺铁失绿时，上部叶片多成棕色，植株可能部分死亡。

豆科作物如大豆最易缺铁，因为铁是豆血红蛋白和固氮酶的成分。缺铁使根瘤菌的固氮作用减弱，植株生长矮小。缺铁时上部叶片脉间黄化，叶脉仍保持绿色，并有轻度卷曲，严重时全部新叶失绿呈黄白色，极端缺乏时，叶缘附近出现许多褐色斑点，进而坏死。

禾谷类作物如水稻、麦类及玉米等缺铁，叶片脉间失绿，呈条纹花叶，症状越近心叶越重，严重时心叶不出，植株生长不良，矮缩，生育延迟，有的甚至不能抽穗。

果菜类及叶菜类蔬菜缺铁，顶芽及新叶黄白化，仅沿叶脉残留绿色，叶片变薄，一般无褐变、坏死现象。番茄缺铁，叶片基部还出现灰黄色斑点。

木本植物比草本植物对缺铁敏感。果树经济林木中的柑橘、苹果、桃、李、乌桕、桑，行道树种中的樟树、枫杨、悬铃木、湿地松，大田作物中的玉米、花生、甜菜，蔬菜作物中的花椰菜、甘蓝、空心菜（蕹菜），观赏植物中的绣球、栀子花、蔷薇等，都是对缺铁敏感或比较敏感的。其他敏感型作物有浆果类、柑橘属、蚕豆、亚麻、饲用高粱、梨树、杏、山核桃、粒用高粱、薄荷、大豆、苏丹草、马铃薯、菠菜、番茄、黄瓜、胡桃等。耐受型作物有水稻、小麦、大麦、谷子、苜蓿、棉花、紫花豌豆、饲用豆科、牧草、燕麦、鸭茅、糖用甜菜等。

在实际诊断中，根据外部症状判别作物缺铁时，由于铁、锰、锌三者容易混淆，需注意鉴别。缺铁和缺锰：缺铁褪绿程度通常较重，黄绿间色界常明显，一般不出现褐斑，而缺锰褪绿程度较轻，且常发生褐斑或褐色条纹。缺铁和缺锌：缺锌一般出现黄斑叶，而缺铁通常全叶黄白化而呈清晰网状花纹。

2. 铁过量之症状　实际生产中铁中毒不多见。在 pH 低的酸性土壤和强还原性的嫌气条件土壤即水稻土中，三价铁离子被还原为二价铁离子，土壤中亚铁过多会使作物发生铁中毒。我国南方酸性渍水稻田常出现亚铁中毒。如果此时土壤供钾不足，植株含钾量低，根系氧化力下降，则对二价铁离子的氧化能力削弱，二价铁离子容易进入根系积累而致害。因此铁中毒常与缺钾及其他还原性物质的危害有关，单纯的铁中毒很少。水稻铁中毒，地上部生长受阻，下部老叶叶尖、叶缘脉间出现褐斑，叶色深暗，根部呈灰黑色，易腐烂等。宜对铁中毒的田块施石灰或磷肥、钾肥。旱作土壤一般不发生铁中毒。

3. 市场上主要的含铁化肥　最常用的铁肥是硫酸亚铁，俗称绿矾。尽管它的溶解性很好，但施入土壤后立即被固定，所以一般不土壤施用，而采用叶面喷施，从叶片气孔进入植株以避免被土壤固定，对果树也采用根部注射法。螯合铁肥既可土壤施用，又可叶面喷施。

（九）铜

1932 年发现铜是植物必需元素，它是植物结构组分元素。植物根系主要吸收二价铜离子，土壤中二价铜离子浓度很低，二价铜离子与各种配位体（氨基酸、酚类以及其他有机阴离子）有很强的亲和力，形成的螯合态铜也可被植物吸收，在木质部和韧皮部也以螯合态转运。作物吸收的铜量很少，这容易导致草食动物的铜营养不良。铜能强烈抑制植物对锌的吸收，反之亦然。

1. 铜缺乏之症状　植物缺铜一般表现为顶端枯萎，节间缩短，叶尖发白，叶片变窄变薄、扭曲，繁殖器官发育受阻，裂果。不同作物往往出现不同症状。麦类作物缺铜，病株上位叶黄化，剑叶尤为明显，前端黄白化，质薄，扭曲披垂，坏死，不能展开，称为顶端黄化病。老叶在叶舌处弯折，叶尖枯萎，呈螺旋或纸捻状卷曲枯死。叶鞘下部出现灰白色斑点，易感染霉菌性病害，称为白瘟病。轻度缺铜时抽穗前症状不明显，抽穗后因花器官发育不全，花粉败育，导致穗而不实，又称直穗病。至黄熟期病株保持绿色不褪，田间景观常黄绿斑驳。严重时穗发育不全、畸形，芒退化，并出现发育程度不同的大小不一的麦穗，有的甚至不能伸出叶鞘而枯萎死亡。

草本植物的“开垦病”，又称“垦荒症”，最早在新开垦地上发现，病株先端发黄或变褐，逐渐凋萎，穗部变形，结实率低。

柑橘、苹果和桃等果树缺铜时出现枝枯病或夏季顶枯病。叶片失绿畸形，嫩枝弯曲，树皮上出现胶状水疱状褐色或赤褐色皮疹，逐渐向上蔓延，并在树皮上形成一道道纵沟，且相互交错重叠。雨季时流出黄色或红色的胶状物质。幼叶变成褐色或白色，严重时叶片脱落、枝条枯死。有时果实的皮部也流出胶样物质，形成不规则的褐色斑疹，果实小，易开裂，易脱落。

豆科作物缺铜，新生叶失绿、卷曲，老叶枯萎，易出现坏死斑点，但不失绿。蚕豆缺铜的形态特征是花由正常的鲜艳红褐色变为暗淡的漂白色。

甜菜、蔬菜中的叶菜类缺铜，也易发生顶端黄化病。

物种之间对缺铜的敏感性差异很大，敏感作物主要有小麦、玉米、菠菜、洋葱、莴苣、番茄、苜蓿和烟草，其次为白菜、甜菜以及柑橘、苹果和桃等。其中小麦、燕麦是良好的缺铜指示作物。其他对铜反应强烈的作物有大麻、亚麻、水稻、胡萝卜、莴苣、菠菜、苏丹草、李、杏、梨和洋葱。缺铜耐受型的作物有菜豆、豌豆、马铃薯、芦笋、黑麦、禾本科牧草、百脉根、大豆、羽扇豆、油菜和松树。黑麦对缺铜土壤有独特的耐受性，在不施铜的情况下，小麦完全绝产，而黑麦却生长健壮。小粒谷物对缺铜的敏感性顺序通常为：小麦＞大麦＞燕麦＞黑麦。在新开垦的酸性有机土上种植的植物最先出现的营养性疾病常是缺铜症。许多地区有机土的底土层存在对铜的有效性产生不利影响的泥灰岩、磷酸石灰石或其他石灰性物质等沉积物，致使缺铜现象十分复杂。其余情况下土壤缺铜不普遍。在实际诊断中，根据作物外部症状进行判断，新垦泥炭土地区的禾谷类作物的开垦病和麦类作物的顶端黄化病以及果树的枝枯病均容易被识别。

2. 铜过量之中毒症状　铜中毒症状是新叶失绿、老叶坏死，叶柄和叶的背面出现紫红色。新根生长受抑制，伸长受阻而畸形，侧根量减少，严重时根尖枯死。铜中毒与缺铁症状相似，由于铜能氧化二价铁离子使其变成三价铁离子，会阻碍植物对二价铁离子的吸收和铁在植物体内的转运，导致缺铁而出现叶片黄化。不同作物铜中毒表现不同。如水稻插秧后不易成活，即使成活根也不易下扎，白根露出地表，叶片变黄，生长停滞；麦类作物根系变褐，盘曲不展，生长停滞，常发生萎缩症状，叶片前端扭曲、黄化；豌豆幼苗长至10～20厘米即停止生长，根粗短，无根瘤，根尖呈褐色枯死；萝卜主根生长不良，侧根增多，肉质根呈粗短的榔头形；柑橘叶片失绿，生长受阻，根系短粗，色深。铜毒害现象一般不常见。反复使用含铜杀虫剂（如波尔多液）后可能出现铜过量。

3. 市场上主要的含铜化肥　最常用的铜肥是蓝矾（$CuSO_4 \cdot 5H_2O$），即五水硫酸铜，其水溶性很好。一般用来叶面喷施。螯合铜肥可以土壤施用和叶面喷施。

（十）锌

1926年发现锌是必需元素。它是植物结构组分元素。植物主动吸收锌离子，因此早春低温对锌的吸收会有一定的影响。锌主要以锌离子形态从根部向地上部运输。锌容易积累在根系中，虽然从老叶向新叶转移锌的速度比铁、锰、铜等元素稍快一些，但还是很慢。

1. 锌缺乏之症状　锌在植物中不能迁移，因此缺锌症状首先出现在幼嫩叶片上和其他幼嫩植物器官上。许多作物共有的缺锌症状主要是植物叶片褪绿黄白化，叶片失绿，脉间变黄，出现黄斑花叶，叶形显著变小，常发生小叶丛生，称为小叶病、簇叶病等，生长缓慢、叶小、茎节间缩短，甚至节间生长完全停止。缺锌症状因物种和缺锌程度不同而有所差异。

果树缺锌的特异症状是小叶病，以苹果为典型。其特点是新梢生长失常，极度短缩，形态畸变，腋芽萌生，形成大量细瘦小枝，梢端附近轮生小而硬的花斑叶，密生成簇，故又名簇叶病，簇生程度与树体缺锌程度呈正相关。轻度缺锌，新梢仍能伸长，入夏后可能部分恢复正常，严重时，后期落叶，新梢由上而下枯死。如锌营养未能改善，则翌年再度发生。柑橘类缺锌症状出现在新梢上、叶片中部，叶缘和叶脉保持绿色，脉间出现黄斑，健康部浓绿色，反差强，形成鲜明的黄斑叶，又称绿肋黄化病。严重时新叶小，前端尖，有时也出现丛生状的小叶，果小皮厚，果肉木质化，汁少，淡而乏味。桃树缺锌，新叶变窄褪绿，逐渐形成斑叶，并发生不同度皱叶，枝梢短，近顶部节间呈莲座状簇生叶，提前脱落，果实多畸形，很少有实用价值。

玉米缺锌，苗期出现白芽症，又称白苗、花白苗，成长后呈花叶条纹病、白条干叶病。3～5 叶期开始出现症状，幼叶呈淡黄色至白色，特别从基部到 2/3 处更明显。轻度缺锌，气温升高时症状可以渐消退。植株拔节后如继续缺锌，在叶片中肋和叶缘之间出现黄白色失绿条斑，形成宽而白化的斑块或条带，叶肉消失，呈半透明状，似白绸或塑膜状，风吹易撕裂。老叶后期病部及叶鞘常出现紫红色或紫褐色，病株节间缩短，株型稍矮化，根系变黑，抽雄吐丝延迟，甚至不能吐丝抽穗，或者抽穗后果穗发育不良，形成缺粒不满尖的稀籽玉米棒。燕麦缺锌也发生白苗病，一般是幼叶失绿发白，下部叶片脉间黄化。

水稻缺锌引起的形态症状名称很多，大多称红苗病，又称火烧苗。出现时间一般在插秧后 2～4 周，直播稻在立针后 10 天内。一般症状表现是新叶中脉及其两侧特别是叶片基部首先褪绿、黄化，有的连叶鞘脊部也黄化，以后逐渐转化为棕红色条斑，有的出现大量紫色小斑，遍布全叶，植株通常有不同程度的矮缩，严重时叶枕距平位或错位，老叶叶鞘甚至高于新叶叶鞘，称为倒缩苗或缩苗。如发生时期较早，幼叶发病时由于基部褪绿，内容物少，不充实，使叶片展开不完全，出现前端展开而中后部折合，出叶角度增大的特殊形态。如症状持续到成熟期，植株极度矮化、色深，叶小而短似竹叶，叶鞘比叶片长，拔节困难，分蘖松散呈草丛状，成熟延迟，虽能抽出纤细稻穗，大多不实。

小麦缺锌，节间短，抽穗扬花迟而不齐，叶片沿主脉两侧出现白绿条斑或条带。

棉花缺锌，从第一片真叶开始出现症状，叶片脉间失绿，边缘向上卷曲，茎伸长受抑，节间缩短，植株呈丛生状，生育推迟。

烟草缺锌，下部叶片的叶尖及叶缘出现水渍状失绿坏死斑点，有时叶缘周围形成一圈淡色的晕轮，叶小而厚，节间短。

马铃薯缺锌，生长受抑，节间短，株型矮缩，顶端叶片直立，叶小，叶面上出现灰色至古铜色的不规则斑点，叶缘上卷。严重时叶柄及茎上均出现褐点或斑块。

豆科作物缺锌，生长缓慢，下部叶脉间变黄，并出现褐色斑点，逐渐扩大并连成坏死斑块，继而坏死组织脱落。大豆缺锌的特征是叶片呈柠檬黄色，蚕豆则出现白苗，成长后上部叶片变黄、叶形变小。

叶菜类蔬菜缺锌，新叶出生异常，有不规则的失绿，呈黄色斑点。番茄、青椒等果菜类缺锌，小叶呈丛生状，新叶发生黄斑，黄斑渐向全叶扩展，还易感染病毒病。

果树中的苹果、柑橘、桃和柠檬，大田作物中的玉米、水稻以及菜豆、亚麻和啤酒花对锌敏感；其次是马铃薯、番茄、洋葱、甜菜、苜蓿和三叶草；不敏感作物是燕麦、大麦、小麦和禾本科牧草等。

2. 锌过量中毒之症状　一般锌中毒症状是植株幼嫩部分或顶端失绿，呈淡绿色或灰白色，进而在茎、叶柄、叶的下表面出现红紫色或红褐色斑点，根伸长受阻。水稻锌中毒，幼苗长势不良，叶片黄绿色并逐渐萎蔫，分蘖少，植株低矮，根系短而稀疏。小麦锌中毒，叶尖出现褐色条斑，生长迟缓。豆类中的大豆、蚕豆、菜豆对过量锌敏感，大豆首先在叶片中肋出现赤褐色色素，随后叶片向外侧卷缩，严重时枯死。

3. 市场上主要的含锌化肥　最常用的锌肥是七水硫酸锌（$ZnSO_4 \cdot 7H_2O$），易溶于水，但吸湿性很强，氯化锌（$ZnCl_2$）也溶于水，有吸湿性。氧化锌（ZnO）不溶于水。它们可作基肥、种肥，可溶性锌肥也可作叶面喷肥。

（十一）锰

1922年发现锰是植物必需元素。它是植物结构组分元素。植物根系主要吸收二价锰离子，锰的吸收受代谢作用控制。与其他二价阳离子一样，锰也参加阳离子竞争。土壤pH和氧化还原电位影响锰的吸收。植物体内锰的移动性很低，因为韧皮部汁液中锰的浓度很低。大多数重金属元素都是如此。锰的转运主要是以二价锰离子形态而不是有机络合态。锰优先转运到分生组织，因此植物幼嫩器官通常富含锰。植物吸收的锰大部分积累在叶子中。

1. 锰缺乏之症状 锰为较不活动元素。缺锰植物首先表现在新生叶片叶脉间绿色褪淡发黄，叶脉仍保持绿色，脉纹较清晰，严重缺锰时有灰白色或褐色斑点出现，但程度通常较浅，黄、绿色界不够清晰，常有对光观察才比较明显的现象。严重时病斑枯死，称为黄斑病或灰斑病，并可能穿孔。有时叶片发皱、卷曲甚至凋萎。不同作物表现症状有差异。

禾本科作物中，燕麦缺锰症的特点是新叶叶脉间呈条纹状黄化，并出现淡灰绿色或灰黄色斑点，称为灰斑病，严重时叶身全部黄化，病斑呈灰白色坏死，叶片螺旋状扭曲，破裂或折断下垂。大麦、小麦缺锰早期叶片出现灰白色浸润状斑点，新叶脉间褪绿黄化，叶脉绿色，随后黄化部分逐渐变褐坏死，形成与叶脉平行的长短不一的短线状褐色斑点，叶片变薄变阔，柔软萎垂，称为褐线萎黄症。其中大麦症状更为典型，有的品种有节部变粗现象。

棉花、油菜缺锰，幼叶首先失绿，叶脉间呈灰黄色或灰红色，显示网状脉纹，有时叶片还出现淡紫色及淡棕色斑点。

豆类作物如菜豆、蚕豆及豌豆缺锰称为湿斑病，其特点是未发芽种子上出现褐色病斑，出苗后子叶中心组织变褐，有的在幼茎和幼根上也有出现。

甜菜缺锰，生育初期表现叶片直立，呈三角形，脉间呈斑块黄化，称为黄斑病，继而黄褐色斑点坏死，逐渐合并延及全叶，叶缘上卷，严重坏死部分脱落穿孔。

番茄缺锰，叶片脉间失绿，距主脉较远部分先发黄，随后叶片出现花斑，进一步全叶黄化，有时在黄斑出现前，先出现褐色小斑点，严重时生长受阻，不开花结实。

马铃薯缺锰，叶脉间失绿后呈浅绿色或黄色，严重时脉间几乎全为白色，并沿叶脉出现许多棕色小斑，最后小斑枯死、脱落，使叶面残缺不全。

柑橘类缺锰，幼叶淡绿色并呈现细小网纹，随叶片老化而网纹变为深绿色，脉间浅绿色，在主脉和侧脉附近出现不规则的深色条带，严重时叶脉间呈现许多不透明的白色斑点，使叶片呈灰白色或灰色，继而部分病斑枯死，细小枝条可能死亡。苹果缺锰，叶脉间失绿呈浅绿色，杂有斑点，从叶缘向中脉发展，严重时脉间变褐并坏死，叶片全部为黄色。其他果树缺锰，也出现类似症状，但由于果树种类或品种不同，有些果树的症状并不限于新梢、幼叶，也可出现在中上部老叶上。

燕麦、小麦、豌豆、大豆被认为是锰的指示作物。根据作物外部缺锰症状进行诊断时，需注意与其他容易混淆症状的区别。缺锰与缺镁：缺锰失绿首先出现在新叶上，缺镁则首先出现在老叶上。缺锰与缺锌：缺锰叶脉黄化部分与绿色部分的色差没有缺锌明显。缺锰与缺铁：缺铁褪绿程度通常较深，黄绿间色界常明显，一般不出现褐斑，而缺锰褪绿程度较浅，且常发生褐斑或褐色条纹。

2. 锰过量之症状　锰会阻碍作物对钼和铁的吸收，往往使植物出现缺钼症状。锰中毒会诱发双子叶植物如棉花、菜豆等缺钙（皱叶病），根一般表现为颜色变褐、根尖损伤、新根少；叶片出现褐色斑点，叶缘白化或变成紫色，幼叶卷曲等。不同作物锰过量症状表现不同。水稻锰中毒时植株叶色褪淡黄化，下部叶片、叶鞘出现褐色斑点。棉花锰中毒时出现萎缩叶。马铃薯锰中毒时在茎部产生线条状坏死。茶树锰中毒时叶脉呈绿色，叶肉出现网斑。柑橘锰过量时出现异常落叶症，大量落叶，落下的叶片上通常有小型褐色斑和浓赤褐色较大斑，称为巧克力斑，初出现呈油渍状，以后鼓出于叶面，以叶尖、叶边缘分布多，落叶在果实收获前就开始，老叶不落，病树从春到秋发叶数减少，叶形变小。此外树势变弱，树龄短的幼树生长停滞。

3. 市场上主要的含锰化肥 目前常用的锰肥主要是硫酸锰（$MnSO_4 \cdot 3H_2O$），易溶于水，速效，使用最广泛，适于喷施、浸种和拌种。其次为氯化锰（$MnCl_2$）、氧化锰（MnO）和碳酸锰（$MnCO_3$）等，它们溶解性较差，可以作基肥施用。

（十二）钼

钼是植物结构组分元素。1939 年发现钼是植物必需元素。钼主要以钼酸根阴离子形态被植物吸收。一般植株干物质中的钼含量是 1×10^{-6}。由于钼的螯合形态，植物相对过量吸收后无明显毒害。土壤溶液中钼浓度较高时（大于 4×10^{-9} 以上），钼通过质流转运到植物根系，钼浓度低时则以扩散为主。在根系吸收过程中，硫酸根和钼酸根是竞争性阴离子，而磷酸根却能促进钼的吸收，这种促进作用可能产生于土壤中，因为土壤中水合氧化铁对阴离子的固定，磷和钼也处于竞争地位。根系对钼酸盐的吸收速率与代谢活动密切相关。钼以无机阴离子和有机钼-硫氨基酸络合物形态在植物体内移动。韧皮部中大部分钼存在于薄壁细胞中，因此钼在植物体内的移动性并不大。大量钼积累在根部和豆科作物根瘤中。

1. 钼缺乏之症状 植物缺钼症有两种类型，一种是叶片脉间失绿，甚至变黄，易出现斑点，新叶出现症状较迟。另一种是叶片瘦长畸形、叶片变厚，甚至焦枯。一般表现叶片出现黄色或橙黄色大小不一的斑点，叶缘向上卷曲呈杯状，叶肉脱落残缺或发育不全。不同作物的症状有差别。缺钼与缺氮相似，但缺钼叶片易出现斑点，边缘发生焦枯，并向内卷曲，组织失水而萎蔫。一般症状先在老叶上出现。

十字花科作物如花椰菜缺钼，出现特异症状为鞭尾症，先是叶脉间出现水渍状斑点，继而黄化坏死，破裂穿孔，孔洞继续扩大连片，叶子几乎丧失叶肉而仅在中肋两侧留有叶肉残片，使叶片呈鞭状或犬尾状。萝卜缺钼时也表现叶肉退化，叶裂变小，叶缘上翘，呈鞭尾趋势。

柑橘缺钼呈典型的黄斑症，叶片脉间失绿变黄，或出现橘黄色斑点，严重时叶缘卷曲，萎蔫而枯死。首先从老叶或茎的中部叶片开始，渐及幼叶及生长点，最后可导致整株死亡。

豆科作物缺钼，叶片褪绿，出现许多灰褐色小斑并散布全叶，叶片变厚、发皱，有的叶片边缘向上卷曲呈杯状，大豆常见。

禾本科作物仅在严重缺钼时才表现叶片失绿，叶尖和叶缘呈灰色，开花成熟延迟，籽粒皱缩，颖壳生长不正常。

番茄缺钼，在第一、二真叶时叶片发黄、卷曲，随后新出叶片出现花斑，缺绿部分向上拱起，小叶上卷，最后小叶叶尖及叶缘均皱缩死亡。叶菜类蔬菜缺钼，叶片脉间出现黄色斑点，逐渐向全叶扩展，叶缘呈水渍状，老叶深绿色至蓝绿色，严重时也显示鞭尾病症状。

对钼敏感作物主要是十字花科作物如花椰菜、萝卜等，其次是柑橘以及蔬菜作物中的叶菜类和黄瓜、番茄等。豆科作物、十字花科作物、柑橘类及蔬菜类作物易缺钼。需钼较多的作物有甜菜、棉花、胡萝卜、油菜、大豆、花椰菜、甘蓝、花生、紫云英、绿豆、菠菜、莴苣、番茄、马铃薯、甘薯、柠檬等。根据作物症状表现进行判断，典型的症状如花椰菜的鞭尾病、柑橘的黄斑病容易确诊。

2. 钼中毒之症状　钼中毒不易显现症状。茄科植物较敏感，症状表现为叶片失绿。番茄和马铃薯钼中毒，小枝呈红黄色或金黄色。豆科作物对钼的吸收积累量比非豆科作物大得多。牲畜对钼十分敏感，长期取食食草动物会发生钼毒症，由饮食中钼和铜的不平衡引起。牛钼中毒出现腹泻、消瘦、毛褪色、皮肤发红和不育，严重时死亡。可口服铜、体内注射甘氨酸铜或对土壤施用硫酸铜来克服。采用施硫和锰及改善排水状况也能减轻钼毒害。

3. 土壤中的钼　钼是化学元素周期表第五周期中唯一植物所需的元素。钼在地壳和土壤中含量极少，在岩石圈中钼的平均含量约为 2×10^{-6}，一般植株干物质中的钼含量是 1×10^{-6}。钼在土壤中的主要形态包括：一是处于原生和次生矿物的非交换位置；二是作为交换态阳离子处于铁铝氧化物上；三是存在于土壤溶液中的水溶态钼和有机束缚态钼。土壤 pH 影响钼的有效性和移动性。与其他微量元素不同，钼对植物的有效性随土壤酸度的降低（土壤 pH

升高）而增加。土壤 pH 的升高使有效性钼大大增多。由此不难理解，施用石灰纠正土壤酸度可改善植物的钼营养，这正是大多数情况下纠正和防止缺钼的措施。而施用含铵盐的生理酸性肥料，如硫酸铵、硝酸铵等，则会降低植物吸钼。土壤含水量低会削弱钼经质流和扩散由土壤向根表面运移，增加缺钼的可能性。土壤温度高有利于增大钼的可溶性。钼可被强烈地吸附在铁、铝氧化物上，其中一部分吸附态钼变得对植物无效，其余部分与土壤溶液中的钼保持平衡。当钼被根系吸收后，一些钼解吸进入土壤溶液中。正因这种吸附反应，在含铁量高，尤其是黏粒表面上的非晶形铁高时，土壤有效钼往往很低。磷能促进植物吸收和转移钼。而硫酸盐（SO_4^{2-}）降低植物吸钼。铜和锰都对钼的吸收有拮抗作用。而镁的作用相反，它能促进钼的吸收。硝态氮明显促进植物吸钼，而铵态氮对钼的吸收起相反作用。

4. 市场上主要的含钼化肥 最常用的钼肥是钼酸铵［$(NH_4)_6Mo_7O_{24}\cdot 4H_2O$］，易溶于水，可用作基肥、种肥和追肥，喷施效果也很好。有时也使用钼酸钠，也是可溶性肥料。三氧化钼为难溶性肥料，一般不太使用。

（十三）氯

1954 年发现氯是植物必需元素。到目前为止，人们对氯营养的研究还很不够，因为氯在自然界中广泛存在并且容易被植物吸收，所以大田中很少出现缺氯现象，有人认为，植物需氯几乎与需硫一样多。其实一般植物含氯 100～1 000 毫克/千克即可满足正常生长需要，在微量元素范围，但大多数植物中含氯高达 2 000～20 000 毫克/千克，已达中、大量元素水平，可能是因为氯的吸收跨度较宽。人们普遍担心的是氯过量会影响农产品的产量和品质。土壤中的氯主要以质流形式向根系供应。氯以氯离子形态通过根系被植物吸收，地上部叶片也可以从空气中吸收氯。植物中积累的正常氯浓度一般为 0.2%～2.0%。

1. 氯缺乏之症状 植物缺氯时根细短，侧根少，尖端凋萎，叶片失绿，叶面积减少，严重时组织坏死，由局部遍及全叶，不能正常结实。幼叶失绿和全株萎蔫是缺氯的两个最常见症状。

番茄缺氯表现为下部叶的小叶尖端首先萎蔫，明显变窄，生长受阻。继续缺氯，萎蔫部分坏死，小叶不能恢复正常，有时叶片出现青铜色，细胞质凝结，并充满细胞间隙。根短缩变粗，侧根生长受抑。及时加氯可使受损的基部叶片恢复正常。莴苣、甘蓝和苜蓿缺氯，叶片萎蔫，侧根粗短呈棒状，幼叶叶缘上卷呈杯状，失绿，尖端进一步坏死。

棉花缺氯，叶片凋萎，叶色暗绿，严重时叶缘干枯、卷曲，幼叶发病比老叶重。

甜菜缺氯，叶片生长缓慢，叶面积变小，脉间失绿，开始时与缺锰症状相似。甘蔗缺氯，根长较短，侧根较多。

大麦缺氯，叶片呈卷筒形，与缺铜症状相似。玉米缺氯，易感染茎腐病，病株易倒伏，影响产量和品质。

大豆缺氯，易患猝死病。三叶草缺氯，首先最幼龄小叶卷曲，继而刚展开的小叶皱缩，老龄小叶出现局部棕色坏死，叶柄脱落，生长停止。

由于氯的来源广，大气、雨水中的氯远超过作物每年的需要量，即使在实验室的水培条件下因空气污染也很难诱发缺氯症状。因此，大田生产条件下不易发生缺氯症。椰子、油棕、洋葱、甜菜、菠菜、甘蓝、芹菜等是喜氯作物。氯化钠或海水可使椰子产量提高。

2. 氯中毒之症状　从农业生产实际看，氯过量比缺氯更令人担心。氯过量主要表现是生长缓慢，植株矮小，叶片少，叶面积小，叶色发黄，严重时叶尖呈烧灼状，叶缘焦枯并向上卷筒，老叶死亡，根尖死亡。另外氯过量时种子吸水困难，发芽率降低。氯过量主要的影响是增加土壤水的渗透压，因而降低水对植物的有效性。另外一些木本植物，包括大多数果树及浆果类、蔓生植物和观赏植物对氯特别敏感，当氯离子含量达到干重的 0.5 %时，植物会出现叶烧病症状，烟草、马铃薯和番茄叶片变厚且开始卷曲，对马铃薯块茎的贮藏品质和烟草熏制品质都有不良影响。氯过量对桃、鳄梨和一些豆科植物作物也有害。作物氯害的一般表现是生长停滞，叶片黄化，叶缘似烧伤，早熟性发黄及叶片脱落。作物种类不同，氯中毒症状有差异。小麦、大麦、玉米等叶片无异常特征，但分蘖受抑。水稻氯中毒时，叶片黄化并枯萎，但与缺氮叶片均匀发黄不同，开始时叶尖黄化而叶片其余部分仍保持深绿色。柑橘氯中毒典型症状为叶片呈青铜色，易发生异常落叶，叶片无外表症状，叶柄不脱落。葡萄氯中毒时，叶片严重烧边。油菜、小白菜氯中毒时，于三叶期后出现症状，叶片变小、变形，脉间失绿，叶尖、叶缘先后枯焦，并向内弯曲。甘蔗氯中毒时，根长较短，无侧根。马铃薯氯中毒时，主茎萎缩、变粗，叶片褪淡黄化，叶缘卷曲有焦枯，影响马铃薯产量及淀粉含量。甘薯氯中毒时，叶片黄化，叶面上有褐斑。茶树氯中毒时，叶片黄化、脱落。烟草氯中毒时，主要不在产量而在品质方面，氯过量使烟叶糖氮比升高，影响烟丝的吸味和燃烧性。

氯对所有作物都是必需的，但不同作物耐受氯的能力差别很大。耐氯强的有：甜菜、水稻、谷子、高粱、小麦、大麦、玉米、黑麦草、茄子、豌豆、菊花等。耐氯中等的有：棉花、大豆、蚕豆、油菜、番茄、柑橘、葡萄、茶、苎麻、葱、萝卜等。不耐氯的有：莴苣、紫云英、四季豆、马铃薯、甘薯、烟草等。

3. 土壤中的氯 氯是植物必需养分中唯一的第七主族元素，又称卤族元素，为唯一的气体非金属微量元素。一般认为，土壤中大部分氯来自包裹在土壤母质中的盐类、海洋气溶胶或火山喷发物。几乎土壤中所有的氯都曾一度存在于海洋中。土壤中大多数氯通常以氯化钠、氯化钙、氯化镁等可溶性盐类形式存在。人为活动带入土壤的氯也是一个不小的来源。氯经施肥、植物保护药剂和灌溉水进入土壤。大多数情况下，氯是伴随其他养分元素进入土壤的，包括氯化铵、氯化钾、氯化镁、氯化钙等。此外，人类活动使局部地区环境恶化，氯离子含量过高，如用食盐水去除路面结冰、用氯化物软化用水、提取石油和天然气时盐水的外溢、处理牧场废物和工业盐水等各种污染。除极酸性土壤外，氯离子在大多数土壤中移动性很大，所以能在土壤系统中迅速循环。氯离子在土壤中迁移和积累的数量和规模极易受水循环的影响。在土壤内排水受限制的地方将积累氯。氯化物又能从土壤表面以下几米深处的地下水中通过毛细管作用运移到根区，在地表或近地表处积累起来。如果灌溉水中含大量氯离子，或没有足够的水淋洗积累在根区的氯离子，或地下水位高，排水条件不理想，致使氯离子通过毛细管移入根区时，土壤中可能出现氯过量。

4. 市场上主要的含氯化肥　海潮、海风、降水可以带来足够的氯，只有远离海边的地方和淋溶严重的地区才可能缺氯。人类活动产生的含氯“三废”可能给局部地区带来过量的氯，造成污染。专门施用氯肥的情况很少见。大多数情况下，氯是伴随其他养分元素进入土壤的，包括氯化铵、氯化钾、氯化镁、氯化钙等。我国广东、广西、福建、浙江、湖南等省份曾有施用农盐的习惯，主要用于水稻，有时也用于小麦、大豆和蔬菜。农盐中除含大量氯化钠外，还有相当数量镁、钾、硫和少量硼。氯化钠可使水稻、甜菜增产、亚麻品质改善。这除了氯的作用外，还有钠的营养作用。

第三节　增施有机肥料

我国有机肥资源很丰富，但利用率很低，目前有机肥资源实际利用率不足40%。其中，畜禽粪便养分还田率为50%左右，秸秆养分直接还田率为35%左右。增施有机肥料是替代化肥的一个重要途径，也是解决农业面源污染的双面有效办法。

一、有机肥概述

（一）有机肥的概念

机肥肥料是指有大量有机物质的肥料。这类肥料在农村可就地取材，就地积制，对循环农业的发展起着很大的作用。

（二）有机肥的特点

有机肥料种类多、来源广、数量大、成本低、肥效长，有以下几个特点：

（1）养分全面。它不但含有作物生育所必需的大量、中量和微量营养元素，而且还含有丰富的有机质，其中包括胡敏酸、维生素、生长素和抗生素等物质。

（2）肥效缓。有机肥料中的植物营养元素多呈有机态，必须经过微生物的转化才能被作物吸收利用，因此肥效缓慢。

（3）对培肥地力有重要作用。有机肥养不仅能够供应作物生长发育需要的各种养分，而且还含有有机质和腐殖质，能改善土壤耕性，协调水、气、热、肥力因素，提高土壤的保水保肥能力。有机肥对增加作物营养、促进作物健壮生长、增强抗逆能力、降低农产品成本、提高经济效益、培肥地力、促进农业良性循环有着极其重要的作用。

（4）有机肥料中含有大量的微生物，以及各种微生物的分泌物——酶、刺激素、维生素等生物活性物质。

（5）现在的有机肥料一般养分含量较低、施用量大、费工费力，因此需要提高质量。

（三）有机肥料的作用

增施有机肥料是提高土壤养分供应能力的重要措施。有机肥中含氮、磷、钾大量营养元素以及植物所需的各种营养元素，施入土壤后，一方面经过分解逐步释放出来，成为无机状态，可使植物直接摄取，提供给作物全面的营养，减少微量元素缺乏症。另一方面经过合成，部分形成腐殖质，促使土壤中生成各级粒径的团聚体，可贮藏大量有效水分和养分，使土壤内部通气良好，增强土壤的保水、保肥和缓冲性能，供肥时间稳定且长效，能使作物前期发棵稳长，使营养生长与生殖生长协调进行，生长后期仍能供应营养物质，延长植株根系和叶片的功能时间，使生产期长的间套作物丰产丰收。

二、有机肥料的施用

有机肥料种类较多、性质各异，在使用时应注意各种有机肥的成分、性质，做到合理施用。

（一）动物质有机肥的施用

动物肥料有人粪尿，家畜粪尿、家禽粪、厩肥等。人粪尿含氮较多，而含磷、钾较少，所以常作氮肥施用。家畜粪尿中磷、钾的含量较高，而且一半以上为速效性，可作有效磷、钾肥料。马粪和牛粪由于分解慢，一般作厩肥或堆肥基料施用较好，腐熟后作基肥使用。人粪和猪粪腐熟较快，可作基肥，也可作追肥加水浇施。厩肥是家畜粪尿和各种垫圈材料混合积制的肥料，新鲜厩肥中的养料主要为有机态，作物大多不能直接利用，待腐熟后才能施用。

有机肥料腐熟的目的是为了释放养分，提高肥效，避免肥料在土壤中腐熟时产生某些对作物不利的影响。如与幼苗争夺水分、养分或因局部地方产生高温、氮浓度过高而引起的烧苗现象等，有机肥料的腐熟过程是通过微生物的活动，使有机肥料发生两方面的变化，从而符合农业生产的需要。在这个过程中，一方面是有机质的分解，增加肥料中的有效养分；另一方面是有机肥料中的有机物由硬变软，质地由不均匀变得比较均匀，并在腐熟过程中，使杂草种子和病菌虫卵大部分被消灭。

（二）植物质有机肥的施用

植物质肥料中有饼肥、秸秆等。饼肥为肥分较高的优质肥料，富含有机质、氮素，并含有相当数量的磷、钾及各种微量元素，饼肥中氮、磷多呈有机态，为迟效性有机肥。作物秸秆也富含有机质和各种作物营养元素，是目前生产上有机肥的主要原料来源，多采用厩肥或高温堆肥的方式进行发酵，腐熟后作为基肥施用。

随着生产力的提高，特别是灌溉条件的改善，在一些地方也应用了作物秸秆直接还田技术。在应用秸秆还田时需注意保持土壤足墒和增施氮素化肥，由于秸秆还田的碳氮比较大，一般为（60～100）：1，作物秸秆分解的初期，首先需要吸收大量的水分软化和吸收氮素来调整碳氮比，一般分解适宜的碳氮比为 25：1，所以应保持足墒和增施氮素化肥，否则会引起干旱和缺氮。试验证明，小麦、玉米、油菜等秸秆直接还田，在不配施氮、磷肥的条件下，不但不增产，相反还有较大程度的减产。另外，在一些高产地区和高产地块目前秋季玉米秸秆产量较大，全部还田后加上耕层浅，掩埋不好，上层变疏松，容易造成小麦苗根系悬空和缺乏氮肥而发育不良甚至死亡。需要部分还田。

在一些秋作物上，如玉米、棉花、大豆等适当采用麦糠、麦秸覆盖农田新技术，利用夏季高温多雨等有利气象因素，能蓄水保墒抑制杂草生长，增加土壤有机质含量，提高土壤肥力和肥料利用力，能改变土壤、水、肥、气、热条件，能促进作物生长发育增产增收。该技术节水、节能、省劳力，经济效益显著，是发展高效农业，促进农业生产持续稳定发展的有效措施。采用麦糠、麦秸覆盖，首先，可以减少土壤水分蒸发，保蓄土壤水分。据试验，玉米生长期覆盖可多保水 154 毫米，较不覆盖节水 29%。其次，提高土壤肥力，覆盖一年后氮、磷、钾等营养元素含量均有不同程度的提高。再次，能改变土壤不良理化性状。覆盖保墒改变了土壤的环境条件，使土壤湿度增加，耕层土壤通透性变好，田块不裂缝、不板结，增加了土壤团粒结构，土壤容量下降 0.03%～0.06%。又次，能抑制田间杂草生长。据调查，玉米覆盖的地块比不覆盖地块杂草减少 13.6%～71.4%。由于杂草减少，土壤养分消耗也相对减少，同时提高了肥料的利用率。最后，夏季覆盖能降低土壤温度，有利于农作物的生长发育。覆盖较不覆盖的农作物株高、籽粒、千粒重、秸草量均有不同程度的增加，一般玉米可增产 10%～20%。麦秸、麦糠覆盖是一项简单易行的土壤保墒增肥措施，覆盖技术应掌握适时适量，麦秸应破碎，不宜过长。一般夏玉米覆盖应在玉米长出 6～7 片叶时，每亩秸料 300～400 千克，夏棉花覆盖于 7 月初，棉花株高 30 厘米左右时进行，在株间均匀撒麦秸每亩 300 千克左右。

施用有机肥不但能提高农产品的产量，而且还能提高农产品的品质，净化环境，促进农业生产的生态良性循环。另一方面还能降低农业生产成本，提高经济效益。因此，搞好有机肥的积制和施用工作，对增强农业生产后劲，保证循环农业健康稳定发展具有十分重要的意义。

（三）当前推进有机肥利用的几项措施

第一，推广机械施肥技术，为秸秆还田、有机肥积造等提供有利条件，解决农村劳动力短缺的问题。第二，推进农牧结合，通过在肥源集中区、规模化畜禽养殖场周边、畜禽养殖集中区建设有机肥生产车间或生产厂等，实现有机肥资源化利用。第三，争取扶持政策，以补助的形式鼓励新型经营主体和规模经营主体增加有机肥施用，引导农民积造农家肥、应用有机肥。第四，创新服务机制，发展各种社会化服务组织，推进农企对接，提高有机肥资源的服务化水平。第五，加强宣传引导，加大对新型经营主体和规模经营主体科学施肥的培训力度，营造有机肥应用的良好氛围。

第四节 合理施用化学肥料

在增施有机肥的基础上，合理施用化学肥料，是调节作物营养，提高土壤肥力，获得农业持续高产的一项重要措施。但是盲目地施用化肥，不仅会造成浪费，还会降低作物的产量和品质。特别是在目前情况下，应大力提倡经济有效地施用化肥，使其充分有效发挥化肥效应，提高化肥的利用率，降低生产成本，获得最佳产量，并防止造成污染。

一、化学肥料的概念和特点

一般认为凡是用化学方法制造的或者采矿石经过加工制成的肥料统称为化学肥料。

从化肥的施用方面来看，化学肥料具有以下几个方面的特点：

1. 养分含量高，成分单纯 与有机肥相比它养分含量高，成分单一，并且便于运输、贮存和施用。

2. 肥效快，肥效短 化学肥料一般易溶于水，施入土壤后能很快被作物吸收利用，肥效快；但也能挥发和随水流失，肥效不持久。

3. 有酸碱反应 化学肥料有两种不同的酸碱反应，即化学酸碱反应和生理酸碱反应。

化学酸碱反应是指肥料溶于水中以后的酸碱反应。如过磷酸钙是酸性，碳酸氢铵为碱性，尿素为中性。

生理酸碱反应是指经作物吸收后产生的酸碱反应。生理碱性肥料是作物吸收肥料中的阴离子多于阳离子，剩余的阳离子与胶体代换下来的碳酸氢根离子形成重碳酸盐，水解后产生氢氧根离子，增加了土壤溶液的碱性，如硝酸钠肥料。生理酸性肥料是作物吸收肥料中的阳离子多于阴离子，使从胶体代换下来的氢离子增多，增加了土壤溶液的酸性，如硫酸铵肥料。

4. 不含有机物质，单纯大量使用会破坏土壤结构 化学肥料一般不含有机物质，它不能改良土壤，在施用量大的情况下，长期单纯施用某一种化肥会破坏土壤结构，造成土壤板结。

基于化学肥料的以上特点，在施用时要求技术要严，要十分注意平衡、经济地施用，使化肥在农业生产中发挥更大的作用。并且要防止土壤板结，土壤肥力下降。

二、化肥的合理施用原则

合理施用化肥，一般应遵循以下几个原则。

（一）根据化肥性质，结合土壤、作物条件合理选用肥料品种

在目前化肥不充足的情况下，应优先在增产效益高的作物上施用，使之充分发挥肥效。一般在雨水较多的夏季不要施用硝态氮肥，因为硝态氮易随水流失。在盐碱地不要大量施用氯化铵，因为氯离子会加重盐碱危害。薯类含碳水化合物较多，最好施用铵态氮肥，如碳酸氢铵、硫酸铵等。小麦分蘖期喜欢硝态氮肥，后期则喜欢铵态氮肥，应根据不同时期施用相应的化肥品种。

（二）根据作物需肥规律和目标产量，结合土壤肥力和肥料中养分含量以及化肥利用率确定适宜的施肥时期和施肥量

不同作物对各种养分的需求量不同。据试验，一般亩产 100 千克的小麦需从土壤中吸收 3 千克纯氮、1.3 千克五氧化二磷、2.5 千克氧化钾；亩产 100 千克的玉米需从土壤中吸收 2.5 千克纯氮、0.9 千克五氧化二磷、2.2 千克氧化钾；亩产 100 千克的花生（果仁）需从土壤中吸收 7 千克纯氮、1.3 千克五氧化二磷、3.9 千克氧化钾；亩产 100 千克的棉花（棉籽）需从土壤中吸收纯氮 5 千克、五氧化二磷 1.8 千克、氧化钾 4.8 千克。根据作物目标产量，

用化学分析的方法或田间试验的方法，首先诊断出土壤中各种养分的供应能力，再根据肥料中有效成分的含量和化肥利用率，用平衡施肥的方法计算出肥料的施用量。

作物不同的生育阶段，对养分的需求量也不同，还应根据作物的需肥规律和土壤的保肥性来确定适宜的施肥时期和施肥量。在通常情况下，有机肥、磷肥、钾肥和部分氮肥作为基肥一次施用。一般作物苗期需肥量少，在底肥充足的情况下可不追施肥料；如果底肥不足或间套种植的后茬作物未施底肥时，苗期可酌情追施肥料，应早施少施，追施量不应超过总施肥量的10%，作物生长中期，即营养生长和生殖生长并进期，如小麦起身期、玉米拔节期、棉花花铃期、大豆和花生初花期、白菜包心期，生长旺盛，需肥量增加，应重施追肥；作物生长后期，根系衰老，需肥能力降低，一般追施肥料效果较差，可适当进行叶面喷肥，加以补充，特别是双子叶作物叶面吸肥能力较强，后期喷施肥料效果更好。作物的一次追肥数量，要根据土壤的保肥能力确定。一般沙土地保肥能力差，应采用少施勤施的原则，一次亩追施标准氮肥（硫酸铵）不宜超过15千克；两合土保肥能力中等，每次亩追施标准氮肥不宜超过30千克；黏土地保肥能力强，每次亩追施标准氮肥不宜超过40千克。

（三）根据土壤、气候和生产条件，采用合理的施肥方法

肥料施入土壤后，大部分会被植物吸收利用或被胶体吸附保存起来，但是还有一部分会随水渗透流失或形成气体挥发，所以要采用合理的施肥方法。因此，一般要求基肥应深施，结合耕地边耕边施肥，把肥料翻入土中；种肥应底施，把肥料条施于种子下面或种子一旁下侧，与种子隔离；追肥应条施或穴施，不要撒施，应施在作物一侧或两侧的土层中，然后覆土。

硝态氮肥一般不被胶体吸附，容易流失，提倡灌水或大雨后穴施在土壤中。

铵态和酰铵态氮肥，在沙土地的雨季也提倡大雨后穴施，施后随即盖土，一般不应在雨前或灌水前撒施。

第五节　应用叶面喷肥技术

叶面喷肥是实现作物高效种植的重要措施之一，一方面，作物高效种植，生产水平较高，作物对养分需要量较多；另一方面，作物生长初期与后期根部吸收能力较弱，单一由根系吸收养分已不能完全满足生产的需要。叶面喷肥作为强化作物营养和防治某些缺素症的一种施肥措施，能及时补充营养，可较大幅度地提高作物产量，改善农产品品质，是一项肥料利用率高、用量少而经济有效的施肥技术措施。实践证明，叶面喷肥技术在农业生产中有较大的增产潜力。现把叶面喷肥在主要农作物上的应用技术和增产作用介绍如下。

一、叶面喷肥的特点及增产效应

（一）养分吸收快

叶面肥由于喷施于作物叶表，各种营养物质可直接从叶片进入体内，直接参与作物的新陈代谢过程和有机物的合成过程，吸收养分快。据测定，玉米 4 叶期叶面喷用硫酸锌，3.5 小时后上部叶片吸收已达 11.9%，48 小时后已达 53.1%。如果通过土壤施肥，肥料施入土壤中首先被土壤吸附，然后再被根系吸收，通过根、茎输送才能到达叶片，这种养分转化输送过程最快也必须经过 80 小时以上。因此，无论从速度、效果方面讲，叶面喷肥都比土壤施肥的作用来得及时、显著。在土壤中，一些营养元素供应不足，成为作物产量的限制因素时，或需要量较小，土壤施用难以做到均匀有效时，利用叶面喷施反应迅速的特点，在作物各个生长时期及不同阶段喷施叶面肥，以协调作物对各种营养元素的需要与土壤供肥之间的矛盾，促进作物营养均衡、充足，保持健壮生长发育，才能使作物高产优质。

（二）光合作用增强，酶的活性提高

在形成作物产量的若干物质中，90%～95%来自光合作用的产

物。但光合作用的强弱，在同样条件下与植株内的营养水平有关。作物叶面喷肥后，体内营养均衡、充足，促进了作物体内各种生理进程的进展，显著提高了光合作用的强度。据测定，大豆叶面喷施后平均光合强度达到 22.69 毫克/（分米^2·小时），比对照提高了 19.5%。

作物进行正常代谢的必不可少的条件是酶的参与，这是作物生命活动最重要的因素，其中，也有营养条件的影响，因为许多作物所需的常量元素和微量元素是酶的组成部分或活性部分。如铜是抗坏血酸氧化镁的活性部分，精氨酸酶中含有锰，过氧化氢酶和细胞色素中含有铁、氨、磷和硫等营养元素。叶面喷施能极明显地促进酶的活性，有利于作物体内各种有机物的合成、分解和转变。据试验，在花生荚果期喷施叶面肥，固氮酶活性可提高 5.4%～24.7%，叶面喷肥后能提高根、茎、叶各部位酶的活性 15%～31%。

（三）肥料用料省，经济效益高

叶面喷肥用量少，即可高效能利用肥料，也可解决土壤施肥常造成一部分肥料被固定而降低使用效率的问题。叶面喷肥效果大于土壤施肥。如叶面喷硼肥的利用率是施基肥的 8.18 倍；洋葱生长期间，每亩用 0.25 千克硫酸锰对水喷施与土壤撒施 7 千克的硫酸锰效果相同。

二、主要作物叶面喷肥技术

叶面喷肥一般是以肥料水溶液形式均匀地喷洒在作物叶面上。实践证明，肥料水溶液在叶片上停留的时间越长，越有利于提高利用率。因此，在中午烈日下和刮风天喷洒效果较差，以无风阴天和晴天 9:00 时前或 16:00 时后进行为宜。由于不同作物对某种营养元素的需要量不同，不同土壤中多种营养元素含量也有差异，所以不同作物在不同地区叶面施用肥料效果也差别很大。现把一些肥料在主要农作物上叶面喷施的试验结果分述如下：

（一）小麦

尿素：亩用量 0.5～1.0 千克，对水 40～50 千克，在拔节至孕穗期喷洒，可增产8%～15%。

磷酸二氢钾：亩用量150～200克，对水40～50千克，在抽穗期喷洒，可增产7%～13%。

以硫酸锌和硫酸锰为主的多元复合微肥：亩用量200克，对水40～50千克，在拔节至孕穗期喷洒，可增产10%以上。

综合应用技术，在拔节期喷微肥，灌浆期喷硫酸二氢钾，缺氧发黄田块增加尿素，对预防常见的干热风危害作物较好。蚜虫发病较重的田块，结合防蚜虫进行喷施。可起到“一喷三防”的作用，一般增加穗粒数1.2～2个，提高千粒重1～2克，亩增产30千克左右，增产20%以上。

（二）玉米

近年来玉米植株缺锌症状明显，应注意增施硫酸锌，亩用量100克，加水40～50千克，在出苗后15～20天喷施，隔7～10天再喷1次，穗长可增长0.2～0.8厘米；秃尖长度减少0.2～0.4厘米，千粒重增加12～13克，增产15%以上。

（三）棉花

棉花生育期长，对养分的需要量较大，而且后期根系功能明显减退，但叶面较大且吸肥功能较强，叶面喷肥有显著的增产作用。

喷氮肥防早衰：在8月下旬至9月上旬，用1%尿素溶液喷洒，每亩40～50千克，隔7天左右喷1次，连喷2～3次，可促进光合作用，防早衰。

喷磷促早熟：从8月下旬开始，用过磷酸钙1千克对水50千克，溶解后取其过滤液，每亩50千克，隔7天1次，连喷2～3次，可促进种子饱满，增加铃重，提早吐絮。

喷硼攻大桃：一般从铃期开始用0.1%硼酸水溶液喷施，每亩用50千克，隔7天喷1次，连喷2～3次，有利于多结铃，结大铃。

综合性叶面棉肥：每亩每次用量250克，加水40千克，在盛花期后喷施2～3次，一般增产15.2%～31.5%。

（四）大豆

大豆对钼反应敏感，在苗期和盛花期喷施浓度为0.05%～

0.1%钼酸铵溶液，每亩每次 50 千克，可增产 13%左右。

（五）花生

花生对锰、铁等微量元素敏感，“花生王”是以该两种元素为主的综合性施肥，初花期至盛花期，每亩每次用量 200 克，对水 40 千克，喷洒 2 次，可使根系发达，有效侧枝增多，结果多，饱果率高，一般增产 20%～35%。

（六）叶菜类蔬菜

叶菜类蔬菜（如大白菜、芹菜、菠菜等）产量较高，在各个生长阶段需氮较多，叶面肥以尿素为主，一般喷施浓度为 2%，每亩每次用量 50 千克，在中后期喷施 2～4 次，另外中期喷施 0.1%硼砂溶液 1 次，可防止芹菜茎裂病、菠菜矮小病、大白菜烂叶病，一般增产 15%～30%。

（七）瓜果类蔬菜

此类蔬菜（如黄瓜、番茄、茄子、辣椒等）整个生长期对氮、磷、钾肥的需要比较均衡，叶面喷肥以磷酸二氢钾为主，喷施浓度以 0.5%为宜，每亩每次用量 50 千克，在中后期喷施 3～5 次，可增产 8.6%。

（八）根茎类蔬菜

此类蔬菜（如大蒜、洋葱、萝卜、马铃薯等）整个生长期需磷、钾较多，叶面喷肥应以磷、钾为主，喷施硫酸钾浓度为 0.2%或 3%过磷酸钙加草木灰浸出液，每亩每次用量 50 千克，在中后期喷施 3～4 次。萝卜在苗期和根膨大期各喷 1 次 0.1%硼酸溶液，每亩每次用量 40 千克，可防治褐心病，一般可增产 17%～26%。

随着高效种植和产量效益的提高，一种作物同时缺少几种养分的现象将普遍发生，今后的发展方向将是多种肥料混合喷施，可先预备一种肥料溶液，然后按用量加入其他肥料，而不能先配置好几种肥液再混合喷施。在加入多种肥料时应考虑各种肥料的化学性质，在一般情况下起反应或拮抗作用的肥料应注意分别喷施。如磷、锌有拮抗作用，不宜混施。

叶面喷施在农业生产中虽有独到之功，增产潜力很大，应该不断总结经验加以完善，但叶面喷肥不能完全替代作物根部土壤施肥，因为根部比叶面有更大更完善的吸收系统。必须在土壤施肥的基础上，配合叶面喷肥，才能充分发挥叶面喷肥增效、增产、增质作用。

第六节　推广应用测土配方施肥技术

测土配方施肥技术是对传统施肥技术的深刻变革，是建立在科学理论基础之上的一项农业实用技术，对搞好农业生产具有十分重要的意义。开展测土配方施肥工作既是提高作物单产，保障农产品安全的客观要求，也是降低生产成本，促进节本增效的重要途径，还是节约能源消耗，建设节约型社会的重大行动，更是不断培肥地力，提高耕地产出能力的重要措施，也是提高农产品质量，增强农业竞争力的重要环节，还是减少肥料流失，保护农业生态环境的需要。

一、测土配方施肥的内涵

1983 年，为了避免施肥学术领域中概念混乱，农业部在广东湛江地区召开的配方施肥会议上，将全国各地所说的“平衡施肥”统一定名为测土配方施肥。其含义是指：综合运用现代农业科技成果，根据作物需肥规律、土壤供肥性能与肥料效应，在以有机肥为基础的条件下，产前提出氮、磷、钾和微肥的适宜用量和比例以及相应的施肥技术。通过测土配方施肥满足作物均衡吸收各种营养，维持土壤肥力水平，减少养分流失和对环境的污染，达到高产、优质和高效的目的。

测土配方施肥的关键是确定不同养分的配比和施肥量。一是根据土壤供肥能力、植物营养需求、肥料效应函数等，确定需要通过施肥补充的元素种类及数量；二是根据作物营养特点、不同肥料的供肥特性，确定施肥时期及各时期的肥料用量；三是制定与施肥相配套的农艺措施，选择切实可行的施肥方法，实施施肥。

二、测土配方施肥的三大程序

1. 测土　摸清土壤的“家底”，掌握土壤的供肥性能。就像医生看病，首先进行把脉问诊。

2. 配方　根据土壤缺什么，确定补什么，就像医生针对病人的病症开处方抓药。其核心是根据土壤、作物状况和产量要求，产前确定施用肥料的配方、品种和数量。

3. 施肥　执行上述配方，合理安排基肥和追肥比例，规定施用时间和方法，以发挥肥料的最大增产作用。

三、测土配方施肥的理论依据

（一）养分归还学说

1840年，德国著名农业化学家、现代农业化学的倡导者李比希在英国有机化学学会上做了《化学在农业和生理学上的应用》的报告，在该报告中，他系统地阐述了矿质营养理论，并以此理论为基础，提出了养分归还学说。矿质营养理论和养分归还学说，归纳起来有四点：其一，一切植物的原始营养只能是矿物质，而不是其他任何别的东西。其二，由于植物不断地从土壤中吸收养分并把它们带走，所以土壤中这些养分将越来越少，从而缺乏这些养分。其三，采用轮作和倒茬不能彻底避免土壤养分的匮乏和枯竭，只能起到减轻或延缓的作用，或是使现存养分利用得更协调些。其四，完全避免土壤中养分的损失是不可能的，要想恢复土壤中原有物质成分，就必须施用矿质肥料使土壤中营养物质的损耗与归还之间保持着一定的平衡，否则，土壤将会枯竭，逐渐成为不毛之地。

种植农作物每年带走大量的土壤养分，土壤虽是个巨大的养分库，但并不是取之不尽的，必须通过施肥的方式，把某些作物带走的养分“归还”于土壤，才能保持土壤有足够的养分供应容量和强度。我国每年以大量化肥投入农田，主要是以氮、磷两大营养元素为主，而钾素和微量养分元素归还不足。

（二）最小养分律

1843 年，德国著名农业化学家李比希在矿质理论和养分归还学说的基础上，提出了“农作物产量受土壤中那个相对含量最小养分的制约”。随着科技的发展和生产实践，目前对最小养分应从以下 5 个方面进行理解：第一，最小养分是指按照作物对养分的需要来讲土壤中相对含量最少的那种养分，而不是土壤中绝对含量最小的养分。第二，最小养分是限制作物产量的关键养分，为了提高作物产量必须首先补充这种养分，否则，提高作物产量将是一句空话。第三，最小养分因作物种类、产量水平和肥料施用状况而有所变化，当某种最小养分增加到能够满足作物需要时，这种养分就不再是最小养分了，而另一种养分又会成为新的最小养分。第四，最小养分可能是大量元素，也可能是微量元素，一般而言，大量元素因作物吸收量大，归还少，土壤中含量不足或有效性低，而成为最小养分。第五，某种养分如果不是最小养分，即使把它增加再多也不能提高产量，而只能造成肥料的浪费。

测土配方施肥首先要发现农田土壤中的最小养分，测定土壤中的有效养分含量，判定各种养分的肥力等级，择其缺乏者施以某种养分肥料。

（三）各种营养元素同等重要与不可替代律

植物所需的各种营养元素，不论他们在植物体内的含量多少，均具有各自的生理功能，它们各自的营养作用都是同等重要的。每一种营养元素具有其特殊的生理功能，是其他元素不能代替的。

（四）肥料效应报酬递减律

肥料效应报酬递减律其内涵是指施肥与产量之间的关系是在其他技术条件相对稳定的前提下，随着施肥量的逐渐增加，作物产量也随之增加，但作物的增产量却随着施肥量的增加而逐渐递减。当施肥量超过一定限度后，如再增加施肥量，不仅不能增加产量，反而会造成减产，肥料不是越多越好。

（五）生产因子的综合作用律

作物生长发育的状况和产量的高低与多种因素有关，气候因素、土壤因素、农业技术因素等都会对作物生长发育和产量的高低产生影响。施肥不是一个孤立的行为，而是农业生产中的一个环节，可用函数式来表达作物产量与环境因子的关系：

$$Y=f(N、W、T、G、L)$$

式中：Y 为农作物产量，f 为函数的符号，N 为养分，W 为水分，T 为温度，G 为 CO_2浓度，L 为光照。

此式表示农作物产量是养分、水分、温度、CO_2浓度和光照的函数，要使肥料发挥其增产潜力，必须考虑到其他 4 个主要因子，如肥料与水分的关系，在无灌溉条件的旱作农业区，肥效往往取决于土壤水分，在一定的范围内，肥料利用率随着水分的增加而提高。五大因子应保持一定的均衡性，方能使肥料发挥应有的增产效果。

四、测土配方施肥应遵循的基本原则

（一）有机无机相结合的原则

土壤肥力是决定作物产量高低的基础。土壤有机质含量是土壤肥力的最重要的指标之一。增施有机肥料可有效增加土壤有机质。根据研究，有机肥和化肥的氮素比例以 3:7 至 7:3 较好，具体视不同土壤及作物而定。同时，增施有机肥料能有效促进化肥利用率提高。

（二）氮、磷、钾相配合的原则

原来我国绝大部分土壤的主要限制因子是氮，现在很多地方土壤的主要限制因子是钾。在目前高强度利用土壤的条件下，必须实行氮、磷、钾肥的配合施用。

（三）辅以适量的中微量元素的原则

在氮、磷、钾三要素满足的同时，还要根据土壤条件适量补充一定的中微量元素，不仅能提高肥料利用率，而且能改善产品品质，增强作物抗逆能力，减少农业面源污染，达到作物高产、稳产、优质的目的。如施硼能防止花而不实。

（四）用地养地相结合，投入产出相平衡的原则

要使作物、土壤、肥料形成能量良性循环，必须坚持用地养地相结合、投入产出相平衡。也就是说，没有高能量的物质投入就没有高能量物质的产出，只有坚持增施有机肥、氮磷钾和微肥合理配施的原则，才能达到高产优质低耗。

（五）测土配方施肥技术路线

主要围绕“测土、配方、配肥、供肥、施肥指导”5个环节开展11项工作。11项工作的主要内容有：①野外调查；②采样测试；③田间试验；④配方设计；⑤校正试验；⑥配肥加工；⑦示范推广；⑧宣传培训；⑨信息系统建立；⑩效果评价；⑪技术研发。

测土配方施肥的目的是以耕层土壤测试为核心，以作物产量反应为依据，达到节本、增产、增效。

（六）配方施肥的基本方法

经过试验研究和生产实践，广大肥料科技工作者已经总结出了适合我国不同类型区的作物测土配方施肥的基本方法。要搞好本地区的作物测土配方施肥工作，必须首先学习和掌握这些基本方法。

1. 第一类：地力分区法 方法：利用土壤普查、耕地地力调查和当地田间试验资料，把土壤按肥力高低分成若干等级，或划出一个肥力均等的田片，作为一个配方区。再应用资料和田间试验成果，结合当地的实践经验，估算出这一配方区内比较适用的肥料种类及其施用量。该方法优缺点如下：

优点：较为简便，提出的用量和措施接近当地的经验，方法简单，群众易接受。

缺点：局限性较大，每种配方只能适应于生产水平差异较小的地区，而且依赖于一般经验较多，对具体田块来说针对性不强。在推广过程中必须结合试验示范，逐步扩大科学测试手段和理论指导的比重。

2. 第二类：目标产量法 包括养分平衡法和地力差减法。根据作物产量的构成，由土壤本身和施肥两个方面供给养分的原理来计算肥料的用量。

方法是先确定目标产量，以及为达到这个产量所需要的养分数量。再计算作物除土壤所供给的养分外，需要补充的养分数量。最后确定施用多少肥料。

目标产量就是计划产量，是肥料定量的最原始依据。目标产量并不是按照经验估计，或者把其他地区已达到的绝对高产作为本地区的目标产量，而是由土壤肥力水平来确定。

作物产量对土壤肥力依赖率的试验中，把土壤肥力的综合指标 X（空白田产量）和施肥可以获得的最高产量 Y 这两个数据成对地汇总起来，经过统计分析，两者之间，同样也存在着一定的函数关系，即 $Y=X/(a+bX)$ 或 $Y=a+bX$，这就是作物定产的经验公式。

一般推荐把当地这一作物前 3 年的平均产量，或前 3 年中产量最高而气候等自然条件比较正常的那一年的产量，作为土壤肥力指标，然后提高 10%，最多不超过 15%，拟定为当年的目标产量。

（1）养分平衡法。“平衡”是相对的、动态的，是方法论。不同时空不同作物的平衡施肥是变化的。利用土壤养分测定值来计算土壤供肥量，然后再以斯坦福公式计算肥料需要量。

肥料需要量＝［（作物单位产量养分吸收量×目标产量）－（土壤养分测定值×0.15×校正系数）］÷（肥料中养分含量×肥料当季利用率）

作物单位产量养分吸收量，可由田间试验和植株地上部分分析化验或查阅有关资料得到。由于不同作物的生物特性有差异，使得不同作物每形成一定数量的经济产量所需养分总量是不同的。主要作物形成 100 千克经济产量所需养分量见表 4-2。

表 4-2　主要作物形成 100 千克经济产量所需养分量（千克）

作物	纯氮	五氧化二磷	氧化钾
玉米	2.62	0.90	2.34
小麦	3.00	1.20	2.50
水稻	1.85	0.85	2.10

（续）

作物	纯氮	五氧化二磷	氧化钾
大豆	7.20	1.80	4.09
甘薯	0.35	0.18	0.55
马铃薯	0.55	0.22	1.02
棉花	5.00	1.80	4.00
油菜	5.80	2.50	4.30
花生	6.80	1.30	3.80
烟叶	4.10	0.70	1.10
芝麻	8.23	2.07	4.41
大白菜	0.19	0.087	0.342
番茄	0.45	0.50	0.50
黄瓜	0.40	0.35	0.55
大蒜	0.30	0.12	0.40

不同地区，不同产量水平下作物从土壤中吸收养分的量也有差异，故在实际生产中应用表 4-2 的数据时，应根据情况，酌情增减。

作物总吸收量＝作物单位产量养分吸收量×目标产量

土壤养分供给量（千克）＝土壤养分测定值×0.15×校正系数

土壤养分测定值以毫克/千克表示，0.15 为该养分在每亩 150 000万千克表土中换算成千克/亩的系数。

校正系数＝（空白田产量×作物单位养分吸收量）÷（养分测定值×0.15）

优点：概念清楚，理论上容易掌握。

缺点：由于土壤的缓冲性和气候条件的变化，校正系数的变异较大，准确度差。因为土壤是一个具有缓冲性的物质体系，土壤中各养分处于一种动态平衡之中，土壤能供给的养分随作物生长和环境条件的变化而变化，而测定值是一个相对值，不能直接计算出土壤的绝对供肥量，需要通过试验获得一个校正系数加以调整，才能估计土壤供肥量。

（2）地力差减法。

原理：从目标产量中减去不施肥的空白田的产量，其差值就是增施肥料所能得到的产量，然后用这一产量来算出作物的施肥量。

肥料需要量＝［作物单位产量养分吸收量×（目标产量－空白田产量）］÷（肥料中养分含量×肥料当季利用率）

优点：不需要进行土壤养分的化验，避免了养分平衡法的缺陷，在理论上养分的投入与利用也较为清楚，人们容易接受。

缺点：空白田的产量不能预先获得，给推广带来困难。由于空白田产量是构成作物产量各种环境条件（包括气候、土壤养分、作物品种、水分管理等）的综合反映，无法找出产量的限制因素对症下药。当土壤肥力越高，作物吸自土壤的养分越多，作物对土壤的依赖性也越大，这样一来由公式计算得到的肥料施用量就越少，有可能引起地力损耗而不能觉察，所以在使用这个公式时，应注意这方面的问题。

3. 第三类：田间试验法　包括：肥料效应函数法，养分丰缺指标法，氮、磷、钾比例法。该类的原理是通过简单的单一对比，或应用较复杂的正交、回归等试验设计，进行多点田间试验，从而选出最优处理，确定肥料施用量。

（1）肥料效应函数法。采用单因素、二因素或多因素的多水平回归设计进行布点试验，将不同处理得到的产量进行数理统计，求得产量与施肥量之间的肥料效应方程式。根据其函数关系式，可直观地看出不同元素肥料的不同增产效果，以及各种肥料配合施用的效果，确定施肥上限和下限，计算出经济施肥量，作为实际施肥量的依据。如单因子、多水平田间试验法，一般应用模型为：

$$Y = a + bx + cx^2$$

最高施肥量＝$-b/2c$

式中：Y 代表产量，a 代表不施肥产量，b 代表一次函数系数，c 代表二次函数系数。

优点：能客观地反映肥料等因素的单一和综合效果，施肥精确度高，符合实际情况。

缺点：地区局限性强，不同土壤、气候、耕作、品种等需布置多点不同试验。对于同一地区，当年的试验资料不可能应用，而应用往年的函数关系式，又可能因土壤、气候等因素的变化而影响施肥的准确度，需要积累不同年度的资料，费工费时。这种方法需要进行复杂的数学统计运算，一般群众不易掌握，推广应用起来有一定难度。

（2）养分丰缺指标法。利用土壤养分测定值与作物吸收养分之间存在的相关性，对不同作物通过田间试验，根据在不同土壤养分测定值下所得的产量分类，把土壤的测定值按一定的级差分等（如极缺、缺、中、丰、极丰），一般为3～5级，制成养分丰缺及应该施肥量对照检索表。在实际应用中，只要测得土壤养分值，就可以从对照检索表中，按级确定肥料施用量。

（3）氮、磷、钾比例法。其原理是通过田间试验，在一定地区的土壤上，取得某一作物不同产量情况下各种养分之间的最好比例，然后通过对一种养分的定量，按各种养分之间的比例关系，来决定其他养分的肥料用量。如以氮定磷、定钾，以磷定氮，以钾定氮等。

优点：减少了工作量，比较直观，一看就懂，容易为群众所接受。

缺点：作物对养分的吸收比例，与应施肥料养分之间的比例是两个不同的概念。土壤中各养分含量不同，土壤对各种养分的供应强度不同，按上述比例在实际应用时难以测得准确。

（七）有机肥和无机肥比例的确定

以上配方施肥各法计算出来的肥料施用量，主要是指纯养分。而配方施肥必须以有机肥为基础，得出肥料总用量后，再按一定方法来分配化肥和有机肥料的用量。主要方法有同效当量法、产量差减法和养分差减法。

1. 同效当量法

同效当量：由于有机肥和无机肥的当季利用率不同，通过试验先计算出某种有机肥料所含的养分，相当于几个单位的化肥所含的养分的肥效，这个系数就称为同效当量。例如，测定氮的有机无机同效当量在施用等量磷、钾（满足需要，一般可以氮肥用量的一半来确定）的基础上，用等量的有机氮和无机氮两个处理，并以不施氮肥为对照，得出产量后，用下列公式计算同效当量：

同效当量＝（有机氮处理产量－无氮处理产量）÷（化学氮处理产量－无氮处理产量）

例如，小麦施有机氮（N）7.5 千克的产量为 265 千克，施无机氮（N）的产量为 325 千克，不施氮肥处理产量为 104 千克，通过计算同效当量为 0.73，即 1 千克有机氮相当于 0.73 千克无机氮。

2. 产量差减法

原理：先通过试验，取得某一种有机肥料单位施用量能增产多少产品，然后从目标产量中减去有机肥能增产部分，减去后的产量，就是应施化肥才能得到的产量。

例如，有一亩水稻，目标产量为 325 千克，计划施用厩肥 900 千克，每百千克厩肥可增产 6.93 千克稻谷，则 900 千克厩肥可增产稻谷 62.37 千克，化肥的产量为 262.63 千克。

3. 养分差减法　在掌握各种有机肥料利用率的情况下，可先计算出有机肥料中的养分含量，同时，计算出当季能利用多少，然后从需肥总量中减去有机肥能利用部分，留下的就是无机肥应施的量。

化肥施用量＝（总需肥量－有机肥用量×养分含量×该有机肥当季利用率）÷（化肥养分含量×化肥当季利用率）

>>> 第五章　食用菌生产实用技术

食用菌被誉为健康食品，是一个能有效转化农副产品的高效产业。近年来发展迅速，在一些农副产品资源丰富的地区，发展食用菌生产是实现农副产品加工增值增效的重要途径之一。食用菌生产的实质就是把人类不能直接利用的资源，通过栽培各种菇菌转化成为人类能直接利用的优质健康食品，如普通的平菇、香菇、金针菇、双孢蘑菇以及珍稀菇类的白灵菇、杏鲍菇、茶树菇、真姬菇等。我国作为一个农业大国和食用菌生产大国，如何充分利用好丰富的工农业下脚料资源优势，把食用菌产业培养成一个既能为国创汇、又能真正帮助农民脱贫致富奔小康的产业，需要各级政府、主管部门和业界同仁的共同努力。食用菌产业作为循环农业重要组成部分和重要的接口工程，具有良好的发展前景和市场潜力。随着社会的发展和科技的进步，必将赋予它更加丰富的内涵。食用菌产业同时又是一个产业链条联结比较紧密的产业，它和大农业、加工业、餐饮业等息息相关。所以说发展食用菌产业不能就食用菌业而论食用菌业，要以工业化的理念去谋划食用菌产业，以标准化、工厂化生产实现绿色健康发展。

第一节　食用菌概述

一、食用菌的概念与种类

食用菌是一个通俗的名词；狭义的概念是指可以食用的大型真

菌，如平菇、羊肚菌、木耳、金针菇、香菇、草菇、银耳等；广义的概念泛指可以食用的大型真菌和各种小型真菌，如酵母菌，甚至可以包括乳酸菌等。

据统计，目前全世界有可食用的蕈菌 2 000 种，我国已知的可食用的蕈菌达 720 种，大多为野生，仅有 86 种在实验室进行了栽培，在 40 种有经济意义的品种中，约有 26 种进行了商品生产，其中 10 种食用菌产量占总产量的 99%左右。

二、食用菌的栽培价值

（一）食用菌的营养价值

食用菌作为蔬菜，味道鲜美，营养丰富，是餐桌上的佳肴，历来被誉为席上珍品。因为食用菌是高蛋白质、无淀粉、低糖、低脂肪、低热量的优质食品。其蛋白质含量按干重计通常在 13%～35%，如 1 千克干双孢蘑菇所含蛋白质相当于 2 千克瘦肉或 3 千克鸡蛋或 12 千克牛奶的蛋白质含量；蛋白质含量按湿重计是一般蔬菜、水果的 3～12 倍。如鲜双孢蘑菇含蛋白质为 1.5%～3.5%，是大白菜的 3 倍，萝卜的 6 倍，苹果的 17 倍。食用菌含有 20 多种氨基酸，其中 8 种氨基酸为人体和动物体不能合成，而又必须从食物中获得的。此外，食用菌还含有丰富的维生素、无机盐、抗生素及一些微量元素，同时，铅、镉、铜和锌的含量都大大低于有关食品安全规定的界限。总之，从营养角度讲，食用菌集中了食品的一切良好特性，有科学家预言："食用菌将成为 21 世纪人类食物的重要来源"。

（二）食用菌的药用价值

食用菌营养价值高，在食用菌的组织中含有大量的医药成分，这些物质能促进、调控人体的新陈代谢，有特殊的医疗保健作用。据研究，许多食用菌具有抗肿瘤、治疗高血压、冠心病、血清胆固醇高、白细胞减少、慢性肝炎、肾炎、慢性气管炎、支气管哮喘、鼻炎、胃病、神经衰弱、头昏失眠及解毒止咳、杀菌、杀虫等功效。如近年来我国研制的猴头菌片、密环片、香菇多糖片、健肝片以及多种健身饮料等，都是利用食用菌或其菌丝体中提取出来的物质作为主要原料生产的。

(三) 食用菌栽培的经济效益

栽培食用菌的原料一般是工业、农业的废弃物，原料来源广，价格便宜，投资小，见效快，生产周期一般草菇为 21 天、银耳为 40 天、平菇和金针菇为 70～90 天、香菇为 270 天。投入产出比一般在 1∶3.6 左右。随着新品种、新技术的不断应用和机械化程度的提高，投入产出比将会越来越高。同时，栽培食用菌一般不会大量占用耕地，其下脚料又是农业生产中良好的有机肥料，对促进循环农业的发展具有极其重要的作用。

三、食用菌的栽培历史、现状及前景

(一) 栽培历史

食用菌采食和栽培的历史悠久，经历了一个漫长的历史过程。据化石考古发现，蕈菌在一亿三千万年前已经存在，比人类的存在还早。古人何时采食和栽培食用菌，可从现存文学作品、农书和地方志中了解和考证。古希腊、古罗马都有关于食用菌的美好传说，食用菌在墨西哥和危地内拉印第安人的宗教中起着重要作用。我国周朝列子《汤问篇》中已有“菌芝”记载，《史记·龟策列传》中就有栽培利用茯苓的记载，苏恭《唐本草注》中就记述了木耳栽培法，陈仁玉、吴林写下了《菌谱》《吴菌谱》等专著，讲述了香菇生长时期的物候，王桢的《农书》和贾思勰的《齐民要术》中也记载了香菇砍花栽培法和菌的加工保藏法，此乃以野生采集为主的半人工栽培阶段。

(二) 栽培现状

20 世纪之初达格尔发明了双孢蘑菇纯菌种制作技术，开创了纯菌种人工接种栽培食用菌的新阶段，到 20 世纪 30 年代相继用纯菌种接种栽培香菇、金针菇取得成功，促进了野生食用菌驯化利用的研究。我国在 50～60 年代对野生菌的驯化栽培才出现了新进展，到 70～80 年代有近 10 个种类的食用菌进入了商品性生产。进入

21世纪，对食用菌的研究与生产已跨入蓬勃发展的新时代，食用菌生产已成为一项世界性的产业，食用菌学科也已形成了一门独立的新兴学科。同时，我国食用菌产业迅猛发展，呈现了异军突起遍及城乡的好势头。据2013年统计，我国已是世界上最大的食用菌生产国和消费国，产量占世界总产量70%以上。我国食用菌不仅产量居世界各国之首，而且品种多，出口量大，在国际市场上占有重要位置。全国食用菌生产出现了“南菇北移，东菇西移”的新趋势。

（三）发展前景

随着社会的发展和人民生活水平的不断提高，作为保健食品的食用菌正从宾馆、饭店走进越来越多的普通家庭。食用菌不但有较大的国际市场，国内消费也具有巨大的开发潜力。并且随着科学技术的发展，食用菌的生产领域扩展较快，深加工领域也在迅速扩展，目前，以食用菌为原料已能生产饮料、调味品、医药、美容品等。

总之，食用菌作为一个新兴产业，不论是从当前的国际市场看，还是从社会发展的趋势看，都具有广阔、诱人的市场发展前景。随着贸易全球化的发展，我国劳动力与生产原料充足、价廉，生产成本较低，食用菌这个劳动密集型产业生产的产品，在国际市场上具有较强的竞争力，因此，在现阶段食用菌产业将处于走俏趋势，在一些地方越来越受到各级政府和广大农民的重视，已成为“菜篮子工程”“创汇农业”和“农村脱贫致富奔小康”的首选项目。

四、当前食用菌产业存在的问题与对策

（一）存在问题

1. 产业发展迅猛，总体上实力不强　整个产业发展较快，但总体实力不强，突出表现在新型农业经营主体不强、创新能力不强、竞争能力不强。

2. 生产散乱小，盲目无序性大　多数地方仍以小农户生产为主，规模小、结构松散，盲目无序性乱生产。

3. 技术落后，产品质量低 菌种生产、基料处理、生产管理技术较原始落后，产品质量偏低，生产效益没有保障。

4. 加工创新能力低，产品精深加工少 食用菌精深加工总体水平还较低，在加工领域还存在一些问题和不足。首先是认识不足，仍以发展生产为主，缺乏加工政策和宣传引导，导致全国现有食用菌加工业产值与食用菌产值之比较低。二是初级加工产品比重过大，精深加工产品少，产品特色与优势不明显，且创新能力不足，产品单一，多以干制、罐头为主，缺乏具有市场竞争力的功能性食用菌复合产品。三是加工产品趋向同质化，加剧了产品市场竞争，发展缓慢。四是市场开发不足，产品宣传不够，影响了销售能力。

（二）对策

1. 拉长食用菌产业链条，为生产提供技术支持 实施重大科技专项和食用菌三大生物工程（食用菌的新、特、优良品种选育工程，食用菌产品精深加工工程，绿色有机健康生产工程），并紧紧围绕“优质食用菌生产与加工基地”建设，组织实施“食用菌精深加工技术研究与示范”等重大科技成果专项，通过研究示范提出食用菌优势产品区域布局规划，为优化调整食用菌区域布局提供科学依据，为加强大宗优良品种选育，为优化调整品种结构提供保障，推进优质食用菌品种区域化布局，做到规模化栽培、标准化生产和产业化经营，加快发展优质食用菌品种，提高产品的竞争力，加强精深加工技术研究，拉长产业链条，加强技术集成。在主产区推广一批优良品种和先进实用技术，全面提高重点基地生产技术水平，加快大宗品种生产优质化、特色品种生产多样化，促进菇农增收。

2. 加强科技成果的转化应用与推广，提高科技对食用菌产业的贡献率 各级政府、主管部门要管好用好食用菌科技成果转化专项资金，加强食用菌科技成果的熟化与转化，加大实用技术的组装集成与配套。强化一线科技力量，重点支持食用菌新产品、新技术、新工艺的应用与推广，促进科技成果转化为现实生产力。

加强食用菌科技研究院所试验基地、技术培训基地、科技园区、示范乡镇的建设工作，构筑高水平科技成果转化示范平台，使其成为连接科研、生产与市场的纽带。大力推动形成多元化科研成果转化新机制，充分发挥农村科技中介服务组织在发展食用菌产业化经营中的积极作用，促进成果转化与推广应用。

3. 坚持“六个必须”，着力推进“四个转变”，狠抓“五个关键环节”

六个必须：食用菌产业的发展必须始终坚持把促进农民增收作为工作的出发点和落脚点；必须树立科学的发展观，坚持发展与保护并重，在强化保护的基础上加快发展；必须强化质量效益意识，坚持速度与质量效益的协调统一；必须坚持实施出口带动战略，拓宽食用菌产业的发展空间；必须加快科技进步，坚持技术推广和新技术的研发相接合；必须注重食用菌产业的法制化建设，坚持服务与监管相结合。

四个转变：转变发展理念，用工业化理念指导食用菌产业；转变增长方式，坚持数量与质量并重，更加注重提高质量和效益；转变生产方式、大力发展标准化生产、规模化经营；转变经营机制，走产业化经营之路。

五个关键环节：强化科学管理，严格生产工序，避免因病虫危害造成重大损失，保护菇农增收；继续推进战略性结构调整，提高产品质量和效益，促进农民增收；进一步加快食用菌产业化进程，培养壮大龙头企业，带动增收；积极实施出口带动战略，拓宽产品销售渠道，扩大菇农增收空间；加快科技进步，强化技术推广，提高菇农的增收本领。

4. 围绕增收这个中心重点抓好以下方面工作 具体就是以菇农增收为中心。菇农增收的稳定性，决定着食用菌产业的兴衰。加强行业管理和产品质量监控，进一步提高产品质量和效益，坚定不移地走标准化、规模化和产业化的发展路子，加快食用菌产业的生产方式、增长方式和经营方式的转变，力争实现由食用菌生产大国向强国的跨越。着力在四个方面实现新突破，取得新成效。强化管理、严格要求，避免毁灭性灾害和农残事件发生，确保食用菌产业健康发展和人民群众的身体健康；加快食用菌产品优势区域开发，形成我国具有较强竞争优势的产业新格局；加强支撑体系建设，增强食用菌的社会化服务功能；强化科技推广，不断提高行业科技水平；强化市场体系建设，努力搞活食用菌产品流通。

当前，我国正在全面建设小康社会和节约型社会，做大做强食用菌产业必将起到积极的促进作用。

五、解析食用菌产业转型升级的措施

（一）加大领导力度，制定食用菌产业规划

食用菌可作为粮食替代品，能够提高机体免疫能力，有益于人类健康。食用菌产业以龙头企业为牵引，拉动广大菇农致富，成为广大农村地区扶贫帮困的有效途径，它不与人争粮、不与粮争地、不与地争肥、不与农争时、不与其他行业争资源，在应对匮乏的耕地资源和水资源、增加农民收入、转移农村劳动力等方面具有越来越重要的作用，是现代有机农业、特色农业的典范。正是这些优势，政府部门一定要加强对食用菌产业发展的领导，把食用菌产业作为发展区域经济的一件大事来抓，健全食用菌管理和推广服务体系，提高食用菌产业的管理和服务能力。食用菌管理部门应当积极履职，做好产业发展区划和规划，深入调查研究，帮助菇农和企业解决具体问题，引导、促进食用菌产业健康快速发展。

（二）出台相关政策，推动食用菌产业升级

为做强食用菌产业，建议各级政府通过政策引导和财政支持，推动食用菌生产技术水平有一个质的提升；食用菌生产的用地、用电应纳入农业范畴，把食用菌良种和机械列入良种、农机具补贴范围，享受用水、用电、用地、在物流环节的“绿色通道”等优惠政策；另外，在资金扶持方面，支持建设“都市型”食用菌高新技术产业群，支持食用菌专用品种选育、技术集成提升和智能控制系统升级，推动产业升级换挡。

（三）引导消费潮流，激活食用菌市场潜力

针对潜力巨大、远未开发的消费市场，引导人们食用更多的菇

类产品至关重要，应加强食用菌宣传，包括反映菇类产品的低脂肪、低糖、高维生素和含微量元素的特性及其保健功能（如提高免疫力、抗肿瘤等）的科学数据，健康饮食、科学烹饪，让消费者认识食用菌的品质内涵，发掘消费潜力。利用电视、广播、报纸等现代传播媒介，定期播报相关主题的科教片，形成需求导向的全民拉动和保护的主导产业。

（四）转变发展方式，提升食用菌产业水平

加快食用菌由分散、小规模生产经营方式向工厂化、专业化、规模化、标准化发展方式转变。用工业的方式来发展食用菌产业，扶持食用菌企业、专业合作社，完善基础设施，推广食用菌机械化、自动化、智能化装备在工厂化、专业化生产中的应用。积极引导分散栽培经营的菇农创建食用菌专业合作社，推动食用菌专业化生产。强化标准菇棚建设，创建一批规模较大、自动化程度较高的标准化菇棚生产基地。大力发展效益型精致菇业，实现发展方式的4个转变（粗放型向精致型转变，数量型向质量型转变，脱贫型向致富型转变，原料型向高端产品型转变），推动食用菌产业再上新水平。

目前，在平原粮食生产主产区，作物秸秆和其他生产副产物丰富，是发展食用菌的好原料，应重视食用菌的发展，在这些地方发展食用菌产业应成为实现循环农业的重要环节。

第二节　双孢蘑菇栽培实用技术

双孢蘑菇，属伞菌目伞菌科蘑菇属，世界上栽培面积最大，总产量最高，菇体洁白如玉，圆正漂亮，色、香、味和口感均被人们所喜爱，有“植物肉”的美称，其营养价值比肉类还高。

一、生物学特性

（一）形态特征

双孢蘑菇的形态有菌丝体和子实体两部分，菌丝体是营养器官，子实体为繁殖器官。

1. 菌丝体 双孢蘑菇成熟的孢子在适宜条件下萌发形成，之后菌丝之间相互连接，形成一个庞大的蛛网体。由许多条菌丝间相互联结，构成这样的蛛网体即是菌丝体。

2. 子实体 由菌盖、菌褶、菌柄、菌环等部分组成。

（1）菌盖。幼嫩时呈球形或半圆形，有菌膜与菌柄相连，菌盖扩张时菌膜涨破，称为开伞，平展直径可达 15 厘米。环境干燥时菌盖表面常有鳞片。

（2）菌褶。生育菌盖的下面，刀片状，嫩时白色或粉红色，老熟时呈褐黑色。菌褶两侧着生担子，担子上生有 2 个担孢子，双孢蘑菇即由此命名。

（3）菌柄。白色，圆柱状，光滑，内部中实但较松。

（4）菌环。生于菌柄中上部，白色膜质，在菌柄上围成一环状。

菌索着生于菌柄基部，与覆土及培养中的菌丝相连。开始出菇时，在菌丝交接点上产生许多小的瘤状突起，称为原基。随后依靠菌丝体供给的养料，迅速膨大成菇蕾，并进一步发育成为蘑菇，最后开伞成熟，弹射担孢子。

在制种和培养料发菌时要求菌丝生长旺盛，以积累养分；出菇阶段则要求在覆土层中形成菌索，以结蕾出菇。越冬期保留在料层及土层中的粗大菌索增多，通过初春升温调水后，菌索可再发育出菇。

（二）生活条件

要获得高产优质的双孢蘑菇，就必须创造一个适合其生长发育的环境条件，满足其各个生长阶段的需求。

1. 营养 双孢蘑菇是一种腐生真菌，它所需要的营养物质全部从培养料中吸收。因此培养料应该进行科学搭配和堆制发酵，为双孢蘑菇生长提供充足的养分。营养主要为碳源、氮源、无机盐和维生素等。

碳源除单糖、有机酸等小分子化合物能直接吸收利用外，其他大分子化合物均要通过发酵，依靠嗜热性和中温性微生物，以及菌丝本身所分泌的酶分解成简单的碳水化合物，才能被吸收利用。氮源有蛋白质、氨基酸、尿素等。双孢蘑菇能否获得高产，取决于培养料中的含氮量。畜禽粪、豆饼、尿素等物质可以提供大量的氮素营养，但氨气对双孢蘑菇菌丝有很大的危害。另外，磷、钾、钙、镁、锰、铁、锌、铜等也是不可缺少的营养物质，其中以钙、磷最为重要。磷是核酸和能量代谢的重要元素，没有磷，对碳、氮营养也不能很好利用。钙不仅能促进菌丝和子实体生长，并能中和培养料中的酸根，改善培养料的理化性质。维生素可以从堆制与发酵产生的微生物代谢物中获得，所以培养料的堆制与发酵是双孢蘑菇栽培的一项十分重要的基础工序。

2. 温度　双孢蘑菇的一生可分为两个阶段，一是菌丝生长阶段（俗称发菌），二是子实体发育阶段（俗称出菇），两个阶段对温度的要求各不相同。

双孢蘑菇菌丝能够生长的温度是6～32℃，但以25℃生长速度最快，大于34℃或低于4℃，则菌丝的生长停止；菌丝培育一般以20～25℃为宜，生长较快，浓密健壮，利于丰产，高于25℃时菌丝生长虽快，但稀疏细弱，容易衰老。

子实体生长发育的温度范围为7～25℃，以13～16℃时子实体生长最佳，菌柄矮壮，菌盖肉厚，质量好，产量高。当温度上升到18～20℃时，子实体生长多而密，朵形较小，菇盖菌肉组织较松，质量明显下降；若温度高于22℃时，菌柄徒长，肉质疏松，品种低劣；但温度低于12℃时，生长缓慢，若温度回升，菌丝体又把供应菇蕾生长的营养物质倒输给四周的菌丝，供其蔓延生长，结果会使已经形成的菇蕾因失去营养而枯萎死亡。

3. 水分　双孢蘑菇的菌丝体和子实体的含水量都在90%左右，其水分主要来源于培养料及覆土中的水分。培养料的含水量保持在60%～65%为宜，菇棚内的空气相对湿度掌握在75%左右。培养料在发菌初期的含水量应略高些，一般控制在70%，发菌结束时则应降到60%～65%为好。过湿的培养料透气性差，不适于菌丝体生长，并且易发生真菌性、细菌性以及线虫引起的多种病虫害。子实体形成和发育时，要求培养料含水量65%左右，菇棚内的空气相对湿度控制在85%～90%为宜，空气干燥会导致菇盖发生鳞片，商品价值降低。覆土层应保持经常湿润，含水量保持在18%～20%（用手捏可成团，扔可散），以保证大量子实体生长时对水分的需要。

4. 空气 双孢蘑菇是好气性真菌，对二氧化碳十分敏感，如栽培场所通气差，二氧化碳和其他有害气体积累过多，则影响菌丝和子实体的生长。适宜于双孢蘑菇菌丝生长的二氧化碳浓度为0.1%～0.5%，当大气中二氧化碳浓度减少到0.03%～0.1%，就可诱发菇蕾。在出菇阶段，二氧化碳浓度达到1%时，菌丝将不能形成原基。如果空气中氧气不足，双孢蘑菇菌丝和原基将往上生长而露于床面。所以菇棚要有良好的通风条件，经常通风换气，排除有害气体，补充新鲜空气。特别是出菇以后，更应加大通气量，随时排除多余的二氧化碳气体，供给充足的氧气，否则菇柄会过长。

5. 酸碱度（pH） 双孢蘑菇菌丝在pH 5.0～8.0都可以生长，最适宜的pH是7左右，较其他担子菌稍偏碱性。由于菌丝体在生长过程中会产生碳酸和草酸，同时在菌丝周围和培养料中会发生脱碱（氨气蒸发）现象，而使菌丝生长环境（培养料和覆土层）逐渐变酸，因此在播种时培养料的pH应调整在7.5左右，土粒的pH可调整到7～8，这样不但适宜菌丝生长，还能抑制一些霉菌类病害的发生。

6. 光线 光线对双孢蘑菇的生长发育没有直接作用，菌丝可以在完全黑暗条件下生长，但子实体的形成最好有弱的散射光线的刺激。光线过强，会导致双孢蘑菇表面干燥和变黄，品种下降。

二、栽培技术

（一）品种及栽培季节

1. 品种及特性 双孢蘑菇有两大品系，即匍匐型品系和气生型品系。

（1）匍匐型品系。本品系菌丝在试管种上表现为贴生，爬壁力弱，生长的适温是 24～26℃。该品系菇色洁白，光泽较差，菌柄长，菌环明显，适于鲜销或制作盐水蘑菇。主要菌株有 1204、1206、浙农 1 号、沙州 28、176、Ag111、F56 等。

（2）气生型品系。该品系菌丝在试管种上表现为生长健壮致密，播种后，吃料发菌速度较匍匐型菌株快，耐温性广，抗高温能力强，耐肥力较差，产量稍低，但菇质好，菇形圆整匀称，洁白光滑，菌肉丰厚，质地细密，开伞率低，适于制作罐头。主要菌株有 As2796、152、3003、1671 等。其中 As2796 是目前在我国生产上大面积推广的品种，由福建省轻工业研究所培育。该菌株为杂交型，菌丝白色，基内和气生菌丝均很发达，菇体圆整、盖厚、色白，商品性状较好，10～32℃菌丝均能正常生长，最适温度为24～28℃，出菇温度为 10～24℃，最适温度为 14～20℃。

2. 适宜栽培季节 根据双孢蘑菇生育特点，在自然条件下进行栽培，我国北方其栽培季节多安排在秋冬并延续到早春，为了在栽培季节内有较长的生长发育期，适宜的播种季节应是前期温度 22～25℃，适合双孢蘑菇菌丝体生长，一个月后气温下降到 20℃以下，以利于菇体形成。在华北地区生产季节的安排有两种模式：一是厚料（20～25 厘米）栽培，从 8 月开始堆料，到翌年 4 月底结束，整个生产期为 8 个月，每平方米菇床可产鲜菇 7.5 千克；二是薄料（15 厘米）栽培，也是从 8 月开始堆料，但采菇到 12 月底结束，生产期为 4 个月，每平方米菇床可产鲜菇 4～5 千克。采菇结束后，将残料翻入地中作底肥，1～5 月利用大棚种厚皮甜瓜或其他蔬菜，由此形成麦秸-双孢蘑菇-有机肥-瓜菜生态种植。另外，根据各地自然气候变化规律和菇房条件灵活掌握，在大棚里一年可栽培一次（如可以控制温湿度的条件下，也可栽培两次或三次）。具体生产季节的确定，要根据当地气候，只要昼夜平均气温或菇房温度能稳定在 20～25℃即可播种，播前 25～30 天为培养料堆制发酵期。注意播种过早，前期温度高，容易烧菌；过迟则播种后发菌慢，出菇迟，影响产量。一般 9 月上中旬至 10 月上中旬是出菇的黄金季节。

（二）适宜北方的几种栽培设施

1. 专用菇房 一般床架式栽培专用菇房占地面积小，空间利用率高，管理比较方便。床架4～6层，床架宽1～1.5米，层距60～70厘米，底层离地20～30厘米，顶层距房顶1.3米左右。南北两面靠墙走道宽约65厘米，东西两面靠墙走道宽约50厘米，床架之间走道宽60～70厘米。

每条通道两端各开上、中、下通风窗，上窗的上沿低于房檐15～20厘米，下窗的下沿高出地面8～10厘米，大小以宽35厘米、高45厘米为宜，窗上装孔径80微米的尼龙纱网，每条通道中间的屋顶设置抽风筒，筒高1.3～1.6米，内径0.3米。床架可选取竹子、木材、钢筋水泥等材料搭建，床面用纱窗、竹竿、树枝等铺垫，密度以不漏料又透气为准，培养料分层铺放在床架上。

2. 塑料大棚 塑料大棚外观和常见蔬菜大棚相似，要求东西走向，大棚菇房占地利用率约60%。塑料大棚可以床架栽培，也可以地床栽培。（为提高秋冬季棚温，可采用双膜覆盖，棚温可提高5～6℃。气温高时，为延长出菇期，棚顶加厚覆盖物可适当降温，使产季延迟结束。）

（1）床架栽培。床架栽培和专用菇房床架栽培相似。栽培面积按111米^{2}设置，要求棚长10米、宽5米、高3.5～4米，床架4层；栽培面积按222米^{2}设置，要求棚长12米、宽8米、高4.5米左右，床架4层。

搭建时先按设计要求搭建床架，床架宽150厘米，床架层距65厘米，底层离地面20～30厘米。三走道两床架，中间走道宽100厘米，两边走道宽60～70厘米。棚架中柱高3.7米，边柱高3.1米。在床架顶部固定若干拱形棚架，用黏接好的宽幅塑料薄膜将棚体整体覆盖，膜外再加盖草苫等遮阳物。通气窗开设在大棚两侧，可以先在塑料薄膜上划开窗洞，再粘上大小相同的塑料窗纱，窗的大小为0.4米×0.5米。大棚可以不设拔气筒，在门上部增设通气窗来代替。棚体要牢固，确保雨天不滴漏、下雪不凹陷。

（2）地床栽培。每个大棚内设 3 畦，两边畦宽各 90 厘米，中间畦宽 150 厘米，长度根据地形而定。棚内设作业沟（作业道）两条，宽 50 厘米，深 30 厘米，挖出的沟土作为畦边的挡料堤。中柱高 115 厘米，边柱高 50 厘米，中、边柱上可用竹片搭制拱棚，上覆薄膜和草苫。棚可以连片搭建栽培，棚间挖排水沟，棚与棚之间搭架，上覆草苫遮阳、控温。

发酵好的培养料直接铺放在地床表面进行栽培。由于地床栽培受温度、下雨和刮风等自然气候影响较大，土壤中存在的不利因素也较多，环境条件控制难度较大，所以要选择好栽培季节，进料前对棚内和土壤要严格消毒 1～2 次，以防病虫害发生。

3. 简易中小拱棚　简易中小拱棚是利用房前屋后或果园、林间等空闲地，因地制宜搭建的一种简易菇房，进行地床栽培。这种方式投资少，操作简单。中小拱棚均为畦床栽培。棚长一般 15～20 米，宽 2.5 米，中间高 1.4～1.7 米。棚的中间为走道，宽 50～60 厘米。棚两侧做两个与棚走向相同的畦床，畦床宽 1 米左右，走道下挖 30～40 厘米，挖出的土填放在畦床上。畦床使用前杀虫杀菌。用直径 2～3 厘米的竹子或竹片作拱形骨架，竹竿相隔 50～100 厘米，中部和两侧分别纵向连接，以加固棚架。恶劣天气影响严重的地区，中间走道两侧各设高 1.2 米的立柱。拱架上可采用 3 块膜法覆盖薄膜，即两侧底部各覆 1 米宽的膜，膜下部埋入土中 20 厘米，上部 30 厘米和棚顶 3.5 米宽的膜呈覆瓦状压紧，以便于通风。棚连片搭建栽培时，棚与棚之间为排水沟，沟宽 30～50 厘米，深度比走道低 10 厘米以上。在进料播种前覆棚膜，在棚膜外盖一层草苫或玉米秆作遮阳物。发酵好的培养料直接铺放在地床表面进行栽培。

4. 冬暖式大棚（日光温室）　目前，我国北方多在地面建冬暖式大棚，其优点是保温保湿性能好，冬春菇房气温高，使冬季持续出菇，春菇产期提早，适于规范化、集约化大面积栽培。菇棚要求东西走向，坐北朝南方位，长 40～50 米、宽 7～8 米，北墙高 2 米左右，四周墙厚 0.6 米，采用钢筋拱架结构，拱架间距 1 米，前坡面呈拱形，东侧留缓冲房，以南门进出，在北墙设置上、中、下3排通风孔，直径0.3米，南墙设置下通风孔，直径0.3米，孔距均为4.5米，框架建好后，在栽培前1个月覆高强度农用塑料膜，覆膜后搭上草帘，用来调节温度和光照。培养料后发酵在温室内进行，培养料放在一定的架子上，料堆一般为宽2米、高1.3米，每隔1米用直径10～15厘米的木棒从料顶至地面打若干个通气孔，然后距料35厘米搭拱形架，上覆薄膜，利用阳光照射自然增温，或辅助蒸汽进行加温。

5. 半地下式菇棚 半地下式菇棚一半建在地上，一半建在地下，兼有地上菇棚与地下菇棚的优点，保温保湿，冬暖夏凉，通风性能好，可调节光照，便于消毒等。

菇棚长10～20米、宽3～4米、高2～3米，地下部分1.5～2米，地上墙高1～1.5米。地面打土墙或砌砖，两头有出入道口和密闭的门窗。棚顶既可用泥灰渣构筑，亦可用塑膜和草苫等覆盖。屋顶面筑成半坡形，与地面角度呈30°。屋脊每隔4.5米设一拔风筒，直径40厘米。地下部分设进风筒，新鲜空气由进风筒进入菇房，从排风筒排出。

（三）栽培措施及管理要点

1. 配方原则及配方 培养料发酵前的最适合碳氮比为（28～30）：1，发酵后是（17～18）：1，氮、磷、钾的比例为13：4：10。厚料栽培时，要求发酵前培养料的用量为每平方米菇床投干料40～50千克；薄料栽培时，要求每平方米菇床投干料30～40千克。培养料经过20余天的发酵后，干物质一般损失40%左右。具体配方如下：

（1）天然料配方。

配方一：稻草2 000～2 250千克，干牛粪800～1 000千克，干鸡粪250千克，豆饼175千克，尿素15千克，过磷酸钙40千克，石灰50千克，石膏75千克。

配方二：稻草或麦草2 250千克，干鸡粪750千克，豆饼100千克，过磷酸钙40千克，石灰50千克，石膏75千克。

配方三：玉米秆2 000～2 500千克，牛粪或鸡粪500～800千克，尿素10千克，石膏25～30千克，过磷酸钙20～30千克，石灰25～50千克。

（2）半合成（少粪）配方。

配方一：干稻草或麦草2 000千克，干鸡粪500千克，菜籽饼100千克，尿素20千克，过磷酸钙35千克，石灰30千克，石膏75千克。

配方二：麦秸58%，牲畜粪38%，饼（豆、棉籽、花生）3%，尿素1%。

（3）合成（无粪）配方。

配方一：干稻草或麦草2 500千克，饼粉150千克，尿素40千克，过磷酸钙35千克，碳酸氢铵25千克，石膏50千克。

配方二：棉籽壳99%，尿素1%，水140%。

2. 培养料的堆制发酵

（1）培养料一次发酵法。在室外一次性完成培养料发酵工作的称为一次发酵法，其所需设备简单、技术容易掌握，成本低。

①培养料预湿。将稻、麦草或玉米秸切成30厘米左右的段，堆制前2～3天用0.5%石灰水充分浇透或用1%石灰水浸泡，让其充分吸水后捞出建堆预湿。使用的各种干畜禽粪和饼肥充分粉碎后混合均匀，于堆制前2～3天另外单独建堆预湿。若是湿粪发酵，发酵比较慢，需提前20天预湿，5天左右翻堆一次。原材料预湿时含水量掌握在55%～65%用手抓起一把粪肥，用力一捏，以能看到水从指缝中渗出而不会下滴为度。在预湿时，也可以把含水量控制得稍偏干一点，含水量掌握在50%～60%，建堆后，在每一次翻堆时，再根据具体情况进行喷水补充。

②建堆。建堆时先将水泥地面打扫干净，然后铺放一层经预湿处理过的玉米秸、稻草等，厚约30厘米，宽2米，长度视材料的多少以及场地的实际情况而定，厚薄要均匀一致。然后在上面撒放一层预湿过的粪肥，厚度3～5厘米或依粪肥数量而定，一般要均匀地覆盖草料，饼肥、尿素都在建堆第四层时加入，分层撒在料堆

的中间几层。粪肥施撒的原则是里面少外面多、下层少上层多，一层草料、一层粪肥交替铺放，最上面一层用粪肥全面覆盖，完成建堆，总层数10～12层，高1.5～1.8米。（110米^{2}的栽培面积需要料堆长12～13米）。草料铺放要求疏松；料堆边缘应基本垂直、整齐，即堆顶与堆底的宽度相差不太大，以便保持堆内温度，堆顶形状以龟背形或半圆形较好；料堆不宜过高过宽，否则不仅操作不便，而且透气性差，容易产生粪臭味，发酵不均匀，但料堆也不能太窄，否则边料多，不易腐熟，影响发酵质量；建堆时每隔1米堆内要事先插棍棒、竹竿等，建堆后再拔掉以利透气；主料预湿不够、水分不足时，要适量均匀地喷清水或粪肥水，喷水原则是“上层多喷，中层少喷，下层不喷”，一般从第四层或中层开始喷水，堆底有少量水渗出为度；建堆后在料内不同的深度部位插入温度计（0～100℃）以便观测堆内温度；建堆后料堆要覆盖，晴天用草苫等覆盖遮阳，以免风吹日晒，营养和水分散失，雨天要用塑料薄膜覆盖，防止雨水渗入堆内，流失养分，但要注意掀膜通气，防止厌氧发酵，可以在料堆上搭一拱形塑料棚，既能防雨，又能透气。

建堆时辅料按“下层不加、中层少、上层多”的原则分层撒铺于各草层，其中氮肥尿素尽可能多加，争取在第二次翻堆时加完，以免后期产生氨气，抑制菌丝生长；石膏、过磷酸钙各添加总量的1/3，石灰一般在第三次翻堆时开始添加，调节培养料的pH至7.5左右。

③翻堆。培养料一次发酵期间一般翻堆4～5次，具体方法如下：

第一次翻堆：在正常情况下，建堆后的2～3天，预湿过的培养料堆内温度就可升至70～80℃，早晨和傍晚可见堆中冒出大量雾状水蒸气，当堆温升至最高温度后开始下降时进行第一次翻堆。具体做法是：将外围和底部的料翻到中部，中部的料翻到上、下部，若是把料堆外层培养料耙下来，放在一边，洒些水，在重新建堆时再逐渐混入料堆中更好。翻堆时根据水分情况适当浇水，水分掌握在翻堆后料堆四周有少量粪水流出为宜，结合翻堆分层加入所需的氮肥和过磷酸钙等。翻堆后重建料堆的宽度应适当缩小，长度缩短，高度不变，并在料堆中设排气孔。

第二次翻堆：第一次翻堆后 1～2 天，温度很快再次上升到 75℃左右，4～5 天后堆温达到最高点后又下降时，进行第二次翻堆。同样在翻堆时，应尽量抖松粪草，并将石膏分层撒在粪草上。这次翻堆原则上不浇水，较干的地方补浇少量水，须防止浇水过多造成培养料酸臭腐烂现象。

第三次翻堆：第二次翻堆后 5～6 天，即可进行第三次翻堆。

以后依次进行第四次、第五次翻堆。翻堆方法同第二次翻堆。

每次翻堆间隔时间主要根据料内的温度变化来掌握。在培养料堆制过程中，前期由于粪草尚未腐熟，料堆疏松，通气性好，堆温下降慢；后期粪草逐渐腐熟，料堆较实，通气性差，堆温下降快。因此，翻堆间隔时间应先长后短，料堆应先大后小。一般情况下，翻堆时间按相隔 6 天、6 天、5 天、4 天、3 天进行，翻堆次数 4～5 次，堆期 25～30 天（稻草 25 天，麦草 27～30 天，玉米秸 26～30 天），棉籽壳由于营养丰富，发酵快，发酵时间要缩短，10～15 天即可。

3. 播种与发菌管理

（1）播种期。播种期应视当地气候条件和温度而定，夏季栽培时一般当平均气温在 27～28℃，并且温度呈下降趋势时即可播种，24℃左右是最适宜的播种温度。若温度偏高，即使培养料发酵好了，也不要急于播种，否则料温高于 30℃容易出现烧菌现象。播种时间也不能因求稳而盲目推迟，否则后期温度低，产菇时间缩短，稳种而不能高产。适宜播种时间以发菌期温度 20～27℃，出菇以后温度 14～18℃最好。

（2）播种方法。双孢蘑菇菌种有粪草菌种和麦粒菌种等几种类型，不同菌种类型播种方法和使用量不一样。粪草菌种采用条播加撒播或穴播加撒播方法，即在料面用指头按“品”字形挖一小穴，穴深 3～5 厘米，穴距 8～10 厘米，把核桃大小的种块逐穴填入，或在床面上开一条宽 5～7 厘米、深约 5 厘米的横沟，在沟内均匀撒下菌种，沟和沟之间距离 10～13 厘米。气候干燥或料干时，播种可稍深些，气候潮湿、料偏湿可播浅些，菌种要稍露料表面，最后再用少量菌种均匀撒在料面，轻轻拍平，使菌种与料面紧贴，以利发菌。每平方米用粪草菌种 2.5～4 瓶（750 毫升）或菌种 1～1.5 千克。麦粒菌种采用翻播加撒播方法，即将 2/3 菌种均匀撒在料面上，用手或叉子松动培养料，使菌种落进培养料内部，然后将剩余菌种均匀撒在料面，再用少量培养料覆盖，使菌种若隐若现，最后用木板轻轻拍平培养料表面，使菌种和培养料紧贴在一起，每平方米用麦粒菌种 1～1.5 瓶（每瓶 750 毫升），播种后上面可用覆盖物（草帘、报纸或塑料膜）覆盖。

（3）发菌期管理。从双孢蘑菇播种开始到原基发生之前的一段时间是发菌期，这段时间管理的重点是抓好菇房的通风降温和湿度调节，播种后 2～3 天是菌种定植萌发时间，这段时间少通风，以保湿为主，保持菇房内空气相对湿度 75%～80%，以促使菌丝迅速萌发，占领料层，抑制杂菌生长。但料面不能直接喷水，如果料面偏干，影响菌种的定植和吃料，可以在菇棚的空间、地面上喷水。为保持菇棚内空气新鲜，可把背风的地窗打开，少量通风，并将覆盖在床面上的报纸或薄膜每天掀动 1～2 次，以利通气。播种后若遇到持续 28℃以上高温，早晚和夜间要注意通风降温，控制菇棚温度 27℃以下。

播种 3 天后，当菌种块菌丝已经萌发时，可逐渐增加菇棚通风量，温度在 25℃以上时，早晚通风，中午关闭门窗。5～7 天后菌丝已进入培养料，此时在保持棚内湿度的同时，要逐渐加大菇房的通风量，保持空气新鲜，并适度吹干料面，以防杂菌发生。7～10 天后菌丝伸入培养料一半左右时，可揭去薄膜等覆盖物，加强通风，促进菌丝进一步向料内生长，直至菌丝长到料底部。在此期间，料内的温度最好控制在 22～26℃，最高不能超过 28℃。如床面过干，可增加空气湿度，让料面逐步吸湿转潮。

发菌期间除了管理好温度、湿度和通气条件外，要经常检查双孢蘑菇发菌情况。如发现菌种块污染，应及时捡出、处理，再补种新菌种。如发现有螨虫危害，应采取措施力争在覆土前消灭。如发现菌种不萌发或生长较弱，应及时查找原因，采取补救措施。

4. 覆土与覆土后管理

（1）覆土时期确定。当菌丝吃料 2/3 以上、大部分菌丝接近培养料底部时（在正常的栽培季节，播种后 20 天左右），开始覆土。

（2）覆土方法。

①一次覆土法。各种大小规格的土粒（0.5～1.5 厘米）混合在一起，待菌丝长好后，一次性覆盖在菌床上，覆土层厚度 3.5～4 厘米。

②二次覆土法。土粒分别制成粗土和细土两种规格，粗土粒直径 1～1.5 厘米，细土粒直径 0.5～0.8 厘米。覆土时先覆一层粗土，以保持良好的透气条件，覆盖厚度为 2.5～3 厘米，覆完粗土后，2～3 天内采取轻喷勤喷的办法逐步将土层调至所需湿度，接着再覆盖一层细土，厚度为 0.8～1 厘米，粗、细土覆土层总厚度 3.5～4 厘米。

（3）覆土要求。土层厚薄要均匀，覆土后用木片或木板将土层刮平整，覆土厚度 3.5～4 厘米。

（4）覆土后管理。覆土后 2～3 天，根据覆土层水分情况先调水，再小通风半天左右，让土表水分散失，达到内湿外干状态，当扒开土层见有菌丝，说明菌丝已长入土层，以后逐渐加大菇房通风量。一般在白天开对流窗，使空气流通，防止菌丝在土中徒长，若有气生菌丝出现，在菌丝处补盖一层薄薄细土，厚度以盖住菌丝即可。根据土中水分情况，经常向土中喷雾状水，保持土层湿润，喷水时要轻喷、细喷、勤喷，切忌过多水分流入料中。后期加大通风，增加空气湿度，使菇房空气相对湿度达到 90%左右，菇房内温度控制在 14～18℃，促使子实体迅速形成。并通过水分管理和通风换气控制子实体原基在土层下 1 厘米处扭结，避免出菇部位太高或太低而影响双孢蘑菇的产量和品质。正常情况下，从播种到出菇 40 天左右。

从覆土到出菇这个阶段容易出现一些问题：

①料面菌丝萎缩。在覆土调水、喷结菇重水、结菇出菇期间，一次喷水过重，水分很容易直接流入料面，或覆土前料面较潮湿，结果由于水分过多，氧气供应不足，料面菌丝会逐渐失去活力而萎缩。调水期间菇房通风不够，以及高温期间喷水，都会因菌丝代谢的热量和排出的二氧化碳不能及时散发而自身受到损害，最终产生菌丝萎缩现象。为防止料面菌丝萎缩，覆土前加强通风，防止料面太潮湿；覆土后调水、喷水后，菇房要加大通风；高温时不喷水。

②产生杂菌和虫害。这段时间菇房内的温湿度都非常适合杂菌和害虫的发生。疣孢霉、胡桃肉状菌适于高温、高湿、通风差的条件下发生和发展。螨类也很容易在这段时间内发生。因而要特别注意防止这些杂菌害虫的危害。

③菌丝徒长，土层菌丝板结。出现该问题的主要原因是覆土上干下湿、结菇水喷施过迟、喷结菇重水后菇房通风不够、菇房湿度过高等。这些情况都会促进双孢蘑菇的营养生长而抑制生殖生长，造成菌丝在土层中过分生长，甚至长出覆土表面布满土表，形成菌被，迟迟不能结菇。针对上述情况，应分别采取相应措施。如用松动或拨动破坏的办法，阻止菌丝的继续生长。喷施重水后，要加大菇房通风，促使结菇。

④出密菇、小菇。出密菇、小菇的主要原因是结菇部位不适当。结菇部位不适当跟喷施结菇重水是否适时、适量有关。结菇重水喷施过迟，使菌丝爬得太高，子实体往往在覆土表层扭结。结菇重水用量不足，菇房通风不够，菌丝扭结而成的小白点（原基）过多，因而子实体大量集中形成，造成菇密而小。为防止密菇、小菇的产生，应及时调节结菇重水，避免菌丝在覆土表面扭结，结菇部位过高。结菇重水用量要足，菇房通风要大，防止菌丝继续向土面生长，抑制过多子实体的形成。

⑤出顶泥菇、菇稀少。结菇重水喷施过急、用量过大，抑制菌丝向土层上生长，促进了菌丝在粗土层扭结，降低了出菇部位，以致第一批菇都从粗土间顶出，菇大、柄长而稀。

⑥死菇。出菇以后，在双孢蘑菇生产中经常遇到大批死菇现

象，这种现象往往在第一潮菇时发生，究其原因，主要由高温的影响和喷水不当所引起。在双孢蘑菇原基形成以后，尤其在出现小菇蕾以后，若室温超过 23℃，菇房通风不够，这时子实体生长受阻，菌丝体生长加速，这样营养便会从子实体内倒流回菌丝中，供给菌丝生长，大批的原基便会逐渐干枯而死亡。喷施结菇重水前未能及时补土，米粒太小的原基（小白点）裸露，此时，易受水的直接冲击而死亡。结菇和出菇重水用量不足，粗土过干，小菇也会干枯而死。针对上述原因，防止高温影响，喷水时保护好幼小的菌蕾可有效地减少死菇的发生。

5. 出菇管理——秋菇管理

（1）水分管理。水分管理是出菇期间最重要的环节。当覆土层内出现米粒大小白色的小菇蕾时，就要适时喷结菇水。结菇水要偏大、偏重，每次喷到土层发亮，目的是促使菌丝大量扭结出菇。当菇蕾长到黄豆大时，再及时喷出菇水，每天喷 1～2 次重水，每次每平方米喷水 0.9 千克左右，连续喷 2～3 天。喷重水后，停水两三天，然后恢复正常喷水量，即每天喷 1～2 次，轻喷勤喷，少量多次，直到采菇。第一潮菇采收后，停水一天，以后继续喷水，直到下潮菇长到黄豆大时，再喷重水。如此反复循环，直到第三潮菇采收结束。

（2）通风换气。双孢蘑菇子实体生长阶段呼吸作用旺盛，需氧量大，因此菇棚要保持空气新鲜，需随时注意通风换气。秋菇前期，尤其是第一至第三批菇发生期间，气温高，出菇多，需氧量大，更要加强菇房内的通风换气，保证菇体的正常生长和发育。在正常气候条件下，可采取长期持续通风的方法，即根据双孢蘑菇的生长情况和菇棚的结构、保温、保湿性能等特点，选定几个通风窗长期开启。这种持续通风的方法，能减少菇棚温度和湿度在短时间内的剧烈波动，保证相对稳定的空气流通。如果遇到特殊的气候条件如寒流、大风和阴雨天等，则通过增减通气口的数量来调控通气量。有风时，只开背风窗，阴雨天可日夜通风。为了防止外界强风直接吹入菇床，在选择长期通风口时，应选留对着通道的通风口，不要选择正对菇床的窗口，同时要避免出现通风死角。通风换气要结合控温保湿进行，当菇棚内温度在 18℃以上时要加强通风，当菇棚内温度在 14℃以下时，应在白天中午打开门窗，以提高菇棚内的温度。

（3）温度管理。双孢蘑菇出菇阶段最适宜温度在 14～16℃，一般控制在 12～20℃，气温不要超过 20℃，温度不适时需要通过通风降温或加温等措施进行调节。

通风与保温、保湿之间是一个矛盾体，相互影响，相互牵制，因此，二者之间要协调好，不能顾此失彼。

6. 采收 一般在双孢蘑菇生长到六七成熟时就应及时采收。采收时应注意高产品种，床面结菇多，采收控制在菇盖直径 3 厘米以下，品质好，商品价值高。菇棚气温在 14℃左右，双孢蘑菇生长慢，柄粗，质地密实，可晚采，但菇盖直径也不得超过 4 厘米。养分足，菇柄粗壮，可适当推迟采收；养分不足，菇柄细弱，易开伞，应早采收。前三批潮菇，采用旋菇法采收，即用拇指、食指和中指捏住菇盖，先向下稍压，再轻轻旋转采下，避免带动周围小菇。后期采菇可采取拔菇法，即采摘时要把菇根下部连接的老化菌索一齐拔掉，因为这些老化的根状菌索，再生能力很差。刚采摘下来的双孢蘑菇，要轻轻地放在一定的容器里，以后用锋利的小刀，整齐切掉菇脚。最好边采菇、边切柄、边分装，保证鲜菇质量。新鲜的双孢蘑菇，质地非常脆嫩，因此无论在采摘、切根或搬运时都要注意轻拿轻放，不要乱丢乱抛，以保证产品的质量。

7. 转潮管理

（1）挑根补土。每批菇采收后，应及时挑除遗留在床面上的老根、菇脚和死菇。因其已失去吸收养分和结菇能力，若继续留在土层内不仅影响新菌丝的生长，推迟转潮时间，而且时间长了还会发霉、腐烂，引起病虫危害。

（2）喷水追肥。每次挑根后，需及时用较湿润的覆土材料重新补平，保持原来的厚度。每次采收后停止喷水 2～3 天，待菌丝恢复生长以后，继续喷水，第二、三批潮菇以后，结合喷水向菇床进行追肥。追肥可使用下列营养液：0.2%尿素水，0.2%糖水，菇根汁稀释液（菇根水煮20分钟，滤汁稀释10倍），发酵鸡鸭粪肥稀释液（发酵过的鸡鸭粪肥，加水3倍稀释）。

（四）冬春季管理要点

因冬季气温下降和菌丝中营养储备相对减少，土层中束状菌丝增多，双孢蘑菇子实体不再发育生长，菌丝进入半冬眠状态。冬春季的主要管理目标是恢复和保持好菌丝活力，为出好春菇打好基础；等春季温度回升后加强管理，出好春菇，提高产量。其管理技术要点如下：

1. 根据土层与料层中菌丝状况，采取不同的管理措施　对于料层和土层中菌丝较壮、色泽洁白、无病虫害的棚，采取“小动”的办法处理，即秋菇生产结束后，减少床面喷水，把土层内发黄的老根和死菇挑除干净，对暴露菌丝的床面补土。床架栽培用直径2厘米的尖头木棒每隔15厘米打一个洞，地面栽培采用撬料方式打洞，以增加料内的透气性，排出有害废气，使料内菌丝养息再生复壮。此措施称为收水打洞。对于土层菌丝衰退，与土层相接处的料层菌丝有夹层，甚至已变黑，有杂菌发生，但夹层下的料层中仍然有较好菌丝的棚，可采取“大动”的办法处理。即在春节前，先把土层铲出菇棚，再将没有菌丝的发黑或有杂菌的料清除。若有发酵料，调节好酸碱度和含水量，补铺在菌丝的床面上，然后重新覆土，调节土层湿度偏干为佳。若没有剩余的发酵料则在料面喷一些促进菌丝生长的营养液进行追肥，然后重新覆土，调节土层含水量（偏干一些）。按上述办法加以处理后，菌丝一般可复壮。

2. 抗寒保温与通风　进入寒冷冬季，菇棚应以防寒保温为主，尽量使温度不低于0℃，不要出现结冰现象，在保温的基础上也要注意适当地通风换气。由于冬季气候干燥，床面仍有一定的蒸发量，为了不使菌丝过干而影响菌丝正常的代谢活动，一般15天左右喷一次小水，保持细土不发白，含水量保持15%左右。

3. 喷好发菌水，迎接春季出菇　春季气温回升稳定在6℃以上时，开始喷发菌水。春菇喷水不能太快太急，要掌握先稳后准的原则，喷水量逐渐增多。早春喷水以午后高温时为好，喷水后适当通风；后期当棚温回升到18℃以上时，白天不喷水，改在傍晚和早晨喷水。春季气温时高时低，既要防寒流袭击，又要防高温危害，要经常关注天气预报，及时灵活地采取措施，通风换气，防寒抗热，延长春菇生产期，提高产量。

4. 增施肥料，提高产量 由于双孢蘑菇在生育前期大量出菇，培养料中的养分大量消耗，影响后期产量，为满足后期生长对养分的要求，应适当喷施一些营养物质以补充养分，促进菌丝建旺生长，提高产菇能力。一般每批潮菇可结合喷水追肥2～3次。促进菌丝和子实体生长的营养物质有：

（1）尿素液：配成0.5%的溶液喷洒。

（2）菇根汤：将鲜菇脚加水10倍煮后取滤液加水5～10倍喷洒。

（3）1%葡萄糖、0.5%碳酸钙配成混合液喷洒。

（4）1%黄豆浆以及1%酵母粉、1%维生素B_1和1%三十烷醇、1%菇丰宝、1%喷菇宝、1%健壮素等。

5. 注意防治病虫害 出菇前可在菇棚内外空地和墙壁喷一次敌敌畏溶液，床面结合喷水，喷一次敌敌畏溶液或挂敌敌畏棉球。另外，菇棚内空地和墙壁应重喷一次5%～10%石灰水，床面结合喷水，经常喷施1%石灰澄清液。

6. 重浇结束水 北方地区春菇停产在5月下旬，可提前大喷一次结束水，使土粒调节至发黏的程度，特别是那些料层偏干的菇棚，可用泼浇法在菇床面上浇水，使水分渗透进料内。晚上可整夜大通风，白天密闭菇棚，争取最后收到一茬较整齐的春菇。

第三节 平菇栽培实用技术

一、平菇的概述

平菇又名侧耳，北风菌、冻菌、鲍鱼菇等，在分类上属于真菌门担子菌亚门伞菌目，侧耳科侧耳属。目前我国已发现的食用侧耳有 30 多种，但栽培最广的有糙皮侧耳、紫孢侧耳、漏斗侧耳（凤尾菇）、金顶侧耳和佛罗里达侧耳。

平菇肉肥质嫩，味道鲜美，营养丰富，又有药用价值，并且适应性广，抗逆性强，培养料来源广，栽培方法简便，生长快，周期短，成本低，产量高，目前在全国各地栽培相当广泛。特别是 20 世纪 70 年代生料袋栽获得成功以后，发展极为迅速，已成为食用菌的后起之秀。

二、生物学特性

（一）形态特征

平菇的形态包括菌丝体和子实体两部分。菌丝体是人们肉眼看到的白色丝状物，在显微镜下观察，菌丝则是透明的小管，由许多细胞组成，每个细胞里有两个细胞核，它们担负着吸收营养物质的功能。子实体是人们食用的部分，它是平菇形成种子——孢子的机构。子实体的发育分为 4 个阶段：当菌丝体生长到一定时期会相互扭结，在表面出现小米粒状的白点，进而形成许多桑葚状的菌胚堆即子实体原基，这一阶段称为原基期，因形似桑葚，又称桑葚期。原基期持续的时间不长，很快原基上就会长出许多棍棒状的小梗，从外形上看很像珊瑚，此期称为分化期，又可称为珊瑚期。分化期持续的时间也不长，几天后就可看到棍棒的顶端形成小的菌盖，看起来已很像平菇了，此期称为成形期。原始菌盖迅速生长，菌柄也随之伸长变粗，即发育为成熟的子实体，此期称为成熟期。

（二）生活条件

1. 营养　平菇是木腐菌，所需要的营养物质有碳源、氮源、无机盐类和维生素等，这些均可从锯末、棉籽壳、稻草、麦秸、玉米芯、玉米秸、豆秸等培养料中获得。

2. 温度　菌丝在 5～40℃都能生长，但以 24～27℃最为适宜。子实体形成的温度在 8～22℃，以 15～18℃为最适宜。根据子实体分化对温度的要求不同，可将平菇品种分为：

低温型：子实体分化温度在15℃以下，代表品种有831、539等。

中温型：子实体分化温度在16～20℃，代表品种有佛罗里达侧耳、凤尾菇、姬菇等。

高温型：子实体分化温度在21～26℃，代表品种有高温831、HP_1、侧5、鲍鱼菇等。

广温型：子实体分化温度在3～34℃，代表品种有792、802、新831、推广1号、太空2号、平杂17等。

不同季节栽培，要选用相应的品种。

3. 水分与湿度 菌丝体发育阶段培养料含水量以60%～65%为宜，空气相对湿度要求在70%左右。子实体发育时期，空气相对湿度要求在90%左右为宜。

4. 空气 平菇是好气性真菌，在菌丝生长阶段要注意适当通风换气，子实体形成及生长期，必须有良好的通气条件，否则子实体生长不正常，会影响平菇的产量和质量。

5. 光线 平菇菌丝生长阶段不需要光线，但子实体的形成需要一定的散射光，在完全黑暗条件下，子实体原基（幼蕾）、菌柄均不易形成。

6. 酸碱度 平菇菌丝在pH 3～7.2均能生长，子实体发育适宜的pH为5.5～6.0。配制培养料时，应把pH调到7.5左右，因为在拌料、灭菌及生长代谢过程中，pH会下降。

三、栽培与管理技术

平菇栽培的方法很多，目前多采用塑料袋栽培、室内生料床架栽培和室外阳畦栽培以及与农作物间套等，平菇很适合于袋料栽培，以袋栽和柱式栽培为优，其产量高、品质好、效益高。袋栽平菇有以下优点：①利于控制杂菌和害虫的危害，成功率高；②充分利用空间，占地面积小（15～18米^{2}的培养室可培养1 500～2 000袋）；③产周期缩短，采用堆积发菌，增高料温，加快发菌，缩短菌丝生长期；④便于移动管理，可充分利用场地；⑤有利于控制温度，保持湿度，出菇整齐，菇形好，产量稳定。

（一）栽培季节

目前栽培平菇主要是利用自然气温，进行秋冬和春季栽培，一般从播种到采收完，需要4～6个月，可收3～4茬菇。高温季节虽可栽培，但病虫害严重，产量低。根据气象资料，河南省每年6月平均气温在25℃以上，持续到9月初才逐渐下降到25℃以下，故播种从9月开始，一直可以播到翌年2月底，因3月虽可播种，但只能收两茬菇，便到高温夏季，生产效益也很低。

（二）栽培场所的选择与消毒

无论室内、室外栽培，都应注意菇场清洁，有光线，能保温保湿，做到通风换气方便。菇场选好后，要先消毒，特别是老菇场更应消毒。一般消毒可用硫黄熏蒸，用量为每立方米空间10～15克；或用甲醛熏蒸，用量为每立方米空间6～10毫升。

（三）栽培料的选择与配制

用作平菇栽培的原材料很多，以新鲜、干燥、易处理、便于收集和保存为原则，栽培原料还应无霉变、无虫蛀、不含农药或其他有害化学成分。栽培前放在太阳下曝晒2～3天，以杀死料中的杂菌和害虫。对玉米芯、豆秆、稻草、麦秆、杂木等原材料，应预先切短或粉碎。配方如下：

配方1：棉籽壳99%，石灰1%，50%多菌灵可湿性粉剂1 000倍液。

配方2：玉米芯76%，棉籽壳20%，麦麸皮或玉米粉3%，石灰1%。

配方3：玉米秆87.5%，麦麸皮5%，玉米面3%，石灰3%，尿素0.5%，食盐1%。

配方4：稻草74%，玉米粉25%，石膏粉1%，50%多菌灵可湿性粉剂1 000倍液。

配方5：麦秆84%，麦麸皮8%，石膏2%，尿素0.5%，过磷酸钙1.5%，石灰4%。

配方6：锯木面60%，棉籽壳30%，麦麸皮9%，石灰1%。

配方7：杂草94%，麦麸皮5%，石膏1%。

配方8：金针菇菌渣73%，棉籽壳20%，石灰5%，过磷酸钙2%，含水量60%左右（生物学效率可达80%～120%）。

配方9：草菇菌渣50%，新鲜棉籽壳50%，石灰1%。

配方10：草菇菌渣80%～90%，麦麸或米糠8%～10%，石膏粉或碳酸钙2%，糖1%，含水量60%，pH调至7.5～8.0后灭菌栽培。

在配置时注意调节培养料的营养和酸碱度。

（四）堆积发酵

按上属配方要求，准确称料，将料充分混合（易溶于水的应先加入水中溶解），然后加水拌匀。春栽气温低，空气湿度小，培养料中适当多加一些水，在100千克干料中加入150千克水为宜，不同培养料加水量也略有不同，玉米芯、绒长的棉籽壳可适当多加一些水，绒短的棉籽壳应少加一些水。拌好的培养料堆闷2小时，让其吃透水后进行堆积发酵。建堆的方法：在水泥地面上铺一层麦秆，约10厘米厚，把培养料放在麦秆上，料少时堆成1米高的圆形堆，料多时堆成高1米、宽1米的条形堆，每隔30厘米左右用木棍扎通气眼到料底，然后在料堆上覆盖草垫或塑料薄膜。当料堆中心温度升到55～60℃时维持18小时进行翻堆，内倒外、外倒内，继续堆积发酵，使料堆中心温度再次升高到55～60℃时维持24小时，再翻堆一次。经过两次翻堆，培养料开始变色，散发出发酵香味，无霉味和臭味，并有大量的白色放线菌菌丝生长，发酵即结束。然后用pH试纸检查培养料的酸碱度，并调节pH为7.5左右，待料温降到30℃以下时进行装袋。生产实践证明，用发酵料栽培平菇菌丝生长快、杂菌少、产量高。

（五）装袋与播种

选用宽23厘米、长43厘米、厚0.025微米的低压聚乙烯筒膜，每千克筒膜可截180个左右，每袋可装干料0.7～0.8千克。接种时先将一端用大头针别上，撒入一些菌种，装入一层培养料，整平压实，再撒一层菌种，再装一层培养料，最后用菌种封口，要使菌种与培养料紧密接触，接种量一般为干料的10%～15%。靠近袋口多撒一些菌种，使平菇菌丝优先生长，并防止杂菌滋长。料要尽量装实，手托袋中央，以袋子不变形为宜。装袋应注意以下几个问题：

（1）袋前要把料充分拌一次。料的湿度以用手紧握指缝间见水渗出而不往下滴为适中，培养料太干太湿均不利于菌丝生长。装袋时要做到边装料边拌料，以免上部料干、下部料湿。

（2）好的料应尽量在4小时之内装完，以免放置时间过长，培养料发酵变酸。

（3）装袋时不能蹬、不能摔、不能揉，压料用力均匀，轻拿轻放，保护好袋子，防止塑料袋破损。

（4）袋时要注意松紧适度，一般以手按有弹性、手压有轻度凹陷、手拖挺直为度。压得紧，透气性不好，影响菌丝生长；压得松，则菌丝生长散而无力，在翻垛时易断裂损伤，影响出菇。

（5）装好的料袋要求密实、挺直、不松软，袋的粗细、长短要一致，便于堆垛发菌和出菇。

（6）将装好的料袋逐袋检查，发现破口或微孔时立即用透明胶布封贴。

近年来采用机械化装袋与播种效率很高，规模栽培应积极采用。

（六）灭菌熟料栽培

目前平菇栽培多用发酵的生料栽培，简单、省工、效益高；如果有灭菌条件时，也可进行熟料栽培，产量高，但费工又增加生产成本，采用此法要核算经济效益。灭菌熟料栽培技术要点如下：

（1）排除洗锅内污水，换上清水，将装好料的菌袋及时进灶，合理堆放。料袋在灶内采用一袋袋上下对正的直叠式摆放，这样不仅孔隙大，有利于蒸汽穿透，而且灭菌后的菌袋成为四面体，有利于接种和后期管理。蒸仓内四个角自上而下留下15厘米^{2}的通气道，排与排之间也要留下空隙，保障蒸汽畅通，确保灭菌彻底。

（2）灭菌时要做到“三勤”，即勤看火及时加煤、勤加水防止干锅、勤看温度防止掉温。

（3）烧火应掌握“攻头、促尾、保中间”。灭菌开始时必须大火，力争在4～6小时之内使灶温升到100℃，并开始计时。然后稳火控温，使温度一直保持在100℃不掉温，维持24小时。灭菌最后2小时旺火猛烧，达到彻底灭菌的目的。停火后焖料，当温度降到70℃左右时，抢温出锅，并迅速运往接种室冷却，菌袋冷却时应呈“井”字形叠放，要注意，切勿“大头、小尾、中间松”。

（4）防止漏气。常压灭菌灶的门要密封严实。

（七）堆料发菌

装袋播种后，将袋子一层层排好堆积在一起，堆积的层数应根据当时的气温而定，气温在10℃左右，可堆4～5层，气温在18～20℃时堆2层为宜，注意防止高温烧死菌种。每堆间隔50厘米。

（八）管理

发酵不充分的发酵料播种后两天料温开始上升，每天要注意料温变化，防止料温上升到30℃以上。当料温上升到28℃时，就要加大通风，向地面喷水，降低温度。若温度继续上升，就要进行倒堆或减少层次，以达降温目的。在适宜温度内，一般经30天左右，菌丝即可布满全袋，去掉封口用的大头针，适当松口，可给予一定的温差刺激，适当增加光照，增加空气相对湿度到80%～90%，经5～10天，袋子两端就会出现菇蕾。菇蕾出现后，要将袋口撕掉或翻卷，露出原基。子实体发育初期即原基期（桑葚期）应控制水分，切忌直接喷水，可适当增加空气湿度，温度保持在15～18℃，3～5天即进入珊瑚期，此期仅2～3天，该期主要控制喷水，喷水时应做到细、少、勤，适当增加通风次数。进入成形期，随着菇体的增大，需水量也越来越多，但喷水仍应掌握少而勤的原则，一般每天喷3～4次，阴雨天不喷或少喷。此期通风很重要，通气不良会造成菇柄粗大、菌盖薄小等发育不良。但通风应保持较高的空气相对湿度，应协调好通气与保湿的矛盾。

（九）采收及下茬管理

当子实体长至八成熟时，菌盖尚未完全展开，孢子尚未弹射之前，要适时采收。采时用刀子紧贴料面切下，一不要损坏料面，二要把菇根切净，以利下茬出菇。

采收后停水1～2天，然后拉下袋口，喷水保湿，经10天左右会出现第二茬菇蕾。出菇后管理同上。

第三茬菇的管理关键在于补水，出过两茬菇后，料内已严重缺水，可将菌袋在水中浸泡一天，一般每袋补水250～300克，在水中添加适量尿素或糖等营养物质更好。料袋栽培一般可收4茬菇，为获得高产可在第二茬开始，每茬采收后适当补充水及营养物质。

四、平菇栽培实践中容易出现的问题与对策

平菇栽培管理上，除了受到外源杂菌的侵染外，还会由于环境中的物理、化学因素的影响，造成平菇生长发育的生理性病害。特别是在北方地区，气候环境变化较剧烈，菇农往往遇到长时间不出菇或者多畸形菇，在生产实践中总结了一些经验如下：

（一）在培养料中添加发酵防腐酸

发酵防腐酸是一种多元素的有机植物活性营养素，含有机腐殖酸和多种常见元素及微量元素。如将防腐酸进行200～450倍稀释，应用于袋栽平菇中，能使平菇菌丝长势增强，日长速度加快，长满袋时间缩短，并能有效地提高平菇产量，改良性状使出菇提前。方法：将发酸防腐酸用高压或常压灭菌，灭菌后稀释350倍，用稀释液进行常规拌料，装袋管理。

（二）菇蕾死亡的原因及其对策

1. 原因

（1）空气过干。

（2）原基形成后，气温骤然上升，出现持续高温，或遇较低温度，导致菌柄停止向菌盖输送养分，使菇蕾逐渐枯萎死亡。

（3）湿度过大或直接向菇体淋水，使菇蕾缺氧闷死。

2. 对策

（1）菇蕾形成后，要密切注意培养料的水分含量，水分不足时，在四周沟内灌水，使水面与栽培畦面持平补水。对于袋栽的可直接将营养液注入料内。营养液的配制方法是：50 千克水加尿素 125 克、磷酸二氢钾 45 克、白糖 500 克，混匀。加入营养液的量使整个袋的重量同刚吃透料时该袋重量相同为准。采用泥墙法种植时墙顶沟内应灌 2 厘米深的上述营养液。

（2）菇蕾分化后要注意保持菇房温度的稳定，及时通风降温或保温。

（3）栽培场地的四周要开深沟排水，严防菇床内积水。补水过程中，严禁向菇体直接浇水。

（三）幼菇死亡的原因及其对策

1. 原因

（1）菌种过老，用种量过大，在菌丝尚未长满或长透培养料时就出现大量幼蕾，因培养料内菌丝尚未达到生理成熟，长到幼菇时得不到养分供应而萎缩死亡。

（2）料面出菇过多过密，造成群体营养不足，致使幼菇死亡。这种死菇的显著特征是幼菇死亡量大。

（3）采收成熟的子实体时，床面幼菇受振动、碰伤，引起死亡。

（4）病虫侵染致死。表现为小菇呈黄色腐熟状或褐色软腐状，最后干枯；湿度大时，呈水渍状，用手摸死菇发黏。检查培养料，可见活动的菇蝇、螨类等。

2. 对策

（1）生产上要避免使用菌龄过大的菌种，当菌种培养基上方出现珊瑚状子实体或从瓶盖缝隙中长出子实体，说明菌种的菌龄已较大，应限制使用。当瓶底积少量黄水时就无使用价值。菌种的最佳用量为栽培料的 4%～12%，生料栽培时用量多，熟料栽培时用量少，切忌盲目增大用种量。

（2）当料面出现幼菇过多过密时，可以人为地去除一部分幼菇，以减少营养消耗。也可用畜用复方腐殖酸钠 400 倍液喷施培养料，或用硫酸镁 20 克、硼酸 5 克、硫酸锌 10 克、维生素 B_1 250 毫克、尿素 20 克，对水 50 千克配成复合营养液喷施，补充营养，促进子实体快速膨大。

（3）采收成熟的子实体时，动作要轻，用锋利的小刀沿子实体根部割下，避免振动，碰伤幼菇。

（4）在出菇期一旦发生菇蝇等害虫危害，对床栽的用菇虫净 3 000 倍液直接注入料内，每 50 千克培养料注 2.5～5 千克药剂，但注意床内不能长期积水；对墙式袋栽的，用 20％二嗪农乳剂 3 000 倍液倒入袋内浸泡 1 天，翌日倒出多余药液，连续处理 2 次即可。

（四）不出菇的原因及其对策

在平菇的栽培中，有时会出现菌丝长得很好，用手摸料面结成一体，用手拍有咚咚的空响声，眼观料面洁白无杂色，但就是无子实体分化，或很少有子实体分化，这种现象称为不出菇。原因如下：

（1）品种选择不当。如高温型的品种在低温下栽培，中、低温型的品种在高温下栽培，没有搞清所栽品种的所属温型，广温型的品种中低温型的品种，在春季气温回升到 25℃以上时，已不能分化子实体，而在相同温度或稍高温度的秋季却不影响子实体的分化。尽管菌种资料或广告上注明某品种的出菇温度范围宽，且适应较高温度下出菇，如 2～34℃、4～30℃、0～36℃等，但由于其野生生长习性等原因，在中、低温下出菇较安全，在较高温度下，尤其是气温由低到高的春季，品种选择要慎重，当地菌种供应单位或自行引种时，一定要进行品种出菇温度试验，然后再大面积投产。

（2）母种保存时间过长。母种放置冰箱中低温保存时间长，取出后直接进行原种生产，即使菌丝仍具有活力，菌丝萌发，生长正常，也不分化子实体。如将母种从冰箱取出，先行转管后再扩繁使用，则子实体分化正常。因此，久置冰箱的母种在使用前一定要经转管，菌丝长满管后，直接或短时间保藏后使用均可。不具备母种生产条件或技术的栽培户，最好不要从外地邮购母种直接用于原种生产。

（3）杂菌污染或杀虫剂使用浓度过高。在菌丝生长过程中，有时出现白色或其他颜色杂菌污染，因平菇菌丝生活力强，可将其覆盖，但影响子实体分化。杀菌剂如多菌灵、硫菌灵等使用浓度过高，影响菌丝生长，也影响子实体分化。敌敌畏也不同程度影响原基分化作用，因而使用农药时要注意使用浓度、方法和使用时期。

（4）单核菌丝或三核菌丝的影响。若分离到的母种为单核菌丝，则不出菇或产量较低，要具备镜检条件和技术，以及做出试验后才能生产母种，否则危害极大。另外，三核菌丝体也影响子实体分化，如老菇房、棚内以往种菇积累了很多孢子，栽培时这些孢子与菌丝结合形成三核菌丝体影响出菇。故老菇房、棚种菇要彻底打扫干净，严格消毒，平菇采收要在孢子大量释放前进行。分离菌种也要经出菇试验后，以及对其生物学、生理学的观测后，才能利于生产。

（5）培养料配方及含水量不适宜。培养料配方要科学，尤其是要注意碳氮比。培养料含水量过低及空气湿度过小均影响子实体分化。

（6）光照不足。平菇菌丝不需光照，但原基分化时需散射光，在距分化期要有 200 勒克斯以上的散射光。

对策：对不出菇或头茬菇摘完后迟迟见不到二茬菇原基的阳畦和菌袋，可采用以下方法：

①采用机械刺激法。在阳畦的料面上，像割豆腐一样，用刀割成 10 厘米×10 厘米的方块，经保湿几天后可在割缝处长出子实体。

②采用拍打法。对于不出菇的菌袋，在袋中心扎 1～2 个眼，并用手拍打几下，给予振动刺激。

③环境因子法。平菇具有变温结实特性，对于不出菇的培养料，可采用拉大昼夜温差刺激法。白天适当提高温度，如打开大棚草帘子，对于阳畦让阳光照射塑料布，夜间温度低时，再加通风，这样白天黑夜的温差拉大，以刺激出菇。

④覆土加压刺激法：在菇床或菌袋上压瓦块或木板、砖头。菇床栽培覆盖 1～1.5 厘米厚的土粒，既防杂菌又保湿，催菇效果更好。

⑤激素刺激法：用浓度为 0.0005%～0.001%的萘乙酸或 0.00001%～0.00005%的三十烷醇喷菌袋表面或菌床。此法不但可提早出菇，还可起到增产作用。

第四节　草菇栽培实用技术

草菇属高温性高档食用菌，原产于中国，在 200 年前，广东省韶关市郊南华寺的僧人用稻草开始栽培草菇，故有南华菇之称；又因这种菇常进贡给皇帝，所以也称之为贡菇；随后草菇的栽培技术被华侨带到东南亚国家，又逐步传到其他国家，因此，国外常称草菇为中国蘑菇。新鲜草菇，肉质细嫩，鲜美可口，如加工成草菇干，更具有浓郁的兰花香味，用来烧汤，其味更美。草菇除独特的风味外，其营养丰富，药用效果明显。

一、草菇生长发育所需条件

（一）营养

草菇属于草腐菌。在草菇栽培中，富含纤维素和半纤维素的禾谷类秸秆及其他植物秸秆、棉籽壳、废棉等都可用来栽培草菇，它主要利用原料中的纤维素、半纤维素作为营养和能量来源，一般不能利用木质素。南方主要利用稻草栽培，北方多利用棉籽壳、废棉、麦秸等栽培。在草菇菌丝培养中，常加入葡萄糖、蔗糖、多糖等作为碳源，草菇的碳氮比为（40～60）：1。培养料中氮源不足会影响草菇菌丝生长和产量。但稻草、麦秸中往往氮源不足，如果在培养料中添加一些含氮素较多的麸皮、鸡粪、牛粪以及尿素、氯化铵等，以增加氮源可促进菌丝生长，缩短出菇期，提高产菇量。添加牛、马粪和人粪尿，既有利于原料发酵，又可补充部分氮素。当然在添加氮源时要适量，浓度过高，因氨气产生多，往往会抑制菌丝生长或促使鬼伞类大量发生，甚至抑制子实体的发生。

在草菇培养中矿物盐类，如钾、镁、硫、磷、钙等也是不可缺少的，其在一般原料和水中都有，无需另外补充。草菇生长发育还需要多种维生素，但需要量很少，麸皮、米糠中维生素含量较丰富，在发酵过程中，某些死亡微生物中也含维生素，故不另补充。栽培实践表明，培养料中营养丰富，菌丝体生长旺盛，子实体肥大、产量高、质最好、产菇期长；在贫乏的培养料上生长，菌丝稀疏无力，产量低，产菇期短。因此，调制优质的培养料至关重要。

（二）温度

草菇原产于热带和亚热带地区，长期的自然选择和环境适应，使它具有独特的喜高温特性，故属高温型菇类。尽管北方地区进行了南菇北移，筛选出了较低温出菇的草菇品种，但就真正适宜的温度范围而论，仍未失去高温特性。

草菇对温度的要求依不同生育期而有所不同，菌丝生长温度范围为 20～40℃，适宜温度为 32～35℃，低于 15℃生长极缓慢，10℃则停止生长，处于休眠状态，低于 5℃或高于 40℃菌丝易死亡。因此，草菇菌种不应放在一般的冰箱中保存，以免冻死。草菇子实体形成与生长适宜温度以 28～30℃为好，低于 24℃或高于 34℃均不能形成子实体，料内温度 32～38℃为宜，低于 28℃或高于 45℃子实体不能形成和生长。在适宜的范围内，菇蕾在偏高的温度中发育快，易开伞，菇小而质次；在偏低的温度条件下菇大而质优，长势好，不易开伞。

草菇栽培一般在夏季。南方的夏季，昼夜温差很小，而且白天气温并不太高，而北方地区，昼夜温差大，白天温度往往较高。因此，将栽培场地的温度调节到适宜范围内至关重要。激烈的温差变化，往往造成菇蕾萎缩烂掉。草菇栽培既要注意空气温度，又要控制料温。在夏季堆料偏厚或料发酵不充分偏生，很容易由于微生物发酵而产生大量生物热，使料温上升到 50℃以上，使刚刚完成的播种又毁于一旦。

（三）湿度

水分是影响草菇生长发育的重要条件。一切营养物质只有溶于水中，才能被菌丝吸收。代谢废物也只有溶于水中，才能排出体外，况且细胞内的一切生化反应和酶解过程均在水的参与下进行。

因此，培养料中含水量直接影响草菇的生长发育。菌丝生长期培养料水分含量以60%～65%为宜，子实体生长期培养料含水量以70%～75%为宜，空气相对湿度85%～90%，适于菌丝和子实体生长。若空气相对湿度长期处于95%以上，菇体容易腐烂，小菇蕾萎缩死亡并引起杂菌和病虫害的发生。

（四）空气

草菇属好气性菌类，良好的空气环境是草菇正常发育的重要条件。氧气不足，二氧化碳积累过多，将抑制菌蕾发育，从而导致生长停止或死亡；当二氧化碳浓度超过1%时，草菇生长发育就产生抑制作用。因此，在草菇栽培期间需要进行通风换气，薄膜覆盖不要过严，注意定期进行通风，最好常设微量通风孔，以及时排除污浊空气，保持空气新鲜。同时，培养料含水量不宜太高，草被不宜过厚，以免造成厌气状态。通风应与温度、湿度协调进行，通风量过大势必引起小菇枯萎。

（五）光线

草菇生长发育需要一定的散射光，适宜的光照度（500～1 000勒克斯）可促进子实体的形成。直射阳光严重抑制草菇的生长。光线较强，草菇颜色深，而且发亮；光线不足，菇体发白，而且菇体松软。菌丝生长阶段不需要光线。露天栽培必须覆盖草被，搭棚覆盖草帘之类，以防阳光直射。

（六）酸碱度（pH）

菌丝体在pH 5～8范围内能生长，最适pH为7.2～7.5，子实体生长的适宜的pH为6.8～7.5。在食用菌中，草菇属喜偏碱性菇类，偏酸性的培养料对草菇菌丝和菇蕾生育均不利，高碱性对其生长也不利。生产栽培料的高碱度只是调制时的暂时现象，而菌丝实际吃料时pH仅有6～8，处于一个由高到低的动态变化中，高碱度不利于防治杂菌。

二、栽培时间

草菇喜高温，又不喜大的温差，依据草菇的适宜温度要求，南方在4～10月、北方在6～8月可以进行栽培，当然采取较好的保温措施或专门草菇房，也可适当提前和推迟乃至周年栽培。

三、栽培方式

（一）专业菇房

专业草菇房适于周年生产，以广东、福建等地较多。菇房的位置宜坐北朝南东西向，以利于吸收阳光增温。一般菇房长3米、宽2米、高2.5米，不宜过大，否则难以升温保湿；每间菇房的面积以6～10米^{2}为宜，四壁用1～2厘米厚的泡沫塑料板嵌贴，房顶用3厘米厚的泡沫塑料板嵌贴，要求密封严实，板与板之间的接缝用塑料胶带封贴，然后再全面贴上1～2层塑料薄膜。菇房两侧用铁条、木条或竹竿搭建床架4～5层，中间留50厘米作人行道。房内安装30～40瓦日光灯一只、排气扇一台，供室内光照和通风之用。

（二）空房改造

闲置空房、双孢菇菇房、厂房、仓库、棚舍等均可改造成草菇菇房。为了便于升温和保温，可用竹木条作支架将原房舍间隔成若干个适宜的小型保温栽培室，一般以长3米、宽2米、高2.5米，6～10米^{2}面积为宜。温室四周及顶部先盖两层塑料薄膜，膜外再裹以20厘米厚稻草作保温层，最后在稻草外再盖两层薄膜。在温室中心线开门，采用双层可移动式木门，中间夹心稻草屑保温，室内设有对流气窗，以60瓦白炽灯为光源。室内用竹木搭建床架，宽70～30厘米，3～4层，层距50～60厘米，床面用细竹作隔层。

（三）塑料大棚（含香菇塑料棚、平菇棚和蔬菜大棚）

栽培草菇较多采用塑料大棚，主要是投资少、设备简单，利用合适的季节进行副业栽培，大棚内可设床架2～3层，层距50厘米，层宽1米，各列床架距离80～100厘米。也可选用阳畦式、畦床式、波浪式、料土相间式、袋式或脱袋栽培草菇。大棚内套小拱棚有利于保温保湿。

（四）地棚（或称小环棚）

一般设畦宽1米、长3～4米，四周开宽10厘米的排水沟，两畦间距 60 厘米。畦上用竹片搭拱形棚，棚高 50～70 米，棚架上覆盖塑料薄膜，四周用土块将薄膜压住。在整个场地四周挖 30 厘米深的排水沟，地棚内的菇床可以做成阳畦式或者平台式。地棚可以设在林间，也可没在高秆作物地里。

四、培养料的选择与配方

传统的草菇培养料是稻草，后发现废棉和棉籽壳、破籽棉栽培草菇最为成功。专业菇房多采用废棉、棉籽壳及其和稻草的混合物。现在经各地栽培实践，麦秸、甘蔗渣、玉米秆、玉米芯、废纸、剑麻渣等均可栽培草菇。食用菌栽培废料含有丰富的营养，只要和其他原料合理配方，精心调制，也可获得较高的收成。现将一些培养料配方列述如下：

配方 1：棉籽壳 70%～80%，麦秸 20%～30%，麸皮 4%～6%，厩肥 10%，石灰 3%～5%。

配方 2：棉籽壳 100 千克，过磷酸钙 0.5 千克，尿素 0.1 千克，50%多菌灵可湿性粉剂 0.2 千克，77.5%敌敌畏乳油 0.1 千克，料水比 1∶（1.3～1.5）。

配方 3：棉籽壳 83%，麸皮 10%，石灰 4%，石膏 1%，过磷酸钙 1%，磷酸二氢钾 0.5%，硫酸镁 0.4%，77.5%敌敌畏乳油 0.1%，料水比 1∶（1.3～1.5）。

配方 4：稻草或麦草 60%，肥泥 30%，石灰 5%，麸皮 5%。

配方 5：麦秸 45%，棉籽壳 45%，麸皮 5%，石灰 5%。

配方 6：废棉 45%，麦草 35%，稻壳 10%，人尿 5%，石灰 5%。

配方 7：麦秸 100 千克，干生粪 5 千克，棉籽壳 20 千克，草木灰 3 千克，明矾 0.5 千克，50%多菌灵可湿性粉剂 0.1 千克。

配方 8：麦秸（4 厘米小段）100 千克，麸皮 5 千克，尿素 0.5 千克，磷肥 1 千克，石膏 1 千克，50%多菌灵可湿性粉剂 0.2 千克，77.5%敌敌畏乳油 0.1 千克。

配方 9：废棉 97%，石灰 3%，碳酸钙 0.3%。

配方 10：棉籽壳 100 千克，石灰 5 千克。

配方 11：麦秸 100%，干牛粪 5%，棉籽皮 20%，草木灰 3%，明矾 0.5%，麸皮 4%，复合肥 0.5%，石灰 3%。

配方 12：麦秸（稻草）95%，石灰 5%，麸皮 5%，尿素 0.3%，过磷酸钙 1%，50%多菌灵可湿性粉剂 0.1%～0.2%，77.5%敌敌畏乳油 0.1%。

配方 13：棉籽壳 95%，石灰 5%，麸皮 5%，尿素 0.1%～0.2%，过磷酸钙 1%，50%多菌灵可湿性粉剂 0.1%～0.2%，77.5%敌敌畏乳油 0.1%。

配方 14：玉米秸粉 45%，棉籽壳 45%，玉米面 4%，豆饼粉 3%，磷肥 3%，另石灰 5%。

配方 15：稻草 100 千克，干牛粪 10 千克，麸皮 3 千克，玉米面 3 千克，过磷酸钙 3 千克，磷酸钙 1 千克，石灰 3～4 千克。

配方 16：平菇废料 70%，麦秸 30%，尿素 0.5%，5%多菌灵可湿性粉剂 0.1%，石灰 5%～8%，麸皮 5%。

配方 17：平菇废料 80%，棉籽皮 5%，麸皮 10%，麦秸 5%，50%多菌灵可湿性粉剂 0.1%，石灰 3%。

配方 18：平菇废料 100 千克，麸皮 10 千克，麦秸 10 千克，厩肥 10 千克，尿素 0.1 千克，石灰 6 千克。

配方 19：平菇废料 90%，生石灰 3%～5%，过磷酸钙 1%，麦麸 5%，石膏 1%～1.5%；发酵后采用地沟栽培，生物学效率稳定在 30%～35%。

配方 20：平菇废料 80%，鸡粪或圈粪 20%，50%多菌灵可湿性粉剂 0.2%，石灰 3.5%。

配方 21：金针菇废料压碎晒干，加 5%～10%麦秸、1%磷肥和 3%石灰，加水拌匀后发酵 3～5 天，当料面见有白色放线菌菌丝，有香味，就可用于栽培。

五、栽培料的处理方法

草菇栽培料的处理方法一般采用堆制发酵法。专业栽培者多采用巴式灭菌法，以期达到消毒、灭菌、除虫和改善基质理化状态的目的。

（一）堆制发酵

所有原料使用前应阳光曝晒 3 天以上，麦秸和稻草应预先破碎、碱化浸泡 1 天，棉籽壳和废棉应先用 3%石灰水浸泡 12～24 小时，并不时踩踏，使其吸足水分。牛粪和鸡粪应先预湿堆制腐熟，然后才能按上述不同配方进行均匀搅拌，并堆制成宽 1.5 米、高 1.2～1.5 米的长形料堆。料堆中央垂直预埋数根木棒，堆好后拔去便形成通气孔，最外层撒一层石灰粉后覆盖塑料薄膜，每天测温 2～3 次，当堆温升至 65℃并持续发酵 10 小时后，翻堆补充水分，复堆后料温又升至 65℃以上，再经过 10 小时进行二次翻堆。堆料期一般为 4～6 天，发酵好的麦草培养料呈金黄色，柔软，表面脱蜡，有弹性，有大量白色放线菌斑，pH 8～9，含水量 65%～70%。

（二）蒸汽灭菌法

一般按堆制发解法处理 3～5 天后，将发酵好的培养料趁热搬进菇房，按每平方米 10～15 千克干料的量铺于床面，另将覆盖料面的薄膜和营养土也搬入，密闭门窗，立即通入蒸汽进行灭菌。当温度上升至 65℃保持 8～12 小时，蒸汽可用常压小型锅炉或由几个汽油桶改造加工成的蒸汽发生器进行。

六、栽培料的筑床形式

栽培料的筑床形式不仅与原料性状有关，更主要的是为了增加出菇面积。

（一）龟背形

床架式栽培多采用此种，也是畦床式栽培常采用的菌床形式。一般按宽 1 米做畦，长度依场地而定；畦与畦之间距 60 厘米，作为人行道又兼作浸水沟，若东西大道可设在中间（大棚）或一边（小棚），将调制好的培养料铺在畦床上 70～80 厘米，在料的两边各留 10～15 厘米宽、5～10 厘米厚，用肥土筑成的地脚菇床。

（二）波浪形

一般在大棚内做成 1 米宽畦，畦与畦之间距 60 厘米，作为走道和水沟中间大道可设在中央或一侧，将料铺在畦床上，做成两个波峰，波峰间相距 25～30 厘米，峰高一般 15～20 厘米，波谷料厚 8～10 厘米，在畦的两侧各留 5～10 厘米宽的地脚菇床，土厚 5 厘米左右。也可以做成宽 40 厘米、间距 25 厘米的小畦床，每个小畦床上都将料铺成一个波峰形。大棚可设东西向两条人行道，小棚可设一条东西向人行道。不管大人行道，还是畦床之间的便道都应是沟状，以便灌水保湿，大人行道宽 70～80 厘米，便道（即两畦床之间距）宽 25 厘米。

（三）料土相间式

在大棚内做成宽 1 米、畦距 60 厘米的床畦，将调制好的培养料铺在距两畦边 10 厘米处的床架上，筑成宽 30 厘米、厚 15～20 厘米的料床，然后在两料床之间铺上一层宽 20 厘米、厚 5～10 厘米的肥土。料床距畦边 10 厘米处也要筑成 5～10 厘米厚的地脚菇床。概括地说，在每个畦床内，有两条菌床、三条地脚菇床，其好处是散热快、用料少、地脚菇多。

（四）阳畦式

在大棚内挖宽 80 厘米、深 10 厘米的坑，挖出的土向两边堆成高 10 厘米的土堆。进料前向坑四周撒石灰粉，再用 77.5%敌敌畏乳油 500 倍液喷坑四周杀虫。将调制好的培养料铺入坑内，筑成龟背形，上架小拱棚。采用先装袋发菌，然后再脱袋覆土出菇的种植方式，也应可在此种阳畦内栽培种植。

（五）袋栽式

采用袋栽，比较灵活，可以在平地上摆放成各种条块状，也可进行床架式栽培。塑料袋规格长 25 厘米、宽 20 厘米或其他规格，培养 3～4 天的草菇菌袋即可转入出菇。

七、播种

（一）菌种质量

菌种质量好坏直接影响草菇栽培的成败与产量高低。凡菌龄在

15～20 天，菌丝分布均匀，生长旺盛整齐，菌丝灰白色或黄白色，透明有光泽，有红褐色厚坦孢子，无其他杂菌、虫螨者，就可以用于实际生产。影响草菇菌种质量的因素有很多，但主要是培养条件和菌龄。一般在菌丝发满后 3～5 天，菌种的活性最强，以后则随着时间的延长，菌丝活性逐渐下降，产量也逐渐降低，所以培养好的栽培种，最好在一周内使用，若超过 20 天，产量明显下降。若超过一个月则不宜使用。草菇菌丝适高温，菌丝生长迅速，但也极易老化和自溶，所以制种和栽培时间协调好至关重要。

（二）播种

播种前，将菌瓶（袋）打开，掏出菌种，放置于清洁的容器内，并用手撕碎成蚕豆大小的菌种块，切不可搓揉，以免损伤菌丝。另外还应注意，不同品种的草菇菌种不可混放在一个容器内，更不能混播在同一菌床上。

当料温降到 38℃时，立刻进行抢温接种，用穴播加撒播的方法播入菌种，也可采用表层混播的方法，尽量使料表面有较强的草菇菌丝优势，以利于防治杂菌的产生，并尽最做到均匀一致。菌种块不宜放在料深处，以免烧死，一般以似露料表面为好。如果采用层播，一般将菌种放在料周 10 厘米的播幅内和菌床表层，也要有意识地使料表处有较强的草菇菌丝优势，并用木板压平，使菌种和培养料结合紧密，以利定植。播种量以 10%左右为宜。

八、覆土、发菌管理与采收

（一）覆土

草菇覆土栽培是在原来栽培方法上新采用的覆土出菇方法，它类似于木腐菌覆土出菇的机理，但又有自己覆土选择的特点。一般可选用菜园土或大田壤土，但加入 20%～30%的厩肥，用 pH 9 的石灰水调整湿度后再进行覆土可有利提高草菇产量。也有人采用腐熟牛粪粉作为覆土材料，并取得了理想的产量。由此看来，在不大于草菇营养碳氮比的情况下，任何单一或复合的，pH 8 左右，并进行过消毒、杀虫、除菌处理的覆土材料，均可用于草菇的覆土栽培。

覆土的时间：可在播种后立即进行，也可在播种后 2～3 天在菌丝恢复正常生长发育之后再进行覆土。覆土早利于防杂菌，覆土晚利于菌丝萌发和定植。但这并不绝对，因为它只是一个方面，如果培养料堆制不好、场地不卫生，即使再覆土也解决不了防杂。

覆土的厚度：一般以 0.5～1.0 厘米为宜，最厚不超过 2.0 厘米。覆土的厚薄以气温和覆土性质而定，一般气温低时可覆厚些，气温高时可薄一些；料中土量大的宜覆薄些，土量小的宜覆厚些。培养料营养差的宜覆营养土，培养料营养好的（如棉籽壳、废棉之类）宜覆火烧土或一般贫质壤土。

（二）发菌管理

草菇是速成型食用菌，从播种到出菇只需 7～10 天，从播种到采收也只需 12～15 天，故此管理不好，不仅影响产量，甚至绝收。草菇播种和覆土后，用木板压实压平，然后用地膜覆盖或用报纸加薄膜覆盖，保温保湿。一般接种后 3 天内不揭膜，以保温保湿、少通风为原则。但要每天检查温度，气温宜保持在 30～34℃，料温宜保持在 33～38℃，每天保持在各个沟内有水，使空气相对湿度达到 75%～85%。如果料温超过 38℃，要及时喷水或通风降温。如果温度偏低，白天应掀起部分草帘增加棚温，16:00—17:00 将草帘放下，夜间还可加厚草帘，以利保温，每天大棚通风 2～3 次，每次 15～30 分钟。接种后第 4 天，用竹竿、竹片将畦床上的薄膜架起，以防料表面菌丝徒长，促进菌丝伸进料内部，或者不架起地膜，每天多次掀动地膜透气也可。

接种后第 5～6 天，生长菌丝逐步转入生殖生长，应定时掀动地膜（增加通风换气），增加光刺激，诱导草菇原基形成，同时喷一次出菇水，喷水量每平方米 0.5～0.75 千克。这次喷水前要检查菌丝是否已吃透料，还要检查是否在料表已形成原基，如果已形成了原基千万不可再喷水。接种后第 7～9 天，菌丝即会大量扭结，白点草籽状的草菇菇蕾便会在床面上陆续发生，这时将薄膜揭开或支撑高，向地沟灌一次大水（不要浸湿料块），每天向空中喷雾2～

3 次，料面上不得直接喷水，以空气保湿为主。此时棚内气温以 30～32℃为宜，料温以 33～35℃为宜，空气相对湿度宜达到 90% 左右。喷水后一定要通风，待不见水汽再关通风口，光照度 500～1 000 勒克斯为宜，

草菇的幼蕾期是个敏感时期，相对稳定的温度、空气湿度、通风换气和适度光线是菇蕾正常分化、生长的必要条件，如果不相对稳定，就会导致幼蕾死亡和菇蕾萎缩，所以维持菌床和菇房内较稳定的温度、相对恒定的空气湿度以及新鲜的空气环境，是获得高产稳产的技术关键。另外，草菇对光也十分敏感，姑蕾形成及生长均要光线刺激，光线不足，菌丝扭结差，幼蕾分化少，菌蕾色泽浅（白色至淡褐色），会影响产量。光照适宜时，菇蕾分化多，颜色正常，菇长得结实。

当菇蕾长到纽扣至板栗大小时，需水量逐渐增加，再加上高温条件的料面水分大量蒸发，如不适当补水，子实体发育势必受到影响，故应及时补充水分，喷水量以每平方米 200 克左右为宜。喷头要朝上，雾点要细，以免冲伤幼菇。注意水温应与棚温一致，不可用低于气温的水，否则将伤害幼菇。

（三）采收

一般草籽大小的草菇菌蕾形成后，经 3～4 天后这些小菇蕾就发育成椭圆形的鸡蛋大小的草菇。此时菇体光滑饱满，包被未破裂，菌盖和菌柄未伸展，正是采收适期。如果购方需要脱皮草菇，应在包被将破未破或刚破时进行采收，草菇生长速度很快，到卵状阶段时往往一夜之间就会破膜开伞，所以草菇应早、中、晚各收一次。采收时一手按住草菇生长的部位，另一手将草菇旋扭，并轻轻摘下，切忌往上拔，以免牵动周围苗丝，影响以后出菇；如果是丛生菇，最好是等大部分都适合采收时再一齐采摘，以免因采收一个而伤及大量其他幼菇。

草菇的头茬菇，占总产量的 60%～80%，常规栽培两潮菇后一般清床另栽下批，也可在头潮菇后及时采用二次播种法增加产量，否则第二潮菇的产量远远少于第一潮菇。

（四）第一茬菇采收后管理

草菇的头潮菇采完后，应及时整理床面，追施一次营养水，浇一次1%石灰水，以便调节培养料的酸碱度及水分含量，适当通风后覆盖地膜，养菌2～3天，掀膜架起，又可陆续发生子实体。采取措施保证出第二茬菇是实现增产的关键。实践中第一茬菇采收后常发生杂菌及杂菇（鬼伞类），直接影响出第二茬菇。因此，在第一茬菇采收后及时检查培养料湿度和pH，根据培养料湿度及其酸碱度浇一次pH 8～9的石灰水，并结合喷施营养液，如喷0.2%～0.3%氮磷钾复合肥等，从而调节培养料的湿度使之达到70%左右，pH 8～9，以满足草菇菌丝恢复生长积累营养的要求，并可有效地防止杂菌的发生，然后按菌丝体阶段的要求进行管理。要注意保持适宜的料温，以利菌丝生长，经过4～6天后再次检查培养料的湿度与酸碱度，确定是否再浇石灰水。然后再按出菇条件管理，使其迅速出第二茬菇。

补充营养：采收第二茬菇后，如菌丝体健壮，可补充营养恢复生长促使菌丝体生长旺盛保持出菇能力继续出菇，从而增加产量。具体做法如下：一是喷浇煮菇水。在加工草菇时可产生大量的煮菇水，营养相当丰富，可将此水喷于料面，而达到补充营养之目的（加食盐的煮菇水不能利用）。二是可喷洒1%的蔗糖溶液或1%的蔗糖加0.3%的尿素再加0.3%的钙镁磷肥。三是喷菇壮素，亦可促进菌丝生长和增加产量。

九、草菇产品的加工方法

草菇产品的加工直接影响草菇的产品质量及经济效益。加工应严格按商品加工标准进行，特别是外贸出口的菇品一定要按收购单位的要求操作。下面介绍盐渍草菇及盐渍去皮草菇的加工方法：

（一）盐渍草菇

草菇采收时，最好用3个篮子将草菇分成3个级别分别装。一级别为直径2.5厘米以下的小草菇；二级别为直径2.5厘米以上的大草菇；三级别为开包而不开伞的草菇。草菇采收后一定要把基部的培养料及泥土用小刀去除掉。煮菇时一定要用铝锅，锅中水的量应为菇的5倍，在水中加7%的食盐效果更好。水开后将菇倒入锅内煮4～10分钟，因菇体大小、火力强弱不同，以煮熟为标准，煮熟的标准是菇体下沉，切开菇体内无白心；菇煮的时间不够，往往漂在上面，菇体内有大量气体，这种菇不易保存，而且很轻，从经济上讲也不合算。菇煮熟后应迅速冷却，彻底冷却后控去多余水分，然后一层盐一层菇于大缸内盐渍，菇盐比例为2∶1。菇在大缸内盐渍10天后可装入塑料桶内，每桶净重50千克。

（二）盐渍去皮草菇

根据出口去皮草菇的规格可将开包而不开伞的菇加工成去皮草菇。加工时可先将皮扒掉，再根据大小分为大、中、小3个规格，去皮时要注意保持菌柄和菌盖完整，菌柄和菌盖不能分离。采收过早的菇因包被内菇体太小而不能加工成去皮草菇。在过去，开包的菇常作为等外品而廉价卖掉，如今加工成去皮草菇后价格不比正品价低。

十、草菇制种时应注意的几个问题

草菇制种是保证栽培成功的关键因素之一。制种程序和其他菇类基本一样，但是草菇制种一方面在高温高湿季节，另一方面草菇菌丝生长快易衰老，因此草菇制种应注意如下问题：

（一）注意草菇制种的特点

草菇属高温型和恒温性结实，对温度尤其是低温敏感，温度低、温度多变、温差大均不利于菌丝生长。掌握在32～35℃培养菌丝最好。但温度过高、时间过长，菌丝易衰老和自溶，故应掌握好培养条件和时间；适龄菌丝生长旺盛呈灰白色，无或有少量厚垣孢子。如果菌丝转为黄白色至透明，且菌丝显著减少，厚垣孢子大量形成，说明菌龄较长菌丝已老化。

（二）注意选择适销对路菌种

目前在北方推广的品种有V_{34}、V_{23}、泰国1号等。V_{34}较耐低温，V_{23}属中温型品种。

（三）注意安排好三级制种的日期

一般母种培养5～7天，原种和栽培种培养各10～15天。根据栽培时间和量确定制种时间和数量。要按生产计划进行生产，防止供不应求耽误时间或菌种积压造成菌种老化，出现杂菌污染。

（四）制作草菇原种

配方：棉籽皮87%，麸皮5%，玉米面5%，石灰3%。培养料和含水量适当偏低，装料要偏松；要用罐头瓶为容器，培养室一定要通风降低湿度，光线宜弱不宜强。

（五）注意接种及存放时间

夏季制种，接种箱内温度较高，可在夜间或早上接种，菌种长满瓶后2～4天应进行栽培播种，不宜存放时间过长。

第五节　竹荪栽培实用技术

竹荪被誉为“真菌皇后”，是我国名贵的食用菌。自20世纪90年代初期福建省古田县首创野外荫棚畦床栽培竹荪成功之后，实现了当年春季接种，发菌培养便进入收获期，每平方米竹荪干品产量达250～350克，高产的达500克，生产周期缩短2/3，单产提高10倍，成为农村脱贫致富奔小康的重要项目。竹荪口味鲜美，是著名的珍贵食用菌之一，对减肥、防癌、降血压等均具有明显疗效，是我国的一项传统的土特产。其中长裙竹荪产于福建、湖南、广东、广西、四川、云南、贵州等地，短裙竹荪产于河南、黑龙江、江苏、浙江、云南、四川、广东、河北等地，红托竹荪在云南较为多见。目前这3个种的人工栽培均已形成了一定规模的商品性生产。

人工栽培的竹荪有短裙竹荪（*Dictyophora duplicata*）、长裙竹荪（*D. indusiata*）。近年来，我国食用菌工作者成功驯化栽培了两个新种，分别为红托竹荪（*D. rubrovolvata*）和刺托竹荪（*D. echino-volvata*）。黄裙竹荪有毒，不宜食用。

竹荪形如美女着裙，但并非无暇，其菇顶部有一块暗绿色而微臭的孢子液，因而又称臭角菌；因其子实体未开伞时为蛋形，又称蛇蛋菇；此外还有竹参、竹菌、竹姑娘、面纱菌、网纱菇、蘑菇女皇、虚无僧菌（日本）等俗名，这些名称均与竹荪发生的环境或形状有关。在生物分类学上竹荪属于担子菌亚门腹菌纲鬼笔目鬼笔科竹荪属，该属有许多种类，已被描述的竹荪近10种。

一、形态特征

长裙竹荪子实体幼小时卵状球形，后伸长，高12～20厘米。菌柄白色或呈淡紫色，直径3～3.5厘米。菌盖钟形，高、宽各3～5厘米，有显著网格，具微臭而暗绿色的孢子液，顶端平，有穿孔。菌幕白色，从菌盖下垂10厘米以上，网眼多角形，宽5～10毫米。柄白色，中空，基部粗2～3厘米，向上渐细，壁海绵状。

短裙竹荪子实体高12～18厘米，具显著网格，内含绿褐色臭而黏的孢子液，顶端平，有一穿孔。菌幕白色，从菌盖下垂达3～6厘米，网眼圆形，直径1～4毫米，有时部分呈膜状。柄白色或污白色，中空，纺锤形至圆柱形，中部粗约3厘米，向上渐细，壁海绵状。

红托竹荪最主要的特征是短裙，菌托红色；棘托竹荪最主要的特征是长裙，菌托上有棘突，不光滑。

二、生长习性

（一）生长发育

竹荪成熟后，墨绿色的孢子自溶流入酸性土壤中，萌发成白色、纤细的菌丝，在腐竹、竹根及竹叶的腐殖质上生长，经过一段时期的生长，绒毛状菌丝分化形成线状菌索，并向基质表面蔓延，后在菌索末端分化成白色的瘤状突起，即为原基或称菌蕾。菌蕾发育膨大露出地面，由粉白色渐转为粉红色、紫红色或红褐色，形状也由圆形至椭圆形，再至顶端如桃尖状突出。接着菌盖和菌柄突破包膜迅速生长，整个包膜留在菌柄基部形成菌托。随之白色的菌裙放下，孢子成熟自溶下滴，不久整个子实体便开始萎缩。

竹荪从孢子长成子实体，在自然界大约需要1年的时间。而其菌丝体是多年生的，能在地下越冬。但子实体的最后形成需10～15小时，一般破球从傍晚开始，经过一个晚上，到天明基本上撑破了结实的菌幕，菌盖顶端首先露出的是孔口，接着是菌盖，子实层着生于菌盖上面，菌裙着生于菌柄和子实层之间。菌柄伸长和撒裙完毕只需要2～3小时，其中菌柄从露出到伸展完毕需1.5～2.5小时，菌裙从露出至撒裙需要0.5～1小时，菌裙舒展完毕就是子实体的完全形成，一般发生在每天的8:00—10:00。

（二）生活条件

1. 营养 竹荪在自然界多见于竹林内。但是竹林并不是竹荪的唯一生境，现已发现竹荪能在多种阔叶树上生长。竹荪也是一种腐生菌，其营养来自竹类或其他树木的根、叶腐烂后形成的腐殖质和其他有机物质。

2. 温度 菌丝在4～28℃均能生长，15～22℃为最适温度，26℃以上生长缓慢，菌丝对低温有较强的抵抗力。子实体在10～15℃分化、15～28℃生长，气温达22～25℃时子实体大量成熟。28℃时菌蕾发育缓慢，35℃时停止发育。

3. 湿度 竹荪是喜湿性菌类，通常只有当空气相对湿度达95%以上时，菌裙才能达到最大的张开度。

4. 酸碱度 在自然界里，竹荪生长处的土壤pH多在6.5以下，在竹荪生长发育过程中，都需要微酸性的环境。

5. 光线 菌丝生长不仅不需要光线，而且光对其菌丝生长有一定的抑制作用。自然界里，竹荪处于竹林、草丛的荫蔽之下，若将它曝晒在阳光之下，很快就会萎缩。

三、栽培技术

（一）菌种分离

取八九成熟的菌蕾，取其中部组织，移接在马铃薯-葡萄糖-蛋白质培养基上人工培养，红托竹荪在15℃、长裙竹荪在22℃条件下培养，经过30～45天培养菌丝长满斜面。

（二）栽培种制

培养竹荪采用小的竹块，加腐殖土、糖水或木屑-麸皮的混合料上，在 15～20℃条件下培养，长满全瓶需半年。

（三）栽培

1. 红托竹荪

（1）室内箱栽。在木箱内先铺 5～10 厘米厚的泥土，再将枯竹锯成约 30 厘米长的竹条，平铺于泥土上，每平方米接入一瓶菌种，其上再覆盖 5～8 厘米厚的泥土。浇透水，置 20℃以下的较低温度下培养，经常保持泥土湿度，4～5 个月后，菌丝可以长满全部枯竹，并有少部分菌素向覆土层蔓延。当气温上升到 20～24℃时，土层内出现菌蕾，此时即应增加室内空气相对湿度，使其达到 85%以上。菌蕾长出土层约两个月后，竹荪子实体即破蕾而出。

（2）室外畦栽。在背风阴凉处挖 10～15 厘米深的畦，畦宽 1 米，长度可因地而宜。在畦内铺上枯竹，播种方法与箱栽相同。菌床上搭 30～40 厘米高的遮阳棚以免阳光直射，经常喷水保湿。当年秋季播种，翌年秋季菌床上就会长出竹荪。

2. 长裙竹荪　在枯死的枫香、光皮桦等阔叶树及竹类上打孔或凿槽，将柱形或长方形木块栽培种塞于孔或槽中，或将长满竹荪菌索的老菌材紧贴竹木，用含腐殖质的土壤覆盖，置 22℃下培养，经常保持湿润。长裙竹荪的生长发育过程比较缓慢，一般从接种到出现子实体，约需 1 年的时间。

（四）采收加工

1. 采收　菌蕾破壳开伞至成熟需 2.5～7 小时，一般 12～48 小时即倒地死亡。因此，当竹荪开伞待菌裙下延伸至菌托、孢子胶质将开始自溶时（子实体成熟）即可采收。采摘时用手指握住菌托，将子实体轻轻扭动拔起，小心地放进篮子，切勿损坏菌裙，避免影响商品质量。

2. 加工　竹荪子实体采回后，随即除去菌盖和菌托，避免黑褐色的孢子胶质液污染柄、裙。然后，将洁白的竹荪子实体一只一只地插到晒架的竹签上进行日晒或烘烤。商品要求完整、洁白、干燥。

四、大田栽培技术

近年来在竹荪栽培技术上又有新的突破，采取生料免棚多种形式栽培法，不仅稳产高产，省工省料，降低成本，而且拓宽栽培领域，解决菇粮争地的矛盾，使竹荪生产又出现一次新的飞跃。

（一）田间菌种制作

栽培者只要购买竹荪原料，就可在田头自制栽培菌种。12 月下旬至 1 月初，选择田头一角，整理一个堆料育种畦床，用杂木屑 80％、麦麸 20％作为竹荪菌种的培养料，加水 110％，然后装入编织袋内，经过常压灭菌 10 小时后，取出用清水冲进袋内，让其排泄，然后拌入 1％石膏粉，堆入育种畦床上，采取 2 层料，一层菌种播种法，最后一层料面再撒些菌种，每平方米畦床用干料 20 千克、竹荪原种 3～4 瓶。栽培 100 米^2 面积，只需田头制种 4 米^2，比例 25∶1。播种后用编织袋盖面，稻草遮阳，最后用竹条弓罩薄膜。播种后每隔 3～5 天揭膜通风一次。培育 40～50 天菌丝布满料堆后，即成田头竹荪菌种。

（二）生料栽培原理

竹荪生料栽培，通过多方面的试验，掌握其菌丝抗杂菌能力强，能够穿过许多微生物的拮抗线，并在其群落中萌发茁壮菌丝。即使培养基原来已被其他生物占领，一旦接触到竹荪菌丝，在被污染的基料上均能后来居上，而棘托竹荪更为明显。根据观察，主要是竹荪菌丝分泌的胞外酶，分解力极强，能够充分分解和吸收生料中的养分，而绝大部分的杂菌孢子在生料上难以萌发定植，彼此之间的强弱造成竹荪菌丝生长发育的一种优势。

竹荪大田栽培现大都采用高温型棘托长裙竹荪，其子实体生长发育期为每年 6～9 月，此时正值各种农作物如大豆、玉米、高粱、瓜类等茎叶茂盛期；夏季果园、林场树木郁蔽，遮阴条件良好；而且上述农作物及林果树木每天呼出大量氧气，对竹荪子实体生产发育十分有利，这些天然的环境条件为免棚栽培竹荪创造了有机结合的生物链。

（三）原料选择

栽培竹荪的原料有五大类：

1. 竹根　不论大小、新旧、生死竹子的根、叶、枝、片、屑、茎，以及竹器加工厂下脚料等均可利用。

2. 杂木类　不含香油脂的杂木类均可。

3. 秸秆类　除稻草、小麦秆外，其他农作物的秸秆均可利用。

4. 野草类　芦草、芦苇等10多种均可栽培。

5. 壳类　谷壳、花生壳、玉米芯、豆类壳均可作为培养基。

（四）原料处理

原料处理是关系到生料栽培竹荪的一个关键环节。原料处理要求做到：

1. 晒干　不论是竹类或是木类、野草和秸秆类，均要晒干，因为新鲜的竹、木类，本身含有生物碱，经过晒干，使材质内活组织坏死，同时生物碱也得到挥发消退。

2. 切破　原料的切断与破裂，主要是破坏其整体，使植物活组织易死，经切破的原料容易被菌丝分解吸收其养分。

3. 浸泡　原料浸泡通常采用碱化法。把竹类放入池中，木片或其他碎料可用麻袋、编织代装好放入池内，再按每100千克料加入0.3%～0.5%的石灰，以水淹没料为度，浸泡24～30小时，超到消毒杀菌作用。过滤后用清水反复冲洗直至pH 7左右，捞起沥至含水量60%～70%用于生产。

4. 石灰水闷制　采用蔗渣、棉籽壳、玉米秆、黄豆、谷壳、花生秆、油菜秆等秸秆类栽培，可采用上述比例的石灰水洒进料中，闷8～10小时后即可使用。

（五）栽培形式与技术

1. 竹荪畦旁套种农作物

（1）栽培季节。竹荪栽培一般分春、秋两季。我国南北气温不同，具体掌握两点：一是播种期气温不超过28℃，适于菌丝生长发育；二是播种后2～3个月菌蕾发育期，气温不低于10℃，使菌蕾健康生长成子实体，南方诸省竹荪套种农作物，通常为春播，惊蛰开始堆料播种，清明开始套种农作物。

（2）场地整理。先开好排水沟，畦床宽 1 米，长度视场地而定，一般以 10～15 米为好，床与床之间设人行通道，宽 20～30 厘米，畦床龟背形，距离畦沟底 25～35 厘米防止积水。

（3）播种方法。竹荪播种采取一层料一层种，菌种点播与撒播均可，每平方米培养料 10 千克，菌种 3 瓶，做到一边堆料一边播种。

（4）覆土盖物。堆料播种后，在畦床表面覆盖一层 3 厘米厚的腐殖土，腐殖土的含水量以 18%为宜。覆土后再用竹叶或芦苇切成小段，铺盖表面，并在畦床上罩好薄膜。

（5）套种作物。在竹荪畦床旁边套种黄豆、高粱、玉米、辣椒、黄瓜等高秆或蔓藤作物，当竹荪播种覆土后 15～20 天，就可在畦旁挖穴播种农作物种子，按间隔 50～60 厘米套种一棵。

（6）田间管理。播种后，正常温度下培育 25～30 天，菌丝便爬上料面，可把盖膜揭开，用芒箕（狼衣）或茅草等覆盖畦床上，有利于小菇蕾形成。菌丝经过培养不断增殖，吸收大量养分后形成菌索并爬上料面，由营养生长转入生殖生长，很快转为菌蕾，并破口抽柄形成了实体。出菇期培养基含水量以 60%为宜，覆土含水量低于 20%，要求空气相对湿度 85%为好。菌蕾生长期，必须早、晚各喷水一次，保持空气相对湿度不低于 90%为好。菌蕾膨大逐渐出现顶端凸起，继之在短时间内破口抽柄撒裙。

竹荪喷水要求“四看”：即一看盖面物，竹叶或秆草变干时，就要喷水；二看覆土，覆土发白，要多喷、勤喷；三看菌蕾，菌蕾小，轻喷、雾喷，菌蕾大多喷、重喷；四看天气，晴天、干燥天蒸发量大，多喷、阴雨天不喷。这样才确保长好蕾，出好菇，朵形美。

2. 林果间套种竹荪　利用苹果、柑橘、葡萄、油柰、桃、梨等果园内的空间，以及山场林地的树木空间，套种竹荪，提高土地利用率。具体措施：

（1）园地整畦。选择平地或缓地坡的成果林，含有腐殖质的沙壤土，近水源的果园。在播种前7～10天清理场地杂物及野草，最好要翻土晒白。果树可喷波尔多液防病害虫。一般果树每间距3米×3米，其中间空地作为竹荪畦床。顺果树开沟做畦，人行道间距30厘米，畦宽60～80厘米，土不可太碎，以利通气，果树旁留40～50厘米，作通道。

（2）堆料播种。播种前把培养料预湿好，含水量60%左右。选择晴天将畦面土层扒开3厘米，向畦两侧推，留作覆土用；再将预备好的培养料堆在畦床上，随后将竹荪菌种点播在料上。如果树枝叶不密，可在覆土上面盖一层芒箕和茅草，避免阳光直射。播种后畦沟和场地四周要撒石灰或其他农药杀虫。

（3）发菌管理。播种后15～20天，一般不需喷水，最好每天揭膜通风30分钟左右，后期增加通风次数，培养料保持含水量60%～70%。春节雨多，挖好排水沟，沟比畦深30厘米。菌丝生长温度最适应23～26℃。

（4）出菇管理。播种40～50天菌丝可长满培养料，经10～15天菌丝体达到生理成熟并爬上覆土。正常温度20℃以上，培养10～15天即可长菌蕾，此时保持湿度80%～90%，正常温度下经过20～25天的培育，菌蕾即发育成熟，此时就可采收。

3. 竹头无料仿生栽培竹荪　一般采用就地旧竹穴播种法。选择砍伐2年以上的毛竹头，在竹头旁边上坡方向挖一个穴位，长、宽5～6厘米，深20～25厘米，穴位填厚5厘米腐竹叶。播一层竹荪菌种后，再填一层10厘米厚腐竹叶，再播种一层菌种，照此填播2～3层，最后用腐竹叶和挖出来的土壤覆盖2～3厘米厚，轻轻踩实。若土壤干燥，要浇水增湿，上覆杂草、枝叶遮阳挡风，保湿保温。菌种下播时，注意下层少播、上层多播，使菌丝恢复后更好地向死竹鞭发育。也可以采取在竹林里从高向低，每隔25～30厘米挖一条小沟，深7～10厘米，沟底垫上少许腐竹或竹鞭，撒上菌种，然后盖土。一般每亩毛竹林有旧竹头180～200个，挖蔸花工费钱，留作又难腐烂，就地利用栽培竹荪，可以进行竹头分解，两全其美。利用旧竹头栽培竹荪，完全靠自然环境条件，因此在春季3～4月播种为宜，此时春回大地，适宜菌丝生长。

竹荪不耐旱也不耐渍，因此穴位排水沟要疏通。干旱时要浇水保湿，以不低于60%为好。冬季15～20天浇水一次，夏季3～5天一次。浇水不宜过急，防止冲散表面盖叶层。土壤含水量要经常保持在15%～18%。每年都必须砍伐一定数量的竹子，增加竹鞭腐殖质，使菌丝每年均有新的营养来源。每年冬季必须耕地一次，除掉杂草，疏松土壤，使菌丝得到一定的氧气。

（六）采收加工包装

竹荪播种后可长菇4～5潮。子实体成熟都在每天12:00前，当菌裙撒至离菌柄下端4～5厘米就要采摘。采后及时送往工厂脱水烘干。干品返潮力极强，可用双层塑料袋包装，并扎牢袋口。作为商品出口和国内市场零售的，则需采用小塑料袋包装，每袋有25克、50克、100克、300克不同规格，外包装采用双楞牛皮纸箱。

第六节　黑木耳与黄背木耳高产栽培实用技术

由于黑木耳对人体具有明显的保健作用，近些年来，其产品的消费量逐年大幅上升，从而引起市场价格的持续走高，加之黑木耳都是以干品出售，在流通环节中有其独特优势，不受时间与季节的限制，因此农民种耳积极性也随之提高。

一、黑木耳人工栽培特点

在发菌及出耳管理过程中，要把握其如下栽培特点：

（一）中温型和区域性

黑木耳属中温型真菌，具有耐寒怕热的特性，所以南方的黑木耳不如北方的色黑、朵大、肉厚。它对温度反应敏感，菌丝在4～32℃均能生长，最适22～26℃，低于10℃生长受抑制，高于30℃，菌丝生长加快，但纤细、衰老加快，15～32℃下能形成子实体，最适 20～25℃。在适宜范围内，温度越低，生长发育越慢，但子实体色深、健壮、肉厚、产量高、质量好；反之，温度越高，生长发育越快，菌丝细弱，子实体色淡肉薄，产量低，并易流耳，感染杂菌。春、秋两季温差大，气温在 10～25℃，适于黑木耳生长。

（二）高湿性和干湿交替的水分管理

子实体发育期，空气相对湿度要求 90%～95%，低于 80%时子实体生长缓慢，低于 70%则不能形成子实体，但很低的湿度，菌丝也不致被干死；其子实体富含胶质，有较强的吸水能力，如在子实体阶段一直保持适合子实体生长的湿度，会因营养不良而生长缓慢，影响产量和质量。如果采取干湿交替的水分管理，耳片在干时收缩停止生长后，菌丝在基质内聚积营养，恢复湿度后，耳片长得既快又壮，产量高。

（三）喜光性和暗光养菌

黑木耳是喜光性菌类。光对子实体的形成有诱导作用，在完全黑暗条件下不会形成子实体；光线不足，生长弱，耳片变淡呈褐色；但在菌丝培养阶段要求暗光环境，光线过强，容易提前现耳。因此，在袋料栽培中，菌丝在暗光中培养成熟后，从划口开始就给以光照刺激，促进耳基早成。

（四）好气性和畦式栽培

黑木耳属好气性菌类，生长发育需要充足氧气。如果二氧化碳积累过多，不但生长发育受到抑制，且易发生杂菌感染或子实体畸形，使栽培失败。据观察，二氧化碳积累较多的地方，子实体不易开片。大田畦栽具备新鲜充足的氧气，是实现稳产高产的关键性因素。

二、黑木耳地栽技术

黑木耳地栽是近些年来新兴起的一种栽培方式，具有原料来源丰富、设备简单、成本低、生产周期短、经济效益高、发展前景广阔的优点。其优质高产栽培技术如下：

（一）制备菌种

按栽培计划选择制备抗杂菌能力强、生长速度快、菌龄适宜、纯正、无污染、适宜当地栽培条件的优良菌种。

（1）菌丝洁白，像细羊毛状，毛短整齐、浓密、粗壮有力，齐头并进地延伸直至瓶底，生长均匀，上下一致，挖出来成块，不松散。

（2）菌丝长满瓶后，在菌体表面一般会分泌出褐色水珠，以后在瓶壁四周和表面出现浅黄色透明胶质耳芽。

（3）菌种柱与瓶壁紧贴，瓶内壁附有少量白色水珠的为新鲜菌种。若瓶底有浅黄色积水，菌柱离壁干缩，为老化菌种，不能使用。

（4）正常的菌种有黑木耳特有的芳香气味，若有臭味和霉味，或出现斑块状及球状不发菌的现象，为细菌污染，若有其他红、绿、黄、黑等色，说明已被杂菌污染，也不能使用。

（5）培养基与瓶壁之间若出现浅黑色的胶质物（耳基），说明是早熟或扩接次数过多的菌种，栽培后耳片小、数量多、不易长大、品质差、产量低，应予淘汰。

（6）若瓶内可以看到木颗粒而菌丝很少，说明培养时间太短，应继续培养。若培养一段时间后没有显著变化，说明培养基营养不足，应予补充。

（7）如果菌种长至一半左右或有一个角落不再继续生长，可能是太干或太湿之故。若菌丝生长整齐、浓密，突然出现稀疏，并有明显的分界，说明上部料适中，下部压得过实过密。

（8）看外观、菌瓶标签与黑木耳菌种是否相符，以防错购。培养时间应在两个月以内，从接种日算，菌龄应在30～40天为宜，同时看瓶塞壁有无破裂或棉塞脱落等现象。

（9）看菌丝，菌丝洁白、纯度高、绒毛粗壮、短密齐者为优质菌种。如有绿、黄、红、青、灰色菌丝，则为已感染杂菌的菌种，需淘汰。

（10）看耳基瓶壁与料之间，如无淡黑色耳基的为优良菌种，有少量耳基的为正常菌种，如果有太多耳基，则传代次数过多，接种后虽出耳早且多，但长不大，产量较低。注意如果瓶壁没有沉淀物或仅有浅褐色胶质物属合格菌种，如果有黄褐色液体，属老化菌种，不可购买。

（11）看菌块木屑，如菌种表面均长有菌丝，已看不到木屑，挖出时以成块而不松散为佳。注意巧使用，如果菌种培养时间过短或温度过低，菌丝未长满全瓶或菌丝未长入木屑内部的，应继续在适温下培育，然后再用于接种，应存放于清洁、干燥和光线较暗的室内。接种前，严禁拔掉棉塞，对已开瓶接种的菌种不宜过夜，以防杂菌污染。

（二）栽培季节

根据当地气候条件，适当安排栽培季节是地栽黑木耳优质高产的前提。春季，当白天气温稳定在 10～13℃时开口催耳芽，此期为地栽黑木耳的有利季节。如在牡丹江地区，3～4 月中下旬为开口催耳芽最佳季节，若晚于 5 月 1 日开口催耳芽，黑木耳旺盛生长期正遇高温、高湿季节（6～7 月），不仅菌袋易污染，而且子实体易得流耳病，产量降低，甚至绝产。

（三）拌料与装袋

黑木耳为木腐型食用菌，需要丰富的木质素和纤维素，培养基配方以木屑 78%、麦麸 20%、石膏 1%、白糖 1%为佳，加入防病虫药剂最好，含水量以 65%左右为宜。用 17 厘米×33 厘米聚乙烯袋，每袋装湿料 1 千克左右，松紧度要适中、均匀一致。

（四）灭菌与接种

1. 灭菌　用 0.117 6～0.147 兆帕高压蒸气灭菌 1.0～1.5 小时；常压蒸气灭菌的料温达 100℃后持续灭菌 6～8 小时，再在锅内闷 3～4 小时。

2. 接种　要在无菌操作的条件下抢温接种，菌种复活、定植及封面速度快，可提高成品率。

（五）发菌

（1）接种后 10～15 天培养室温度以 25～28℃为宜，有利于菌种复活和定植，并降低污染率；15 天后一般料温高于室温，为防止烧菌，培养室应降温至 25℃左右，促进菌丝加快生长和吃料。当菌丝吃料至 2/3 袋时，降温至 22℃左右，使菌丝生长粗壮。菌丝长满袋后，培养室温度应降至 20℃左右继续培养 10 天，使菌丝多积累养分，并由营养生长转入生殖生长。

（2）发菌期间，培养室要避光，加强通风换气，保持室内干燥。如果湿度大，易发生后期污染。每周应翻堆或倒架一次，以免烧菌。

（六）耳场选择与处理

耳场要建在靠近水源、水质良好、清洁卫生、无污染源、通风良好、空气新鲜的地方。

在耳场建畦床时，为提高耳场利用率，畦床宽以 150～200 厘米为宜，长度不限，整平畦床面并压实。畦床间距 40 厘米，并挖 15～20 厘米深的沟作为排水沟和人行道。对老耳场要先清除废弃的菌袋及残留物，然后再翻耙、整平、做畦床，并将畦床浇透水，以利保湿，喷 5%石灰水和 70%百菌清可湿性粉剂 800～1 000 倍液消毒、灭菌、杀虫。在畦床面铺一层塑料薄膜或塑料编织袋片、遮阳网、细纱网等，以免雨水将泥沙溅于耳片上，降低商品价值。

（七）开出耳口与催耳芽

（1）用 5%石灰水擦洗菌袋，消毒灭菌，待菌袋表面干燥后，每袋倒开 V 形出耳口 12～15 个。开耳口时，一定要划破菌膜 0.3～0.5 厘米深，使新鲜空气进入，刺激原基分化并形成耳芽。

（2）菌袋开出耳口后，要在室内催耳芽；或将菌袋倒立摆放于畦床中，袋间距 10～12 厘米，盖草帘，喷水，在适宜温度下 10～15 天可见耳芽。

（八）长耳期管理

1. 调节湿度 出耳芽后，可揭去草帘，每天早、晚喷雾状水，最好微喷。初期因耳芽抗逆性差，要勤喷、清喷、细喷，使空气相对湿度保持在 85%～90%，以保持耳片湿润、不卷边。当耳芽长至扁平或圆盘状时，应适当加大喷水量，使空气相对湿度达到 90%～95%，防止耳片蒸腾失水，促进迅速生长。要注意干湿交替管理，特别是当耳茎和耳片生长缓慢时，应停水3～5天，使菌丝休养生息、积累养分，然后再喷水，使耳片健壮生长。耳片成熟前，宜减少喷水量，使空气相对湿度保持在75%～85%；耳片在这种湿度条件下，不仅能控制孢子弹射，而且耳片干净无水，不易烂耳，肉质肥厚、有弹性，产品质量好。

2. 控制温度 展耳期温度以20～22℃为宜，利于耳片整齐、健壮、耳形好、色泽深，商品价值高。若温度高于25℃，则开片难，再遇高温天气，子实体呼吸旺盛、细胞分裂加快、干物质积累少、耳片薄、产量低。因此，若遇高温天气，可盖草帘并喷水降温，以保证耳片良好生长。

3. 调节光照 子实体生长需要一定的光照条件。在光照充足的环境条件下，耳片肉厚、色深、鲜嫩茁壮，否则生长缓慢、色淡、骨质软，商品价值低。因此，对覆盖物要定期揭掉，确保光照充足。

4. 通风 空气新鲜有利于耳片良好的生长。若通风较差或摆袋过密，则耳片不易展开，易形成鸡爪耳或团耳等畸形耳，失去商品价值，且易污染杂菌和烂耳，降低产量。应清除耳场内外一切障碍物，定期揭掉覆盖物，进行通风换气，使耳片生长发育良好。

（九）增产剂的施用

施用黑木耳增产剂，可提高产量15%～30%，增产剂配置、使用方法如下：

配方1 萘乙酸1%、硼酸14%、硫酸锌20%、硫酸镁26%、淀粉39%，充分拌混匀。用玻璃瓶或塑料袋按50克一份分装贮存备用。使用方法为在黑木耳子实体形成前，结合喷水施用。每50克加水50升，稀释后用喷雾器喷于栽培袋上，以喷湿料面为止。

配方2 尿素250克，葡萄糖50克，1.8%辛菌胺醋酸盐70克。以上原料依次放入25千克水中充分溶解，即成增产剂。使用时，将快出耳的菌袋放入此剂中浸泡1小时，捞出后堆成“井”字形，覆盖薄膜保湿，不久即有大量耳芽出现，一般可增产25%～30%。

三、黄背木耳高产栽培技术

1. 配好袋料 最佳配料比为：棉籽壳35.5%、玉米芯40%、锯末20%、玉米糁4%、复合肥0.5%。

2. 调好酸碱度 袋料的酸性大时，易生杂菌如绿霉菌、黄霉菌等；袋料的碱性大时，影响菌丝正常生长。袋料中加入3%生石灰粉、1%石膏粉后，其酸碱度合适。

3. 浸泡好料 先将干玉米芯用石灰水浸泡72小时，并搅拌2～3遍，然后再加上棉籽壳、锯末、复合肥、玉米糁、石膏粉，再连翻2遍，搀匀后堆闷24小时，即可装袋。

4. 高温消毒 袋料装入锅炉时，要留有空隙，以便于上汽均匀。当锅炉内温度升至100℃时，应保持12小时以上。

5. 严格消毒 放置黄背木耳袋的温室要提前2天用百菌清与异丙威熏蒸消毒，然后再用辛菌胺消毒液把袋架、墙壁及地面全部喷洒一遍。当从锅炉里搬出的袋料温度降至15℃以下时方可接种，接种必须在消毒箱内进行，接种的袋子事先要用百菌清熏蒸消毒。接种人员要戴上消过毒的手套。

6. 严格控温 接好种的袋料进入温室后，要把室内温度调至25℃以上，特别是第一周，室温应在28℃左右。袋内菌丝复活后，室温要降至22℃。

7. 翻袋 黄背木耳袋的菌丝快长满袋时进行一次大翻袋，使整袋菌丝均匀生长。

8. 下架码垛 黄背木耳袋在架上长满菌丝后，要把袋子搬下架或移出温室。黄背木耳袋搬下架后要码成垛，以7～8层为宜，层与层之间要留有空隙，以利通风。袋垛上用编织袋覆盖一层即可。

9. 开口捶袋 3月下旬，即可把黄背木耳袋移到棚内开口，棚四周及上部要用草苫覆盖，但不可过厚过严。用刀片把黄背木耳袋开成三角口，每袋开16个。把开过口的袋子堆于棚内，用塑料薄膜或编织袋覆盖3～5天。从开口处的菌丝发白时开始，每天喷洒一次水，一直到开口处长出耳基，这时即可挂袋了。

>>> 第六章　食用菌病虫害及其防治技术

第一节　食用菌病害的基础知识

一、病害的定义

在整个栽培过程中，由于不适宜的环境条件，或者遭受其他生物的浸染，致使食用菌的生长和发育受到显著的影响，因而降低食用菌的产量和（或）产品质量，即称作食用菌病害。

食用菌病害是由于不断遭受不利因素的刺激，其正常代谢活动和生理机能受到破坏，发生一系列的病变形成的，机能的破坏随着病害的发展而逐渐加深。因此，食用菌病害的发生，往往有一个过程，并且产生一系列持续性的顺序变化，即所谓病理程序。食用菌受到机械创伤或昆虫、动物（不包括病原线虫）伤害时，没有病例程序，因而不能称为食用菌病害。

二、发病原因（病原）

引起食用菌发病的直接因素称为病原。分析食用菌病害发生的原因时，应该区别两种不同类型的病害，即非侵染性病害和侵染性病害。侵染性病害的发病条件应该包括食用菌（寄主）、病原生物和环境条件 3 个方面，不能简单地、孤立地将病原生物看作病原。

三、非侵染性病害和侵染性病害

（一）非侵染性病害（生理病害）

1. 概念 食用菌正常的生长发育需要一定的环境条件，在不同的发育阶段，食用菌对环境条件有一定的质和量的适应范围。当环境条件中某种因子的变化，超过了食用菌所能适应的范围时，食用菌的正常生理活动就会受到阻碍，甚至遭到破坏而产生病害。不适宜的环境因素，凡是不属于生物范畴的，一般称之为非侵染性病原。非侵染性病原所引起的病害就是非侵染性病害。非侵染性病害一般为生理性的，所以也称作生理病害。非侵染性病害没有传染性。

2. 病因与症状 常见的食用菌非侵染性病害的病因有如下几类：营养物质缺乏或比例不当、水分失调、高温、冻害、光照不适、有害化学物质（二氧化碳、二氧化硫、硫化氢等）浓度过高（有时也把化学农药引起的药害放在一起研究）。非侵染性病害最常见的症状是菌丝体生长不好，子实体畸形或萎缩。

（二）侵染性病害

1. 概念 侵染性病害是由各种病原生物侵害食用菌引起的。这些病原生物包括真菌、细菌、病毒和线虫等，分别称作病原真菌、病原细菌、病原病毒和病原线虫。病原生物引起的病害是可传染的，所以侵染性病害也称作传染性病害。被病原生物浸染的食用菌称为寄主。

2. 侵染性病害类型 在一个生产季节或生长周期中，病原物第一次浸染寄主称为初次侵染。经过初次侵染引起寄主发病后，病原物在寄主体内和（或）体外产生大量繁殖体，通过传播又可侵染更多的寄主，这种侵染称作再侵染。

按照病原物对食用菌的危害方式，侵染性病害可分为三大类：寄生性病害、竞争性病害、寄生性兼竞争性病害。

（1）寄生性病害。此类病害的主要特征是，病原物直接从寄主的菌丝体或子实体内汲取养分，使寄主正常的新陈代谢受到阻碍，从而引起食用菌的产量和（或）品质下降；或者是病原物分泌某种对寄主有害的物质杀伤或杀死寄主，同时吸收寄主的养分。食用菌病毒病是纯寄生性病害。

（2）竞争性病害。食用菌的竞争性病害类似于农作物的杂草危害，通常将这类病原菌称为杂菌。其特点是病原菌（杂菌）生长在培养料（基）上，与食用菌争夺养分和生存空间，从而导致食用菌的产量和（或）品质下降。食用菌竞争性病害的病原菌包括真菌和细菌两大类，但主要是真菌类。

（3）寄生性兼竞争性病害。这类病原菌既能在培养基上与食用菌争夺养分和生存空间，影响食用菌的生长发育，又能直接从寄主的菌丝体或子实体内吸取养分，使寄主无法进行正常的新陈代谢活动。木霉引起的多种食用菌病害是寄生性兼竞争性病害的典型例子。

3. 侵染性病害症状　食用菌感病后，在其外部和内部表现出的不正常特征，称为症状。症状是病原物特性和寄主特性相结合的反映，分为病状和病症两方面。病状是食用菌染病后本身表现出来的不正常状态；病症则是病原物在寄主（食用菌）体内和体外表现出来的特征。因此，病症只存在于侵染性病害。常见的食用菌病害症状有变色、斑点、凹陷、软腐、流落、萎缩、畸形等。

第二节　食用菌生理性病害及防治技术

在栽培食用菌的过程中，食用菌遇到某些不良的环境因子的影响，生产环境条件不能满足最低要求时，造成生长发育的生理性障碍，产生各种异常现象，不能正常生长发育，导致减产和（或）品质下降，即所谓生理性病害，如菌丝徒长、畸形菇、硬开伞、死菇等。

一、菌丝徒长

双孢蘑菇、香菇、平菇等栽培时菌丝徒长均有发生。在菇房

（床）湿度过大和通风不良的条件下，菌丝在覆土表面或培养料面生长过旺，形成一层致密的不透水的菌被，推迟出菇或出菇稀少，造成减产。菌丝徒长除了与生长环境条件有关外，还与菌种有关。在原种的分离过程中，气生菌丝挑取过多，常使母种和栽培种产生结块现象，出现菌丝徒长。

在栽培食用菌的过程中，一旦出现菌丝徒长的现象，就应该立即加强菇房通风，降低二氧化碳浓度，减少细土表面湿度，并适当降低菇房温度抑制菌丝徒长，促进出菇。若土面已出现菌被，可将菌膜划破，然后喷重水，大通风，仍可望出菇。实践证明，菇床用食用菌专用0.004%芸薹素内酯水剂10克对清水15千克均匀喷雾1～2遍即可防治菌丝徒长。

二、菌丝体缩小

在食用菌栽培中，有时在毛发生长或发芽期发生菌丝黄化萎缩甚至死亡。原因有：

1. 材料损坏 播种后3～5天，当肥料加入太晚时，培养材料含有过多的氨，导致氨中毒和死亡。当制备原料时，碳氮比不合适，发酵时间太长，培养材料太成熟，并且发生酸化，这导致培养材料中的菌丝收缩呈细线。

2. 水损坏 料面上浇水多且喷淋太快，水渗入进料层，导致培养材料太湿，缺氧，导致细菌萎缩。

以上两种原因可用生理提质增产法防治：用精制钼胶囊1粒+精制细胞分裂素胶囊1粒+食用菌专用维生素B丰植物液30克对清水15～20千克，均匀喷雾1～2遍即可。

3. 气体损害 在高温高湿条件下，菌丝代谢加快，导致一氧化碳浓度过高，菌丝容易发黄死亡。如果棚室湿度过大，傍晚时在棚室内点燃食用菌专用的10%百菌清烟雾剂，一般2.8米高左右的棚室每8～10米设一个放烟点，每点50克点燃放烟，点燃时备一铁锨，若出现明火用铁锨压一下即可成烟，既提高成烟率又防火灾。头天傍晚点烟剂，第二天放风，第三天再喷洒菇耳旺和细胞分裂素。

三、死菇现象

在双孢蘑菇、香菇、草菇、平菇、金针菇等多种食用菌的栽培中，萌芽期间，幼小的菇蕾或小的子实体，在没有病虫害的情况下，黄色萎缩，停止生长甚至死亡。尤其是头两潮菇出菇期间，小菇往往大量死亡，严重影响前期产量。主要原因有：

（1）出菇过密过挤，营养供应不足，一些菇蕾由于缺乏营养而死亡，或者由于采摘而摇动和损坏，这可能导致食用菌死亡。生理提质增产防治法：用精制铁胶囊 1 粒＋精制钾胶囊 1 粒＋精制硒胶囊 1 粒＋精制芸薹素 10 克对清水 15～20 千克均匀喷雾一遍即可不死，喷雾两遍增产显著。

（2）温度过高或过低，不适合子实体生长发育，菇房或菇场通风不良，二氧化碳累积过量，致使小菇闷死。生理提质增产防治技术：用精制锌胶囊 1 粒＋精制解害灵（食用菌专用）10 克＋食用菌专用细胞分裂素胶囊 1 粒对清水 15～20 千克，均匀喷雾 1～2 遍即可。

（3）喷水较重，菇房通风不良，空气湿度大，供氧不足，一氧化碳积聚过多，引起蘑菇芽或小菇窒息；或对菇体直接喷水，导致菇体水肿黄化，溃烂死亡。烟剂防治法：如果棚室湿度过大或阴雨天，傍晚时在棚室内点燃食用菌专用 10％百菌清烟雾剂，2.8 米高左右的棚室每 8～10 米设一个放烟点，每点 50 克点燃放烟，点燃时备一铁锨，若出现明火用锨压一下即可成烟，既提高成烟率又防火灾，翌日再喷洒精制维生素 B 丰植物液 50 克＋精制细胞分裂素 1 粒＋精制硼胶囊 1 粒对水 15 千克均匀喷洒，1～3 遍，间隔 2～3 天。

（4）在生长过程中，过量使用药物，会增加原有的渗透压或毒害菇体，导致植物毒性和死菇。生理提质增产防治方法：用食用菌专用产品，以免因食用菌菌丝娇嫩耐药性差而影响品质，用精制铁胶囊 2 粒＋精制硒胶囊 1 粒＋食用菌专用精制解害灵 10 克对清水

15 千克，均匀喷雾，最好采一茬菇后喷一遍。

四、畸形菇

双孢蘑菇、平菇、（代料）香菇等食用菌栽培过程中，常常出现形状不规则的子实体，或者形成未分化的组织块。如栽培平菇、凤尾菇时，常常出现由无数原基堆积成的花菜状子实体，直径由几厘米到 20 厘米以上，菌柄不分化或极少分化，无菌盖。原基发生后的畸形菇，则是由异常分化的菌柄组成珊瑚状子实体，菌盖无或者极小。双孢蘑菇、香菇常出现菌柄肥大，盖小肉薄，或者无菌褶的高脚菇等畸形菇。

造成食用菌形成畸形菇的原因很多，主要原因是：二氧化碳浓度过高，供养不足；或覆土颗粒太大，出菇部位低；或光照不足；或温度偏高；或用药不当而引起药害；等等。生理性提质增产防治法：精制钼胶囊 1 粒＋精制硒胶囊 1 粒＋精制铁胶囊 1 粒＋食用菌专用解害灵 10 克对清水 15 千克，均匀喷雾，最好采一茬菇后喷一遍。

五、薄皮早开伞

产生原因：培养料过薄、养分不足；覆土过薄；菌丝生活力不强或菌丝徒长、板结，出菇部位高；菇房通风不良，高温高湿：出菇密度大；生长过快，养分跟不上；菌丝老化，吸收养分能力下降等。特别是在出菇旺季，由于出菇过密，温度偏高（18℃以上），很容易产生薄皮早开伞现象，影响食用菌质量。

防治方法：前期搞好培养料的发酵，合理覆土，生长期加强通风，降低菇房温度及湿度，适当追肥，补充养分等。在栽培中，菌丝生长不要接近覆土表面，宜将出菇部位控制在细土缝和粗细土粒之间；防止出菇过密，适当降低菇房温度，可减少薄皮早开伞现象。生理性提质增产防治法：精制硒胶囊 1 粒＋精制铁胶囊 1 粒＋食用菌专用 0.004％芸薹素内酯 10 克对清水 15 千克，均匀喷雾，1～3 遍。

六、空根白心

产生原因：气温较高，幼菇生长迅速，土层水分不足；幼菇生长过程中气温先高后低，培养料先干后湿，培养料上湿下干，土层较湿，料层较干；菌盖表面水分蒸发量大，菌柄中间缺水；特别是食用菌旺产期如果温度偏高（18℃以上），菇房湿度太低，加上土面喷水偏少，土层较干，菌柄容易产生白心。在切削过程中，或加工泡水阶段，有时白心部分收缩或脱落，造成菌柄中空，严重影响食用菌质量。

防治方法：维持菇棚合适的温湿度，高湿期应早晚通风，中午关窗，避免温度过高以及水分蒸发过快；保证空气相对湿度不低于90%；出菇水和结菇水要喷足，避免出现外湿内干、上湿下干现象。可在夜间或早晚通风，适当降低菇房温度，同时向菇房空间喷水，提高空气相对湿度。喷水力求轻重结合，尽量使粗土细土都保持湿润。生理性提质增产防治法：精制铜胶囊 1 粒＋精制硼胶囊 1 粒＋精制锌胶囊 1 粒＋食用菌专用 0.004%芸薹素内酯 10 克对清水 15 千克，均匀喷雾，1～3 遍。

七、硬开伞

产生原因：气温突然下降，气温与料温、气温与土温反差较大，细土湿度过高而菇棚温度过低等，使固体养分代谢紊乱，造成土层中的菌柄与土上的菌盖生长不平衡而产生分裂分离，进而形成硬开伞。特别是当温度低于 18℃，且温差变化达 10℃左右时，幼嫩的子实体往往出现提早开伞（硬开伞）现象。在突然降温，菇房空气湿度偏低的情况下，硬开伞现象尤甚，严重影响食用菌的产量和质量。

防治方法：注意保温，不让冷风吹进菇棚，减少温度变化，保持适当的空气湿度和培养料含水量。在低温来临之前，做好菇房保温工作，减小室内温差，同时增加菇房内空气湿度，可防止或减少硬开伞。生理性提质增产防治法：精制硒胶囊 1 粒＋精制钼胶囊 1

粒＋精制维生素 B 丰植物液 30 克＋食用菌专用的 0.004％芸薹素内酯 10 克对清水 15 千克，均匀喷雾，1～3 遍。

八、水秀斑

产生原因：多见于双孢蘑菇。菇房通风不良，空气相对湿度超过 95％时，菇盖上常有积水，或覆土粒上有锈斑，都会使菌盖表面产生铁锈色斑点，影响菇体外观。

防治方法：避免使用带铁锈色的覆土，加强通风排湿，及时蒸发菌盖表面的水滴，可防止水秀斑的发生。如果棚室湿度过大或阴雨天，傍晚时在棚室内点燃食用菌专用的 10％百菌清烟雾剂，2.8 米高左右的棚室每 8～10 米设一个放烟点，每点 50 克点燃放烟，点燃时备一铁锨，若出现明火用锨压一下即可成烟，既提高成烟率又防火灾，翌日再喷洒精制锰胶囊 1 粒＋精制细胞分裂素 1 粒＋精制钾胶囊 1 粒对水 15 千克均匀喷洒，1～3 遍，间隔 2～3 天。

九、地雷菇

产生原因：覆土后通风过程中，土层含水量过低；土层内菌丝萎缩，播种后发菌迟；气温偏低；料内混有泥土。

防治方法：适量喷水，保持土层合适的含水量；覆土不宜超过 3 厘米；不使用掺土的牛粪等。生理性提质增产防治法：食用菌专用精制钼胶囊 1 粒＋精制维生素 B 丰植物液 50 克＋精制钾胶囊 1 粒＋精制细胞分裂素 1 粒对清水 15 千克，均匀喷雾，1～3 遍，间隔 2～3 天。

十、长柄菇

产生原因：空气湿度过高、通风不良、二氧化碳浓度过高；菌丝衰老、土层菌丝生长无力。

防治方法：加强通风换气，喷施食用菌健壮剂。生理性提质增产防治法：食用菌专用精制硒胶囊 1 粒＋精制硼胶囊 1 粒＋精制崔芽灵 50 克＋精制解害灵 10 克对清水 15 千克，均匀喷雾，1～3

遍，间隔 2～3 天。

十一、珠菇

产生原因：播种时种块过大，覆土厚度不均匀，培养料含水量不均，几个或几十个子实体拥挤在一起等会导致产生球菇。

防治方法：播种时把菌种撒匀；适当增加覆土厚度，均匀覆土，合理调节水分。生理性提质增产防治法：食用菌专用精制硒胶囊 1 粒＋精制钼胶囊 1 粒＋精制崔芽灵 30 克＋绿色精制钾胶囊 1 粒对清水 15 千克，均匀喷雾，1～3 遍，间隔 2～3 天。

十二、铁锈斑菇

产生原因：床面喷水后未及时开门通风，菇房湿度过大，子实体表面积存小水珠，时间长后会产生铁锈色斑点。

防治方法：喷水后延长通风时间，在阴湿天气搞好通风换气，保持空气新鲜，挑选好的覆土材料。生理性提质增产防治法：精制钾胶囊 1 粒＋食用菌专用的 0.004％芸薹素内酯 10 克对清水 15 千克，均匀喷雾 1 遍。

十三、鳞片菇

产生原因：气温偏低，菇棚偏干，环境干湿度差突然加大，菌盖容易产生鳞片。

防治方法：出菇期注意提高空气湿度并保持稳定，防止冷风突然袭击菇棚等。生理性提质增产防治法：食用菌专用精制钼胶囊 1 粒＋精制胞分裂素胶囊 1 粒＋精制催芽灵 30 克对清水 15 千克均匀喷雾，1～3 遍，间隔 2～3 天。

十四、红根菇

产生原因：多是产菇前喷水过多，土层含水量过大；过量使用葡萄糖溶液；所喷石灰水、尿素溶液浓度过高；通风不良。

防治方法：产菇期土层含水量不能过高；采菇前菇床不能喷

水；菇床喷石灰水或追肥时，要注意把握好浓度。生理性提质增产防治法：食用菌专用精制钾胶囊 1 粒＋精制硼胶囊 1 粒＋精制解害灵 10 克对清水 15 千克，均匀喷雾，1～3 遍，间隔 2～3 天。

十五、玫冠病

玫冠病即菇盖边缘翻翘卷起，菌褶长到菌盖表面，褶片泛红变色，像玫瑰色鸡冠。主要出现在双孢蘑菇上，病菇菌盖边缘上翻，在菌盖上表面形成菌褶；有时则在菌盖上形成菌管、菌褶分辨不清的瘤状物。玫冠病往往在最早的几潮菇上发生较多。

产生原因：玫冠病主要是化学药品污染所致，如培养料内混入了矿物油或酚类化合物，菇房内、菇房附近喷洒了农药（如矿物油、杂酚油、酚类化合物，或杀菌剂农药使用过量等），产生一定量的有害气体，都会导致产生玫冠病。

防治方法：存放油或农药的仓库不宜改作菇房；不用被化学物质污染的土作覆土材料；菇房内不能用煤油灯照明，如用煤炉或木材炉加温，要加强通风换气；培养料建堆时不能与矿物油或酚类物质接触等。生理性提质增产防治法：食用菌专用锌胶囊 1 粒＋精制钾胶囊 1 粒＋精制解害灵 10 克对清水 15 千克，均匀喷雾，1～3 遍，间隔 2～3 天。

第三节　食用菌真菌性病害及其防治技术

真菌引起的食用菌病害种类最多，危害最重。从危害方式来看，真菌病害可分为寄生性真菌病害、竞争性真菌病害（杂菌）、寄生性兼竞争性真菌病害三大类。从危害时间来看，有制种阶段的危害，也有在代料或段木栽培期间的危害。

一、寄生性真菌病害

在这一类病害中，研究最深、报道最多的是危害食用菌的褐腐病、褐斑病、软腐病、褶霉病、菇脚粗糙病、猝倒病、菌被病、小菌核病，以及危害银耳的红银耳病等。现将 9 种寄生性真菌病害的主要症状及其防治措施介绍如下。

（一）褐腐病

亦称白腐病、湿泡病、水泡病、疣孢霉病。

1. 病原菌　疣孢霉属于丝孢纲真菌。

2. 病原菌习性　疣孢霉性喜郁闭、潮湿的环境，其菌丝生长的最适温度 25℃、pH 6.2。10℃以下极少发病，15℃以上发病严重，65℃条件下经 1 小时即死亡。

3. 危害对象　主要危害双孢蘑菇、草菇。

4. 症状　疣孢霉只感染子实体，不感染菌丝体。其常见症状有：

（1）发病初期，菌褶和菌柄下部出现白色棉毛状菌丝，稍后，病菇呈水泡状，进而褐变死亡。

（2）幼菇受害后常呈无盖畸形（硬皮马勃状团块），并伴有暗黑色液滴渗出，最后腐烂死亡。

（3）感病菇上渗水滴是褐腐病的典型症状。

5. 传播途径　初次发病，覆土是主要媒介；而后再发病，水、工具或栽培者都可能是病菌传播的重要途径。

6. 防治措施

（1）对于空菇房使用烟剂杀菌消毒，傍晚用食用菌专用 10% 百菌清烟剂，每 5 米放一个燃点，每个燃点 50 克，点燃前将所用到的工具（包括各种袋子、绳子）、工作服、帽子、鞋子、口罩等都放在菇房里，备一铁锨，点烟剂时若出现明火用铁锨压一下以提高成烟率并防火灾。进行彻底消毒灭菌 24 小时后，再进行工作。

（2）对于已种植的菇房，开始发病时应停止喷水，加大菇房通风量，并且尽可能将温度降至 15℃以下。用 1.8%辛菌胺醋酸盐水剂 50 克＋精制硼胶囊 2 粒＋精制钙胶囊 1 粒对清水 15 千克均匀喷雾 1～3 次，间隔 2 天。

（3）发病严重时，烟熏杀菌消毒和喷雾相结合，需要注意的是为确保已种植的菇房安全，用烟剂量要小于空菇房，即 10%百菌清烟剂使用时，对于高 2.8 米左右的菇房，烟剂布点每 10 米 1 个，点燃时备一铁锨，点烟剂时若出现明火用铁锨压一下以提高成烟率并防火灾，消毒灭菌第二天早上可通风，第二天中午或第三天上午再用食用菌专用 1.8%辛菌胺醋酸盐水剂 50 克或 10%百菌清液剂 50 克＋精制硼胶囊 2 粒＋精制钙胶囊 1 粒对清水 15 千克均匀喷雾。注意：要先一天傍晚点烟剂，第二天或第三天喷洒水剂，不要先用水剂再用烟剂，以免菇面污点。

（4）覆土前 5 天，每立方米覆土用 1.8%辛菌胺醋酸盐水剂 30 克加 75%百菌清可湿性粉剂 10 克稀释后均匀喷洒覆土并进行密封熏蒸 24 小时，可以预防此病发生。

（二）褐斑病

亦称干泡病、轮枝霉病。

1. 病原菌　轮枝孢霉属于丝孢纲真菌。

2. 病原菌习性　轮枝孢霉性喜低温、高湿的环境。

3. 危害对象　食用菌子实体。

4. 症状

（1）病菇菌盖上产生许多针头状褐色斑点，后逐渐扩大，并产生灰白色凹陷，病程约 14 天。

（2）虽然食用菌的营养菌丝不会染病，但子实体分化前，病菌可沿菌索生长，形成质地较干的灰白色组织块。

（3）后期染病，菌柄变粗、变褐，表层剥裂，菌盖较小，畸形，常有霉状附属物。病菇干裂，不腐烂，无特殊臭味。

5. 传播途径

（1）病菌的分生孢子主要通过溅水传播。

（2）菇蝇、螨类、操作工具、气流、覆土以及栽培者本身，均可成为传染媒介。

6. 防治措施

（1）对于空菇房，种植前杀菌消毒灭虫，傍晚时用食用菌专用精制 10%百菌清烟雾剂＋20%异丙威烟剂，每 5 米放一个燃点，每个燃点 50 克，点燃前将所用到的工具（包括各种袋子、鞋子、口罩等）都放在菇房里，备一铁锨，点烟剂时若出现明火用铁锨压一下以提高成烟率并防火灾。进行彻底消毒，灭菌、灭蝇、灭螨，24 小时后，通风后再进行工作。

（2）对于已种植的菇房，初发病期（若无蝇、无螨），用精制 20%吗胍·铜水剂 50 克＋精制锰胶囊 1 粒＋精制钼胶囊 1 粒＋精制锌胶囊 1 粒对清水 15 千克均匀喷雾 1～3 次，间隔 2 天。

（3）发病严重且有蝇、有螨时，要先烟熏杀虫，用精制的 20%异丙威烟剂，需要注意的是已种植的菇房为确保安全，用烟剂量要小于空菇房，即高 2.8 米左右的菇房，烟剂布点每 10 米 1 个。点燃时备一铁锨，点烟剂时若出现明火用铁锨压一下以提高成烟率并防火灾，消毒灭菌后翌日早上可通风，翌日中午再用精制 20%吗胍·铜 50 克＋精制锰胶囊 1 粒＋精制钼胶囊 1 粒＋精制锌胶囊 1 粒对清水 15 千克均匀喷雾 1～3 次，间隔 2 天。注意：对于已种植的菇房，要先一天傍晚点烟剂，翌日喷水剂，千万不要先喷水剂再点烟剂，以免菇面耳面污点。

（4）用辛菌胺醋酸盐熏蒸覆土，且避免覆土过湿。

（三）软腐病

又称树枝状轮枝孢霉病、蛛网病。

1. 病原菌 树枝状轮枝孢霉属于丝孢纲真菌。

2. 病原菌习性 树枝状轮枝孢霉性喜低温、高湿的环境。

3. 危害对象 双孢蘑菇、平菇和金针菇。

4. 症状

（1）发病时，床面覆土周围出现白色蛛网状菌丝，若不及时处理，病原菌迅速蔓延，并变成水红色。

（2）在食用菌的整个发育阶段都可染病。染病子实体并不发生畸形，而是逐渐变成褐色，直至腐烂。

5. 传播途径 病原菌的分生孢子主要借助气流、水滴或覆土传播。

6. 防治措施

（1）初发病期喷洒防治法：用精制 1.8%辛菌胺醋酸盐水剂 50

克对清水 15 千克均匀喷雾，连喷 2 遍，间隔 3 天。

（2）发病严重时喷洒法：用食用菌专用脱腐 30 克＋精制硼胶囊 1 粒，连用 2 遍，间隔 2 天。

（3）减少床面喷水，加强通风，降低床面空气湿度。

（4）在染病床面撒 0.2～0.4 厘米厚的石灰粉。

（四）褶霉病

又称菌盖斑点病。

1. 病原菌 白扁丝霉（异名褶生头孢霉）和头孢霉属于丝孢纲真菌。

2. 病原菌习性 褶生头孢和头孢霉性喜湿度偏高的环境。

3. 危害对象 双孢蘑菇、香菇和平菇。

4. 症状 病菇形状正常，但菌褶一堆一堆地贴在一起，其表面常有白色菌丝。

5. 传播途径 病原菌通过覆土或空气传播。

6. 防治措施

（1）初发病期喷洒防治法：用 10％百菌清烟剂 50 克对清水 15 千克均匀喷雾，连喷 2 遍，间隔 3 天。

（2）发病严重时喷洒法：精制铜胶囊 1 粒＋精制钼胶囊 1 粒＋10％百菌清烟剂 50 克，对清水 15 千克，均匀喷雾，连用 2～3 遍，间隔 2 天。

（3）加强菇房通风，防止菇房湿度过高。

（4）及时摘除并烧毁病菇。

（五）菇脚粗糙病

1. 病原菌 贝勒被孢霉接和菌纲，属于藻状菌。

2. 危害对象 双孢蘑菇。

3. 症状

（1）病菇菌柄表层粗糙、裂开，菌盖和菌柄明显变色，后期变成暗褐色。

（2）在病菇的菌柄和菌褶上可以看到一种粗糙、灰色的菌丝生长物，它可以蔓延到病菇周围的覆土上，发病情况和软腐病有些相似。

（3）有些病菇发育不良，形成畸形菇。

4. 传播途径　病菌产生的孢囊孢子很容易由空气和水滴传播，也能由覆土带入菇房。

5. 防治措施

（1）初发病期用食用菌专用10%百菌清粉剂30～50克＋硒胶囊1粒对清水15千克均匀喷雾，连喷2遍，间隔3天。

（2）发病严重时用食用菌专用10%百菌清液剂50克＋硒胶囊1粒＋钙胶囊1粒对清水15千克均匀喷洒，连用2～3遍，间隔2天。

（3）严防覆土带菌。

（六）猝倒病

又称枯萎病。

1. 病原菌　尖镰孢霉或茄腐镰孢霉。

2. 危害对象　双孢蘑菇、覆土栽培香菇。

3. 症状

（1）镰孢霉主要侵染菌柄，侵染后病菇菌柄髓部萎缩变成褐色。

（2）早期感染的病菇和健菇在外形上差异不明显，只是病菇菌盖色泽较暗，菇体不再长大，逐渐变成“僵菇”。

（3）与其他致烂菌共同导致覆土香菇烂筒。

4. 传播途径　带菌覆土是此病的主要媒介。

5. 防治措施

（1）对覆土进行蒸气或药物消毒，是防治本病的主要方法。

（2）初发病期用食用菌专用10%百菌清烟剂50克＋精制锰胶囊1粒对清水15千克均匀喷雾，连喷2遍，间隔3天。

（3）发病严重时用食用菌专用链孢霉克星30克＋精制锰胶囊1粒＋精制钼胶囊1粒＋精制硼胶囊1粒对清水15千克均匀喷洒，连用2～3遍，间隔2天。

（4）选择适宜栽培品种温度的出菇场所，防止高温高湿，夏季香菇栽培场所应加强通风、降温、降湿管理，实行干干湿湿交换进行水分管理。

（七）菌被病

又称马特病、黄霉病、黄毁丝病等。

1. 病原菌 黄毁丝霉。

2. 病原菌习性 黄毁丝霉属于寄生性兼竞争性杂菌，性喜培养料腐熟过度和通风不良、湿度过大的环境。

3. 危害对象 双孢蘑菇。

4. 症状

（1）病原菌丝初为白色，后呈黄色至淡褐色，线毯状。该菌的寄生性很强，能分泌溶菌酶噬蚀菌丝。

（2）该菌侵入菇床后，培养料内出现成堆的黄色颗粒，并散发出浓厚的铜绿、电石等金属气味或霉味。

（3）病原菌侵害子实体时，菇体表面出现灰绿色的不规则锈斑，呈彩纸屑状。

5. 传播途径 病原菌主要通过培养料或覆土带入菇房。

6. 防治措施

（1）防止堆肥过熟、过湿，加强菇房通风换气。

（2）堆肥发酵和蒸气消毒时，配合用10%百菌清烟剂按1∶1 000的比例熏蒸，能杀灭黄毁丝霉菌。

（3）每吨堆肥中加入0.9千克硫酸铜，防病效果更佳。

（4）初发病期用10%百菌清液剂50克+精制铜胶囊1粒对清水15千克均匀喷雾，连喷2遍，间隔3天。

（5）发病严重时用食用菌专用10%百菌清液剂50克+精制铜胶囊1粒+精制锰胶囊1粒+精制硼胶囊1粒对清水15千克均匀喷洒，连用2～3遍，间隔2天。

（八）红银耳病

又称银耳浅红酵母病。

1. 病原菌 浅红酵母菌。

2. 病原菌习性 性喜25℃以上的高温环境。

3. 危害对象　银耳。

4. 症状　染病银耳子实体变成红色、腐烂，最后使耳根失去再生力。

5. 传播途径　浅红酵母菌主要通过空气传播、接触侵染。

6. 防治措施

（1）适时接种，尽可能使出耳时的气温低于25℃，以减轻其危害。

（2）老耳棚在堆棒前用氨水消毒，工具用0.1%高锰酸钾溶液杀菌。

（3）根据上海市农业科学院植物保护研究所报道，使用浓度为300毫克/升L-4-氧代赖氨酸，可阻止浅红酵母菌浸染银耳子实体。

（九）小菌核病

1. 病原菌　齐整小核菌。

2. 病原菌习性　寄生性兼竞争性杂菌。菌核萌发和菌丝生长的温度范围是10～35℃，最适温度30～32℃。

3. 危害对象　草菇、双孢蘑菇。

4. 症状

（1）小菌核菌丝白色，有光泽，棉毛状，比草菇菌丝粗壮，从中央向四周辐射生长，菌丝上形成大量菌核。

（2）小菌核初时乳白色，随着体积的增大，逐渐变为米黄色，最后缩小并变成茶褐色，貌似油菜籽。

5. 传播途径　稻草或培养料带菌传播。

6. 防治措施

（1）堆草前，用2%～3%石灰水浸泡稻草；局部感染时，可用1%石灰水处理。

（2）初发病期用食用菌专用10%百菌清烟剂50克+精制铜胶囊1粒对清水15千克均匀喷雾，连喷2遍，间隔3天。

（3）发病严重时用食用菌专用10%百菌清50克+精制锰胶囊1粒+精制硒胶囊1粒+精制锌胶囊1粒对清水15千克均匀喷洒，连用2～3遍，间隔2天。

二、竞争性真菌病害（杂菌）

危害食用菌的竞争性真菌病害主要是指污染菌种的杂菌、代料栽培中菇房（菇床）常见杂菌，以及段木栽培中常见的杂菌侵染引起的病害。

（一）污染菌种的常见杂菌

1. 毛霉 毛霉一般出现较早，初期呈白色，老后变为黄色、灰色或褐色。菌丝无隔膜，不产生假根和匍匐菌丝，直接由菌丝体生出孢囊梗，孢囊梗一般单生，且较少分枝。球形孢子囊着生在孢囊梗顶端。孢子囊一般黑色，囊内有囊轴，囊轴与孢囊梗相连处无囊托。孢囊孢子球形、椭圆形或其他形状，单胞，多无色。

2. 根霉 根霉与毛霉相似，其菌丝无隔膜。但其在培养基上能产生弧形的匍匐菌丝，向四周蔓延，并由匍匐菌丝生出假根，菌丝交错成疏松的絮状菌落。菌落生长迅速，初时白色，老熟后变为褐色或黑色。孢囊梗直立，不分枝，顶端形成孢子囊，内生孢囊孢子。孢囊孢子球形、卵形或不规则，有棱角或有线状条纹，单胞。

3. 曲霉 曲霉属于子囊菌，营养体由具横隔的分枝菌丝构成。分生孢子梗是从特化了的厚壁、膨大的足细胞生出，并略垂直于足细胞的长轴，不分枝，顶端膨大成顶囊。顶囊表面产生单层或双层的小梗。分生孢子着生于小梗顶端，最后成为不分枝的链。分生孢子的形状、颜色和饰纹，以及菌落的颜色，都是分类的重要依据。菌落颜色多种多样，最常见的是黄色、黑色、褐色、绿色等，呈绒状、絮状或厚毡状，有的略带皱纹。

4. 青霉 青霉的菌丝体无色、淡色或有鲜明的颜色，具横隔，为埋伏型，或为部分埋伏型、部分气生型。气生菌丝密毡状或松絮状，分生孢子梗由埋伏型或气生型菌丝生出，不形成足细胞，顶端不膨大，无顶囊，单独直立或做某种程度的集合乃至密集为菌丝束。分生孢子梗先端呈帚状分枝，由单轮或两次到多次分枝系统构成，对称或不对称，最后一级分枝即为分生孢子小梗。小梗用断离法产生分生孢子，形成不分枝的链。分生孢子球形、椭圆形或短柱形，多呈蓝绿色，有时无色或淡蓝的颜色，但不呈乌黑色。菌落质地可分为绒状、絮状、绳状或束状，多为灰绿色，且随菌落变老而改变。

5. 脉胞菌　俗称链孢霉或红色面包霉。菌落最初白色，粉粒状，很快变为橘黄色，绒毛状。菌落成熟后，上层覆盖粉红色分生孢子梗及成串分生孢子（分生孢子链）。分生孢子链呈橘黄色或粉红色。脉胞菌能杀死食用菌的菌丝体，引起培养基发热，发酵生醇，因此很容易从菌种室内嗅到某种霉酒味或酒精香味。脉胞菌属于子囊菌，子囊簇生或散生，褐色或黑褐色。子囊孢子初无色，透明，成熟后变为黑色或墨绿色，并且有纵纹饰。

对于以上竞争性杂菌主要是预防为主，有效防治方法如下：

（1）对于空耳房或菇房，种植前杀菌消毒，傍晚用食用菌专用10%百菌清烟剂每5米放一个燃点，每个燃点50克，点燃前将所用到的工具（包括各种袋子、绳子）、工作服、帽子、鞋子、口罩等都放在菇房里，备一铁锨，点烟剂时若出现明火用铁锨压一下以提高成烟率并防火灾。进行彻底消毒灭菌，24小时后，通风后再进行工作。如果这个环节做好了对之后的防病治虫效果很好。

（2）对于已种植的菇房、耳房，初发病期，用精制10%百菌清液剂30克＋精制铜胶囊1粒对清水15千克均匀喷雾1～3次，间隔2天。

（3）发病严重时，烟熏杀菌消毒和喷雾相结合，需要注意的是为确保已种植的菇房安全，烟剂量要小于空菇房或耳房，即高2.8米左右的菇房，用精制10%百菌清烟剂布点，每10米一个放烟点，消毒灭菌后翌日早上可通风，翌日中午再用精制10%百菌清液剂50克＋精制铜胶囊1粒＋精制钙胶囊1粒对清水15千克均匀喷雾1～3次，间隔2天。注意：对于已种植的耳房或菇房，要先一天傍晚点烟剂，翌日喷水剂，千万不能先喷水剂再点烟剂，以免耳面菇面有水滴烟印。

（二）污染菌种（杂菌污染）的主要原因

（1）培养基灭菌不彻底。在这种情况下，往往在瓶（袋）内培养基的上、中、下各层同时出现杂菌，且杂菌种类较多（两种以上）。

（2）接种室（箱）消毒不严，或接种人员操作不慎造成污染。这类原因造成的污染多在培养基表面最先出现杂菌，而其他地方只有在稍后才出现杂菌。

（3）菌种带有杂菌。菌种带菌所造成的污染往往是成批地发生，从几十瓶（袋）到几百瓶（袋），而且杂菌首先在接种块上出现，杂菌种类比较一致。

（4）菌种培养室不卫生，或培养室曾作为原料仓库或栽培室，导致环境中杂菌孢子基数较大，加上瓶塞或袋口包扎不紧或棉塞潮湿等原因造成污染，且多在菌种培养中期或后期发生。

（5）鼠害。老鼠扯掉棉塞或抓破、咬破菌袋而造成菌种污染。

防治措施：对接种室（箱）烟熏杀菌消毒和喷雾相结合。

①烟熏杀菌：用精制10%百菌清烟剂（杀杂菌）+20%异丙威烟雾剂（杀害虫和老鼠）点双烟剂法杀菌。

②喷雾灭杂菌法：用精制1.8%辛菌胺醋酸盐水剂按500倍液喷洒消毒灭菌。

（三）粪草菌培养料上常见的杂菌

双孢蘑菇、草菇等粪草菌培养料上常有鬼伞、绿色木霉、胡桃肉状菌等杂菌发生。现将7种常见杂菌的生活习性、危害症状及其主要防治措施简介如下：

1. 棉絮状杂菌

（1）病原菌。可变粉孢霉。

（2）习性。对温度要求与双孢蘑菇菌丝相似，为10～25℃，对土层湿度要求不严。

（3）危害对象。双孢蘑菇。

（4）症状。

①病原菌在床面大量发生时，影响双孢蘑菇菌丝生长和产量，病区菇稀、菇小，严重时不出菇。

②条件适宜时，可变粉孢霉先在细土表面生长，菌丝白色，短

而细，像一蓬蓬棉絮，故称棉絮状杂菌。经过一段时间，菌丝萎缩，逐渐变为粉状、灰白色，最后变为橘红色颗粒状分生孢子。

（5）传播途径。培养料中粪块带菌。

（6）防治措施。

①当棉絮状菌丝出现在土表时，用1.8%辛菌胺醋酸盐水剂500倍液喷洒，每100米^{2}用药液45千克。

②连续严重发生棉絮状杂菌污染的菇房，用1.8%辛菌胺醋酸盐水剂800倍液拌料，有明显的预防作用。

2. 胡桃肉状杂菌　又称假块菌、牛脑髓状菌。

（1）病原菌。小孢德氏菌，属于子囊菌。

（2）习性。性喜高温、高湿、郁闭的环境。

（3）危害对象。双孢蘑菇。

（4）症状。

①菌种感染。菌丝未发透培养料时，出现浓白、短并带有小白点的菌丝丛，很像菌丝徒长，不结被，但常扭结形成似不规则的小菇蕾，拔塞时有一股氯气（漂白粉）气味。

②菌料感染。菌料表面或底部出现肥壮、浓密、白至黄白色带小白点的菌丝，有漂白粉气味。随着杂菌的滋生，培养料开始变松，菌丝逐渐退化消失。

③土层感染。料层之间或土层中间出现不规则的成串的畸形小菇蕾样杂菌，连绵不断向四周扩散，并散发出很浓的氯气味，菌丝消失。

（5）防治措施。

①避免在患有该病的菇房选种。

②出现过胡桃肉状杂菌污染的床架材料要全部淘汰，菇房及场地喷洒1.8%辛菌胺醋酸盐水剂800倍液消毒，有条件时更换菇房更理想。

③养料要经过2次发酵，且防止培养料过湿过厚。

④当推迟播种期，降低出菇时的温度，也有一定的预防效果。

⑤发病初期，使用石灰封锁病区，停止喷水，加强通风，待土

面干燥后，小心地挑出杂菌的子囊果并烧毁。当温度降至16℃以下后，再调水管理，仍可望出菇。

3. 木霉 俗称绿霉。

（1）病原菌。绿色木霉或康宁木霉。

（2）习性。木霉的适应性强，尤喜酸性环境。

（3）危害对象。包括菌种、木腐菌或粪草菌的培养料，以及食用菌本身，是造成香菇菌筒腐烂的病原菌之一。

（4）症状。绿色木霉的单个孢子多为球形，在显微镜下呈灰绿色。其产孢丛束区常排成同心轮纹，深黄绿色至蓝绿色，边缘仍白色，在产孢区老熟自溶。康宁木霉的分生孢子椭圆形、卵形或长形，在显微镜下单个孢子近无色，成堆时绿色。在培养基上，菌落外观为浅绿色、黄绿色或绿色，不呈深绿色或蓝绿色。

（5）传播途径。空气及带菌培养料是主要媒介。

（6）防治措施。

①保持菌种厂及菇房（场）环境卫生，经常进行空气及用具消毒。

②使用1.8%辛菌胺醋酸盐水剂600倍液喷洒消毒。

③生产菌种时，培养料必须彻底灭菌；接种时严格无菌操作，发现污染，应及时清除。

④始见木霉时，及时喷洒50%苯来特可湿性粉剂500倍液，或喷洒5%石灰水抑制杂菌。

⑤选择适宜栽培地、出菇场所，防止高温、高湿。

4. 橄榄绿霉

（1）病原菌。橄榄绿毛壳又称球毛壳菌。

（2）习性。培养料含氨量高，氧气不足，甚至处于厌氧状态，更适合于橄榄绿霉生长。

（3）危害对象。双孢蘑菇。

（4）症状。

①此菌一般在播种后两周内出现，菌丝初期灰色，后来逐渐变成白色。

②菌丝生长不久，就可形成针头大小的绿色或褐色子囊壳。

③橄榄绿霉在培养料内直接抑制菌丝生长，造成减产。

(5) 传播途径。多由培养料中的稻草带入菇房。

(6) 防治措施。

①后发酵期间，控制料温不要超过 60℃。

②培养料进菇房前，将料中的氨气充分散失。

5. 白色石膏霉　又称臭霉菌。

(1) 病原菌。粪生链霉菌。

(2) 习性。培养料含水量 65%，空气相对湿度 90%，温度 25℃以上的高温高湿环境适其生长，偏熟、偏黏、偏氮、pH 8 的培养料，是白色石膏霉最适生活条件。

(3) 危害对象。双孢蘑菇。

(4) 症状。

①菌料感染。初期出现白色浓密绒毛状菌丝，温、湿度越高蔓延越快（生活史约 7 天），白色菌落增大，最后变成黄褐色。受污染的培养料变黏、发黑、发臭，菌丝不能生长。直到杂菌自溶后，臭气消失，蘑菌丝才能恢复生长。

②土层感染。土层中一旦发现就是白色菌落，变色比菌料中快。土层被污染后很臭，菌丝不能上泥。等到杂菌自溶，臭气消失时，菌丝才能爬上土层，恢复正常生长和出菇。

(5) 传播途径。没有消毒的床架及垫底材料、堆肥、覆土均可带菌，各种畜禽、昆虫是传播白色石膏霉的媒介。

(6) 防治措施。

①使用质量好的经二次发酵处理的培养料栽培。

②堆肥中添加适量的过磷酸钙或石膏。

③局部发生时，用 1 份冰醋酸对 7 份水浸湿病部。大面积发生时，可用 1.8%辛菌胺醋酸盐水剂 600～800 倍液喷洒整个菇床。

④将硫酸铜粉撒在罹病部位，有抑菌去杂作用。或用 1.8%辛菌胺醋酸盐水剂 500 倍液喷洒。

6. 褐皮病　又称褐色石膏霉、黄丝葚霉。

（1）病原菌。菌床团丝核菌。

（2）习性。性喜过湿的菇床。

（3）危害对象。双孢蘑菇、草菇、凤尾菇。

（4）症状。

①该菌发生初期为白色，逐渐扩展出现直径 15～60 厘米的病斑，病斑逐渐变成褐色，成颗粒状。用手指摩擦时，似滑石粉感觉，这不是孢子而是珠芽，它极易在空气中传播。

②随着气温的降低和菇床水分的减少，病斑逐渐干枯，变成褐色革状物，出菇量锐减。

③发酵过熟、过湿培养料的菇床上，除了发生褐色石膏霉外，常伴随着鬼伞大量发生。

（5）传播途径。堆肥、废棉等都可传播此菌。

（6）防治措施。

①控制播种前培养料的含水量。

②一旦发病，立即加强通风，并在病斑周围撒上石灰粉，防止病斑扩散蔓延。

③局部发生时，喷洒 1.8%辛菌胺醋酸盐水剂 500 倍液或 1∶7 倍醋酸溶液。

7. 鬼伞

（1）病原菌。鬼伞属于大型真菌。菇床上发生的鬼伞有 4 种：①墨汁鬼伞；②毛头鬼伞；③粪鬼伞；④长腿鬼伞。

（2）习性。气温 20℃以上时，鬼伞可以大发生。

（3）危害对象。双孢蘑菇、草菇。

（4）症状。

①在堆制培养料时，鬼伞多发生在料堆周围。

②菇房内，鬼伞多发生在覆土之前。

③鬼伞生长很快，从初见子实体（鬼伞）到自溶，只需 24～48 小时，与草菇、双孢蘑菇争夺养料，造成减产。

（5）传播途径。培养料带菌。

（6）防治措施。

①使用未霉变的稻草、棉籽壳等栽培草菇。

②使用质量合格的二次发酵的培养料栽培蘑菇。

③对曾经严重发生鬼伞危害的菇房，栽培结束后，菇房、床架、用具等要认真涮洗，严格消毒处理，以绝后患。

(四) 段木栽培中的常见杂菌及其防治

1. 杂菌的生活习性　用来栽培香菇、黑木耳、银耳等木腐菌的段木，取之于山间树林，本身带有杂菌的孢子、菌丝或子实体，加上接菌后的菌棒又在野外栽培，所以段木栽培中常会出现或多或少的杂菌。这些杂菌好像田间杂草，不种自生，且适应性强，条件适宜时繁衍极快。它们或喜干燥、向阳场地，或喜潮湿、郁闭的环境，或者介于二者间。但就其实际危害性而言，性喜潮湿、郁闭的杂菌更值得重视。

2. 杂菌的识别　段木上的常见杂菌大多数为担子菌中的非褶菌类，少数为子囊菌或具褶菌的担子菌。

(1) 具褶菌的杂菌（共 4 种）。

①裂褶菌，危害菇木、耳木。菇木和耳木上均常发生，尤以 3～4 月接收光线较多的 1、2 年菌棒上发生严重。裂褶菌子实体散生或群生，有时呈覆瓦状。菌盖直径 1～3 厘米，韧革质，扇形或掌状开裂，边缘内卷，白色至灰白色，上有绒毛或粗毛。菌褶窄，从基部辐射而出，白色或淡肉色，有时带紫色，成熟后变成灰褐色，内卷，俗称鹅（鸡）毛菌。孢子无色，圆柱形，孢子印白色。担子果耐寒，吸水后又可恢复生长。

②桦褶孔菌，喜湿性杂菌。担子果叠生，贝壳状，无柄，坚硬。菌盖宽 2～10 厘米，厚 0.5～1.5 厘米，灰白色至灰褐色，被有绒毛，呈狭窄的同心轮纹。菌褶厚，呈稀疏放射状排列。菇木、耳杆上均有发生，危害较大。

③止血扇菇，亦称鳞皮扇菇，弱湿性杂菌。担子果淡黄色，肾形，边缘龟裂，基部有侧生的短柄。菌盖宽 1～2 厘米，菌褶放射状排列，浅，菇体味辣。

④野生革耳，多发生在耳木上。子实体单生、群生或丛生。菌

盖直径 3～8 厘米，中下部凹或呈漏斗形，初期浅土黄色，后变为深土黄色或深肉桂色至锈褐色，革质，表面生有粗毛，柄近似侧生或偏生，内实，长 5～15 毫米，粗 5～10 毫米，有粗毛，色与盖相似。菌褶浅粉红色，干后与菌盖相似，窄，稠密，延生，边缘完整；囊状体无色，棒状，孢子椭圆形，光滑，无色。

（2）多孔菌类杂菌（共 9 种）。

①小节纤孔菌，主要危害菇木。7～9 月，多发生在潮湿、郁闭的菇场，尤以夏季低温多雨，原木干燥不充分（成活木状）的菇木上最严重。菌盖无柄，半圆形覆瓦状，往往相互连接，直径 1～3 厘米，厚 2～6 毫米，黄褐色至红褐色，有细绒毛，常有辐射状波纹，且多粗糙，边缘薄而锐。菌肉黄褐色，厚不及 1 毫米。菌管长 1～5 毫米，色较菌肉深；管口初期近白色，圆形，渐变褐色并齿裂，每毫米 3～5 个。孢子无色，椭圆形。该菌发生后蔓延快，危害大。

②轮纹韧革菌，别名轮纹硬革菌，俗称金边莪，是菌棒上的常见杂菌，担子果革菌。初期平伏紧贴耳木表面，后期边缘反卷，往往相互连接呈覆瓦状。基部凸起，边缘完整，菌盖表面有绒毛，灰栗褐色，边缘色浅，呈灰褐色，有数圈同心环沟，外圈绒毛较长，后渐变光滑，并褪色至淡色。子实层平滑，浅肉色至藕色，有辐射状皱褶，在湿润条件下呈浅褐色，并成脑髓状皱褶，可见晕纹数圈。担子棒状，担孢子近椭圆形，壁薄，无色。

③朱红蜜孔菌，别名红栓菌、红菌子，主要危害耳木。5～9 月，多在第二年耳木上发生，阳光直射的菇木上也有发生。菌丝生长较快，生长的温度范围在 10～45℃，适宜温度 35～40℃。菌盖偏半球形，或扇形，基部狭小，木栓质，无柄，橙色至红色，后期褪色，无环带，无毛或有微细绒毛，有皱纹，大小（2～8）厘米×（1.5～6）厘米，厚 5～20 毫米。菌肉橙色，有明显的环纹，厚2～16 毫米，遇氢氧化钾变黑色，菌管长 2～4 毫米，管口红色，每毫米 2～4 个。孢子圆柱形，光滑，无色或带黄色。

④绒毛栓菌，耳木上的杂菌。5～8 月发生，严重时其担子果遍布耳木表面，危害大。菌盖无柄，半圆形至扇形，呈覆瓦状，且

左右相连，木栓质，大小（2～3）厘米×（2～7）厘米，厚 2～5 毫米，近白色至淡黄色，有细绒毛和不明显的环带，边缘薄而锐，常内卷。菌肉白色，厚 1～4 毫米，菌管白色，长 1～4 毫米，管口多角形，白色至灰色，每毫米 3～4 个壁薄，常呈锯齿状。孢子无色，光滑，近圆柱形。菌丝壁厚，无横隔和锁状联合。

⑤薄黄褐孔菌，主要危害菇木。担子无柄，菌盖平伏而反卷，密集呈覆瓦状，常左右相连，近三角形，后侧凸起，无毛，锈褐色，有辐射状皱纹，大小（1～3）厘米×（1～2）厘米，厚 1.5～2 毫米，硬而脆，边缘薄而锐，波浪状，内卷。菌肉锈褐色，厚 0.5～1 毫米。菌管与菌肉同色，长 1～1.5 毫米，管口色深，圆形，每毫米 7～8 个。担子黄色，球形，直径 3～4 微米。薄黄褐孔菌一旦发生，担子果布满整个菇木，危害较大。

⑥乳白栓菌，春秋季发生在 2 年以上的菇木上。菌盖木栓质，无柄，半圆形，平展后大小（3～6）厘米×（4～10）厘米，厚8～25 毫米，相互连接后更大，表面近白色，有绒毛，渐变光滑，有不明显的棱纹，带有小瘤，边缘钝。菌肉白色至米黄色，厚 3～20 毫米。菌管与菌肉同色，长 1～7 毫米。管壁薄而完整，管口圆形，每毫米 3 个。孢子无色，光滑，广椭圆形。菌丝无色，壁厚，无隔膜，粗 5～7 微米。

⑦变孔茯苓，亦称变孔卧孔菌。该菌在发菌期过长的菇木上发生，初为粉毛状小皮膜，在菇木上扩展不形成伞，鲜时革质，干燥后变硬，灰白色、白色至淡黄色，表面有圆形和多角形的孔管，有时在菇木上变成齿状或弯路状。

⑧粗毛硬革菌，多危害菇木。起初在菇木树皮龟裂处长出黄色小子实体，后全面繁殖，腐朽力强，危害大。担子果革质，平伏而反卷，反卷部分 7～15 毫米，有粗毛和不显著的同心环沟，初期米黄色，后期变灰色，边缘完整。子实层平滑，鲜时蛋壳色。子实体剖面包括子实层、中间层及金黄色的紧密狭窄边缘带。

⑨杂色云芝，亦称云芝、采绒革盖菌，多发生于两年以上菇木和耳木上。担子果无柄，革质，不破碎，平伏而反卷，半圆形至贝

壳形，往往相互连接成覆瓦状，直径 1～5 厘米，厚 2 毫米左右。菌盖表面有细长绒毛，颜色多种，有光滑狭窄的同心环带，边缘薄而完整。菌肉白色，厚 0.5～1 毫米。菌管长 0.5～2 毫米，管口白色至灰色或淡黄色，每毫米 3～5 个孢子圆筒形至腊肠形，大小（5～8）微米×（1.5～2.5）微米。

（3）多齿（菌刺）的杂菌（共 3 种）。

①黄褐耙菌。5～8 月在黑木耳耳木上发生，危害较大。担子果平伏，呈肉桂色至深肉桂色。菌刺长 1～5 毫米，往往扁平，顶尖齿状或毛状，基部相连。担子棒状，孢子无色，光滑。

②赭黄齿耳。多发生于偏干的菇木或耳木上。菌盖半圆形至贝壳形，白色至黄白色，丛生，单个菌盖直径 1～2 厘米，表面有短毛，有轮纹，菌盖里面有短的针状突起（肉齿）。

③鲑贝革盖菌。扇形小菌，叠生，全体淡褐色，缘薄，2～3 裂，边缘有不明显的放射状线纹，菌盖里面有栉齿状突起。

（4）子囊菌类杂菌（共 2 种）。

①炭团菌，俗称黑疔。主要有截形炭团菌和小扁平炭团菌两种，严重危害香菇和木耳段木。炭团菌的适应性强，尤以高温高湿的条件下更易发生。7～10 月发生时，在当年接种的菇木或耳木树皮龟裂处和伤口上出现黄绿色的分生孢子层，翌年出现黑色子座。子座垫状至半球形，或相连接而不规则，炭质。有炭团菌的段木无法吸水，成为“铁心”树，香菇、木耳菌丝不能生长，因而不能长菇或出耳。

②污胶鼓菌。多发生在菇木上。从 5 月开始，多在潮湿菇场的当年接种的菇木树皮龟裂处发生。子实体橡胶质，群生或丛生，柄短，陀螺形，伸展后呈浅杯状，直径 1～4 厘米，初期红褐色，成熟后变黑色，有成簇的绒毛，干后多角质多皱。子囊棒状，有长柄，孢子单行排列，呈不等边椭圆形，大小（11～14）微米×（6～7）微米。该菌危害小，其发生常认为是香菇丰收的预兆。

3. 段木栽培杂菌的防治措施

（1）适当地增加栽培菌的接种穴数。

（2）原木去枝断木后，及时在断面上涂涮生石灰水，防止杂菌从伤口侵入。

（3）选用生活力强的优良菌种，且尽可能在气温尚低（5～15℃）时接种。

（4）栽培场地应选择在通风良好、排灌方便的地方，避开表层土深、不通风的谷地或洼地。

（5）经常清除并烧毁场地内及场地周围的一切枯枝落叶和腐朽之物，消灭杂菌滋生地。

（6）固定专人接种。接种人员先洗手，后拿菌种；盛菌种的器皿也要洗涮干净，擦干后用。

（7）适时翻堆，更换菌棒堆放方式，保持菌棒树皮干燥。操作时轻拿轻放，保护树皮。

（8）一旦发生杂菌，及时刮除，同时用生石灰乳或杂酚油涂涮刮面，将杂菌大量发生的段木搬离栽培场地隔离培养或作为薪炭烧掉。

（9）根据杂菌发生的种类和规模，分析发生原因，调整栽培管理措施，抑制杂菌蔓延，培养优良菌棒。

（10）烟剂熏蒸防治。对于适合点烟剂防治条件的用10%百菌清烟剂消毒杀菌即可。点烟剂时要注意防止火灾。

（11）段木浸泡法。用精制一管四拌料王800～1 000倍液浸泡段木24～72小时。

（12）喷雾防治法。可在种植面喷洒精制10%百菌清液剂50克+1.8%辛菌胺醋酸盐水剂50克+精制钾胶囊1粒对清水15千克均匀喷雾，1～3遍，间隔2天。

第四节　食用菌细菌性病害及其防治技术

食用菌从菌制作到栽培出菇的整个生产过程，都不同程度地遭受到细菌的威胁。细菌也是食用菌病害的一大类病原生物。对食用菌危害较常见的细菌种类很多，其中有芽孢杆菌、假单胞杆菌、黄单孢杆菌、欧氏杆菌等。

菌种的细菌变质是消毒（灭菌）过程中还存活的抗热细菌而引起的，它不像气生的中温性细菌是消毒之后通过菌袋或菌瓶的间隙而进入的。

第一类细菌性变质称为湿斑或腐烂，变质发生的过程很快，只需要一个晚上就能影响到整批或几批菌种。如果连续污染就会给菌种生产造成巨大损失。湿斑开始发生于菌种基料之间的接触点，经过一段时间，就会出水，并形成湿斑。在适宜的条件下，细菌每隔20～30分钟就繁殖裂变一次。

第二类细菌性变质使菌种成为酸败菌种。其表现症状为其外观生长良好，就像好的菌种一样，但到菇农手中就出水泛酸。这种细菌是由于灭菌不彻底而存活在培养料中，在双孢蘑菇等食用菌菌丝生长时保持不变，因此菌种生长正常，从表面上看是正常的，如把这些菌种放在32～37℃的环境中，细菌就开始活动了，并使菌种酸败，如果把酸败的菌种再放到2～4℃的环境中，细菌的营养细胞又会逐渐消失，菌种又会长满菌袋。

一、细菌性病害的危害症状

在食用菌生产中，细菌是污染杂菌的一个大类，细菌与酵母菌相似，都不具备菌丝结构，在食用菌菌丝生长阶段，以污染母种斜面培养基和谷粒基质为主，而在秸秆及粪草基质上表现不太明显，但在子实体生长阶段，却有着较高的发病率。细菌最大的特征是无菌丝形态，菌落不规则，在PDA培养基（马铃薯葡萄糖培养基）上接种后，经过一段时间培养后可使培养基裂开；细菌污染基料或侵染子实体后，可使基料或菇体短时间内死亡。

马铃薯斜面菌种受细菌污染后，培养基表面呈现潮湿状，有的有明显的菌落，有的散发出臭味，食用菌的菌丝生长不良或不能生长。栽培过程中培养料受大量细菌污染后，有的细菌可能对食用菌的菌丝生长有益，有的则有害，使培养料变质发臭而腐烂。特别是麦粒菌种生长时发生细菌污染，菌种瓶壁上有明显的黏稠状细菌液及散发出细菌腐烂的臭味，致使食用菌的菌丝不能生长。

细菌除污染食用菌菌种外，在栽培过程中，也可使培养料变质、发臭、腐烂，致使减产或绝收。部分细菌还可以寄生于食用菌的子实体，引起寄生性病害，在潮湿的条件下，病斑表面可形成一层菌脓（黏液）。

二、细菌性病害发生的原因

细菌可危害多种食用菌。试管母种常感染细菌，造成报废。细菌性病害发生的主要条件是环境中病原菌较多、养菌或出菇时湿度偏高、通风差等。

细菌生长对基质要求有：较高湿度，还需要适宜的偏碱条件。危害食用菌的细菌主要有 3 个属：假单胞菌属、黄单胞菌属和芽孢杆菌属。

假单胞菌属，革兰氏染色反应阴性，在固体培养基上形成白色菌落，有的产生色素；黄单胞菌属，革兰氏染色反应阴性，能产生非水溶性的黄色色素，在固体培养基上形成黄色黏质状菌落；芽孢杆菌属，革兰氏反应阳性，生有鞭毛，产生芽孢，芽孢能耐 80℃ 以上高温 10 分钟以上。芽孢杆菌属可感染固体母种培养基、液体菌种培养基、原种和栽培种培养料，引起杂菌感染。

固体母种感染细菌，每个细菌细胞可在斜面上形成一个菌落。菌落形态各式各样，有的呈圆形突起小菌落，不扩展；有的迅速扩展，很快长满整个斜面；有的先沿着斜面边沿生长，然后再扩展。有的菌落表面光滑，有的粗糙，有的皱褶，有的为乳白色、淡黄色、粉红色、暗灰色，有的产生色素，使培养基变色。细菌菌落可先从食用菌接种块处生长，也可在斜面上各处生长。细菌菌落不产生绒毛状菌丝体。还有一种杂菌为酵母菌，菌落形态呈黏液状，不产生菌丝体，与细菌菌落不容易区分。

而霉菌一般先长出绒毛状白色或淡白色菌丝体，菌落逐渐向外扩展。然后从菌落中心部位长出孢子，不同霉菌的孢子有不同的颜色（有黑色、黄色、橘红色等），使中心部位变色。

细菌广泛存在于自然界中，土壤、空气、水、有机物都带有大量的细菌，高温、高湿利于其生长，条件适宜时从污染到形成菌落仅需几个小时。尤其在高温季节，试管培养基在灭菌和接种过程中，常因无菌操作不当而被细菌侵入，很快地长满斜面，接入的菌种块被细菌包围，导致报废。培养料在低温下发酵，由于水分偏高，堆温难以上升而造成细菌性发酵，造成培养料发黏、发臭，即使再经灭菌后菌丝也难以萌发和吃料。在生产中常因细菌危害而报废大量的菌种和发酵料。

在食用菌的细菌危害种类中，以芽孢杆菌抗高温能力最强，它所形成的休眠芽孢必须通过121℃的高压蒸汽灭菌或正规的间隙灭菌方法才能将其杀死。因此，灭菌时冷空气没有排除干净或压力不足，或保压时间不够，是造成细菌污染的重要原因。此外，接种室或接种箱灭菌不彻底，操作人员未严格遵守无菌操作规程，或菌种本身带有细菌，都是细菌污染的原因。从培养基或培养料的条件上看，pH 呈中性或弱酸性、含水量偏高，有利于细菌生长；从温度条件上看，高温或料温偏高时有利于细菌生长。

三、细菌性病害防治方法

（一）菌种生产阶段

（1）菌种分离、提纯或转管扩大培养过程中，首先要保证培养基、培养皿等灭菌彻底。并要求经过灭菌的培养基放在30℃左右的恒温箱中存放2天后再用，以确保无细菌污染。

（2）接菌时必须严格按照无菌操作规程进行。

（3）菌种生产时要确保母种或原种无细菌污染，控制适宜的含水量，水不能太多，温度也不能太高。

（4）菌种分离或母种扩大培养时，可在灭菌的试管培养基上加入少量的链霉素或其他抗生素如氯霉素眼药水3～5滴等，并晃动试管，使药液均匀的黏附在培养基的表面，防治细菌，保证菌种内没有细菌。但在向试管中滴入链霉素时，应在无菌条件下操作，以防止治住了细菌的污染而带来了其他真菌的再感染。抗生素的浓度以每毫升含 100～200 单位为宜。

（二）食用菌栽培阶段

（1）栽培过程中，一是要求培养料的原料如稻草、麦秸、棉籽壳、玉米芯等干燥、新鲜、无霉变现象；二是培养料进行高温堆置和二次发酵处理；三是拌料时要用清洁干净的井水或河水，不能用田沟中的污水；四是用食用菌一管四拌料王 1 袋（1 000 克）拌干料 800～1 000 千克，或用精制 25%络氨铜水剂 800 克拌湿料 1 000 千克，或用 1.8%辛菌胺醋酸盐水剂 800 克拌湿料 1 000 千克，或用 75%百菌清可湿性粉剂或 40%金点二代克霉灵可湿性粉剂按干料的千分之一拌料。

（2）菇床发现污染，立即予以清除，并用 10%百菌清液剂灭菌消毒，或用精制 1.8%辛菌胺醋酸盐水剂 500 倍液地毯式喷洒消毒，或用 5%金星消毒液 20 倍液对菇床进行地毯式的喷洒处理。或用精制 25%络氨铜水剂按 800 倍液喷洒，或用 50%噁霉灵水剂 1 000倍液的液喷洒。但喷药前后必须通风和降低湿度。

四、几种常见的细菌性病害

（一）细菌性斑点病（又称褐斑病）

1. 病原菌　拖拉氏假单胞（杆）菌。

2. 习性及主要危害对象　喜高温、高湿的环境条件，主要危害双孢蘑菇。

3. 症状　病斑只见于菌盖表面，最初呈淡黄色变色区，后逐渐变成暗褐色凹陷斑点，并分泌黏液。黏液干后，菌盖开裂，形成不对称状子实体。菌柄偶尔也发生纵向凹斑。菌褶很少感染。菌肉变色较浅，一般不超过皮下 3 毫米。有时双孢蘑菇采收后才出现病斑。

4. 传播途径　该菌在自然界分布很广。空气、菇蝇、线虫、工具及工作人员等都可成为传播媒介。

5. 防治措施

（1）控制水分。做到喷水后，覆土和菇体表面的水分能及时蒸发掉。

（2）减少湿度波动，防止高湿。始见病菇时将空气相对湿度降至85%以下。

（3）喷洒次氯酸钙（漂白粉）600倍液溶液或喷洒1.8%辛菌胺醋酸盐水剂600倍液，可抑制病原菌蔓延。

（4）在覆土表面撒一层薄薄的生石灰粉，能抑制病害发展。

（二）菌褶滴水病

1. 病原菌 菊苣假单胞菌。

2. 习性及主要危害对象 性喜高湿的环境，主要危害双孢蘑菇。

3. 症状 幼菇未开伞时没有明显的症状，一旦开伞，就可发现菌褶上有奶油色小液滴，严重时菌褶烂掉，变成一种褐色的黏液团。

4. 传播途径 病原细菌常由工作人员、昆虫带入菇房。当菌液干后，空气也可传播。

5. 防治措施 同细菌性斑点病。

（三）痘痕病

1. 病原菌 荧光假单胞菌。

2. 习性及主要危害对象 同细菌性斑点病。

3. 症状 病菇的菌盖表面布满针头状的凹斑，形似痘痕，故得此名。在痘痕上，常有发光的乳白色脓样菌液，并常有螨类在痘痕内爬行。

4. 传播途径 空气、昆虫、螨类、工具及工作人员，都能传播病原细菌。

5. 防治措施 防治该病必须将杀虫防虫与防病治病同时做起。具体方法：用精制驱虫净化酚（该品属高效低毒绿色驱虫杀虫剂，可喷洒，可拌料，如果拌料会一季无虫）50克＋用精制钙＋精制硒＋精制25%络氨铜水剂50克对清水15千克均匀喷雾，既防病治病又增产并改善品质。

(四) 干腐病

1. 病原菌　铜绿假单胞菌。

2. 习性及主要危害对象　该菌适应性较强，主要危害双孢蘑菇。

3. 症状

(1) 前期症状。床面局部或大部分子实体出现发育受阻和生长停滞现象，菇色为淡灰白色，触摸病菇，手感较硬。

(2) 中期症状。子实体生长停滞或缓慢，菇柄基部变粗，边缘有浓密的白绒菌丝，菇柄稍长而弯曲。菇盖倾斜而出现不规则的开伞现象。

(3) 后期症状。病菇不腐烂，而是逐渐萎缩、干枯脆而易断。采摘时病菇菇根易断，并发出声音。刀切病菇，断面有暗斑。纵剖菌柄，也可发现一条暗褐色的变色组织。

4. 传播途径　主要是带菌双孢蘑菇菌丝接触传播。同时，土、水、空气、工具、工作人员，以及菇房害虫及其他昆虫都可以传播铜绿假单胞杆菌。

5. 防治措施

(1) 用发酵良好的培养料栽培双孢蘑菇。

(2) 工具、材料等用2%漂白粉溶液或1∶1∶50倍式波尔多液500倍液喷刷，晾干后使用。

(3) 不在患病菇房及其周围菇房选择菇种，母种分离时不能传代太多。

(4) 菇房、工具、工作人员保持清洁卫生，并在菇房安装纱门、纱窗。做好虫害预防工作。

(5) 及时将发病区和无病区隔离，切断带菌双孢蘑菇菌丝传播通道。可采用挖沟隔离法，沟内撒漂白粉，病区内浇淋2%漂白粉液后用薄膜盖严，防治传播。

(6) 用精制23%络氨铜水剂40克+精制细胞分裂素胶囊1粒+精制维生素B丰植物液50克对清水15千克均匀喷雾，1～2次效果显著，既防病治病又增产并改善品质。

（五）双孢蘑菇黄色单胞杆菌病

1. 病原菌 野油菜黄单胞（杆）菌。

2. 习性及主要危害对象 本病多发生在秋菇后期，病原细菌在 10℃左右侵染双孢蘑菇。

3. 症状

（1）起初，在病菇表面出现褐斑。随着菇体的生长，褐病斑逐渐扩大，且深入菌肉，直至整个子实体全部变成褐色至黑褐色，最后萎缩死亡并腐烂。

（2）双孢蘑菇子实体感病与大小无关。自幼小菇蕾到纽扣菇都可发病。从初见褐色病斑到菇体变成黑褐色而死亡需 3～5 天。

4. 传播途径 病原菌由培养料和覆土带入菇房，随采菇人员的接触而传播。

5. 防治措施

（1）用漂白精或漂白粉液对菇房、床架等进行消毒（稀释液含有效氯 0.03%～0.05%）。

（2）用经过 2 次发酵（后发酵）的培养料栽培双孢蘑菇。

（3）覆土用 1.8%辛菌胺醋酸盐水剂 500 倍液消毒。

总之，食用菌细菌性病害的一般预防选用抗病品种是最有效的措施。一般情况下主要从控制栽培环境条件预防为主，倘若已发病，立即剔除病菇并及时采取消毒措施控制病情。一是采用 10%百菌清液剂消毒菇房和床架，培养料要进行二次发酵，覆土用用 1.8%辛菌胺醋酸盐水剂 500 倍液消毒。二是合理调控菇房温湿度，在栽培过程中要注意控制水分，不要使菇盖表面积水和土面过湿。三是减少温度波动，以避免产生一个高湿期。发病严重的菇床要减少喷水量和喷水次数，设法使菇房的空气相对湿度降低到 85%以下。四是采用隔离措施，防止病区与无病区之间双孢蘑菇菌丝的连接，杜绝病害的蔓延。五是采用精制 25%络氨铜水剂 600 倍液或 1.8%辛菌胺醋酸盐水剂 500 倍液喷洒，或用 40～50 毫克/千克（每毫升中含 200 单位）的链霉素喷洒病区的菇床和菇体，可收到较好的控病效果。

第五节　食用菌病毒病害及其防治技术

食用菌病毒病曾被称作法兰西病、褐色病、X病等。辛登博士1956年首先宣称顶枯病是由病毒引起的。1962年霍林斯在感病的双孢蘑菇菌丝中，用电子显微镜首次观察到与病害有关的3种病毒粒子。此后，国内外学者相继检出多种香菇病毒，茯苓、银耳病毒，以及平菇病毒，其中有些病毒引起食用菌品质和（或）产量下降，但有些病毒对食用菌的影响还有待研究。

一、食用菌病毒的形态特征

食用菌病毒是无细胞结构的微小生命体，由一种核酸（RNA或DNA）和外面的蛋白质衣壳组成，只能在特定的寄主细胞内以核酸复制的方式增殖，在活体外没有生命特征。成熟的具有侵袭力的病毒颗粒称为病毒粒子，它有多种形态，一般呈球状、杆状、蝌蚪状或丝状。病毒很小，借助电子显微镜才能看到。现已发现双孢蘑菇、香菇、平菇均有病毒病。

二、双孢蘑菇病毒病

寄生于食用菌的病毒粒子较多，但目前国外报道较多的是双孢蘑菇病毒。迄今已发现8种双孢蘑菇病毒粒子，其中4种球状病毒粒子的直径分别为25纳米、29纳米、34纳米、50纳米，2种杆状病毒粒子的大小分别为19纳米×50纳米、17纳米×350纳米，以及1种直径为65纳米的螺线形病毒粒子，1种直径为70纳米的有管状尾部的病毒粒子。

（一）病害特征

（1）双孢蘑菇担孢子感染病毒后，其孢子不是正常的瓜子形，而变成弯月形或菜豆形。

（2）菌丝体感染病毒后，生长稀疏，不能形成子实体，严重时菌丝体逐渐腐烂，在菇床上形成无双孢蘑菇区。

（3）菇蕾感染病毒后，发育成畸形菇，且开伞极早。畸形菇呈桶状（柄粗盖小）或柳丁状（盖小柄特长），最后导致菇体萎缩干瘪成海绵状。

（4）有时病菇似水渍状，有水渍状条纹，挤压菇柄能滴水。

（5）据霍林斯所述，病菇症状与病毒粒子类型没有明显的专一性。症状主要取决于带毒食用菌的生长环境，生长环境、菌丝类型以及染病时间，对症状显现的影响较不同种类病毒粒子的影响更大。

（二）传播途径

双孢蘑菇病毒病主要通过带病毒粒子的孢子和菌丝传播。其主要传播途径是：

（1）空气传播带病毒的孢子。

（2）昆虫、包装材料、工具或病菇碎片传播带病毒的孢子。

（3）带病毒菌丝长入床架或培养箱中，随后长入新播种的培养料中，引起病毒病扩散。

（三）防治措施

（1）如有条件，可在菇房安装配有空气过滤装置的通风设备，将各种带病孢子拒之于菇房外。

（2）每次播种前，将菇房连同所有器具（包括床架、栽培箱）都用1.8%辛菌胺醋酸盐水剂300倍液消毒，或用百菌清或溴代甲烷熏蒸消毒。经消毒的培养料用纸盖好，此后每周用1.8%辛菌胺醋酸盐水剂500倍液将盖纸喷湿两次，直到覆土前几天为止。移去盖纸之前，也要小心地把纸喷湿。

（3）每次栽培完，整个菇房连同废料先用70℃蒸气消毒12小时，然后再将废料运出菇房，并及时谨慎处理。

（4）注意卫生。工作人员进出菇房均需用1.8%辛菌胺醋酸盐水剂300倍液消毒鞋子或换鞋；接触过病菇的手，要用生理盐水或0.1%新洁尔灭浸洗消毒。

（5）采完整菇，迅速处理开裂菇、较小姑和其他畸形菇，不让菇房出现开伞菇，以防孢子扩散。

（6）适当增加播种量，缩短出菇期。

（7）选用耐（抗）病双孢蘑菇良种，如果双孢蘑菇患病毒病严重，可改种大肥菇。

（8）新老菇房保持适当距离。

（9）针对食用菌病毒病症状和病灶的颜色制定不同的配方，基本药剂为食用菌病毒病专用20%吗胍·铜水剂20克（或香菇多糖50克），如病状无色加钼胶囊1粒，如发黑发褐发裂加钙胶囊1粒，如出现红点褐点或褐红色加钾胶囊1粒，如出现白皮白被加铜胶囊1粒，如黄枯不长加硒胶囊和锌胶囊各1粒，如呈水浸状加硼胶囊，如果因病毒严重芽小丝缩加细胞分裂素胶囊1粒，对清水15千克均匀喷雾，既防病治病又增产并改善品质。

三、香菇病毒病

除双孢蘑菇病毒外，报道较多的是香菇病毒。1975年以来，已经报道了7种香菇病毒，包括直径分别为25纳米、30纳米、36纳米、39纳米、45纳米的5种球形病毒，以及大小分别为（15～17）纳米×（100～150）纳米、（25～28）纳米×（280～310）纳米的2种杆状病毒。用来提取香菇病毒的菌丝体，取材于生长迟缓的菌株。

防治方法：同双孢蘑菇病毒病的防治。

四、茯苓、银耳、平菇病毒病

（一）茯苓病毒

梁平彦等从褐变、倒伏的茯苓菌丝提取液中，观察到了一种直径30纳米的球形病毒粒子和两种杆状病毒粒子，杆状病毒粒子的大小分别为（23～28）纳米×（230～400）纳米、10×（90～180）纳米。

（二）银耳病毒

据报道，银耳黄色突起菌落或乳白色糊状菌落转接培养后，自芽孢提取液中得到直径为33纳米的球形病毒粒子。

（三）平菇病毒

刘克钧等用平菇泡状畸形子实体组织研磨液作材料，用电子显微镜找到了直径为25纳米的球形病毒颗粒，其构形与上述双孢蘑菇、香菇病毒相似。在报道上述观察结果的同时，刘克钧等人指出，能否肯定电子显微镜中观察到的病毒颗粒确实是致病的病毒粒子，还需要进一步的研究。

防治方法：搞好菇场卫生和消毒工作。选择健康不带病毒的子实体作种菇。接种后用塑料薄膜覆盖床面。喷洒治疗法：用食用菌香菇多糖30克或1.8%辛菌胺醋酸盐水剂50克＋钼胶囊1粒＋硒胶囊1粒对清水15千克均匀喷雾，既防病治病又增产并改善品质。

第六节　食用菌线虫病害及其防治技术

线虫是一种低等动物，在分类上隶属于无脊椎动物门线虫纲。线虫种类极多，分布很广。有在真菌、植物或其他动物上寄生的、半寄生的，有腐生的，还有捕食性的。危害食用菌的线虫，目前已分离到几十种，多数是腐生线虫，少数半寄生，只有极少数是寄生性的病原线虫。它们分别属于垫刃目中的垫刃科和小杆科。

一、病原线虫

（一）噬菌丝茎线虫

又名双孢蘑菇菌丝线虫，是危害双孢蘑菇的最重要的一种线虫。

1. 生物学特性　雌虫体长0.82～1.06毫米；雄虫体长0.69～0.95毫米，口针9.5微米；虫卵56微米×26微米。噬菌丝茎线虫的虫体变化较大，食料充足时，体长1毫米以上，饥饿时虫体较小。气温18℃时繁殖最快；当气温达到26℃或低于13℃时，便很少繁殖和危害。生活史，13℃时需要40天，18℃时8～10天，23℃时11天完成生活史。噬菌丝茎线虫在水中会结团。

2. 危害方式 该线虫主要危害菌丝体。取食时，消化液通过口针进入菌丝细胞，然后吸食菌丝营养，严重影响菌丝生长，造成减产。食用菌被害后的减产程度与线虫发生期和虫口密度有关。双孢蘑菇播种时，每100克培养料中噬菌丝茎线虫数达到3条时，就会减产30%；如果达到20条以上，就不会长菇。覆土时每100克培养料中含有20条、100条、300条线虫时，分别造成双孢蘑菇减产50%、68%、75%。

（二）堆肥滑刃线虫

一般称为双孢蘑菇堆肥线虫，也是危害双孢蘑菇的重要种类。

1. 生物学特性 雌虫体长0.45～0.61毫米，口针长11微米；雄虫体长0.41～0.58毫米，口针长11微米，交接刺长21微米。生活史，18℃时为10天，28℃时繁殖最快（8天），性比不平衡，雌虫多于雄虫。在水中也有成团现象。

2. 危害方式 双孢蘑菇堆肥线虫噬吃菌丝和菇体。条件适宜时繁殖很快，严重发生时线虫常缠在一起，结成浅白色虫堆。据试验，每100克培养料在播种时感染1条、10条、50条堆肥滑刃线虫，在总共12～14个周的采收期中，双孢蘑菇分别减产26%、30%、42%。如果100克培养料中播种时感染了50条堆肥滑刃线虫，12周以后就不再出菇了。

（三）小杆线虫

小杆线虫是一种半寄生性种类，在双孢蘑菇、黑木耳、金针菇、平菇、凤尾菇等多种食用菌上都有其发生危害的报道。

1. 生物学特性 雌虫体长0.93毫米，雄虫体长0.90毫米。生活史，危害黑木耳的小杆线虫，生长繁殖的适温为30℃左右，生活史周期12～16天。

2. 危害方式 小杆类线虫喜群集取食，觅食方式为吸吞式。当双孢蘑菇、黑木耳、平菇等食用菌的培养料中或其子实体上有小杆线虫发生时，常导致子实体稀少、零散，菌丝萎缩或消失，局部菇蕾大量软腐死亡，散发难闻的腥臭味，肉眼隐约可见腐烂菇体内有白色的线虫活动。曾在一个直径为2厘米的被害双孢蘑菇中，共计有 3 万条小杆类线虫。

二、防治措施

线虫在昆虫学方面称为微生物类害虫，在病理学方面又称线虫病，既具有虫的特点又具有病的特性。用食用菌专用胆碱酶拌料，每 700 克胆碱酶拌干料 700 千克。机理是胆碱酶的活性借助食用菌的生长不断产生一种高温蛋白因子不断驱虫杀菌，持效期长。或用一管四拌料王，每 1 000 克一管四拌料王拌干料 800～1 000 千克。

（一）牢固树立预防为主的思想

以生物、物理措施为主，以产前防控为主，大力整治菇棚周边环境，清除杂草、垃圾，开好排水沟，要造成一个良好的生产生态环境，并把整治环境作为食用菌生产的一项长效管理工作，努力切断传播途径，控制发病条件。

（二）菇棚发菌期管理防治

要加强通风换气，控温、控湿，减少病虫害发生的概率，菇棚地面经常性用生石灰消毒，每标准菇棚每次用量不少于 50 千克，发菌中后期用菇净 1 500～3 000 倍液消毒一次，并勤查勤看，如发现有异常味、腥臭味，及时取样查找，一旦线虫早期发生，菇棚密封消毒 4 天，结束后每标准菇棚用 100 千克生石灰棚内外地面床架彻底地消毒，虫害控制后再覆土。

（三）对已发生或部分床架发生虫害的菇棚管理

对早期部分发生的菇床用生石灰严密封堵，防止过快扩散，并加强菇棚通风换气，杜绝使用磷化铝等高危药物熏杀，防止人身中毒事故的发生和影响其他无虫菇床的正常出菇，菇棚相对集中和基地要严格做好隔离防护措施，防止人员往来、人手或工具传播，造成交叉感染而扩散。待气温明显下降后，让未发生线虫危害的菇床正常出菇。

（四）用堆肥栽培双胞蘑菇，或用代料栽培香菇、黑木耳、平菇时，线虫防治方法

（1）播种前将菇房（床）清洗消毒。

（2）双孢蘑菇培养料推广2次发酵，生料栽培平菇、凤尾菇时，先用热水浸泡培养料（60℃、30分钟），或在播种前将培养料堆制发酵7～15天，利用高温杀死培养料中的线虫。

（3）双孢蘑菇（床）发生线虫危害时，可用20%异丙威烟剂加10%百菌清油剂熏蒸杀虫，也可以用食用菌专用杀虫杆菌50克对清水15千克，均匀喷洒，或用溴甲烷熏蒸，用量为每立方米32克。均密闭熏蒸24小时。

（4）菇房安装纱门、纱窗；消灭蚊、蝇。

（5）注意环境卫生，及时清除烂菇、废料；水源不干净时，可用明矾沉淀杂质，除去线虫。

（五）在户外用段木栽培黑木耳、银耳、毛木耳等食用菌时线虫防治方法

（1）尽可能选用排水方便的缓坡地作耳场，或在平坦耳场四周开挖排水沟。

（2）耳场地面最好铺一层碎石或沙子。

（3）不宜采用耳木浸水作业，以免线虫交互浸染耳芽。

（4）采用干干湿湿、干湿相间的水分管理措施；喷水时，每次喷水时间不宜过长。

（5）发生线虫危害时，可用1%～5%的石灰乳或5%的食盐水喷洒耳木，抑制线虫危害。

（六）认真做好发生虫害菇棚的废料处理

春菇结束要迅速出料，废料必须远离菇房和基地，废料经药物处理，堆制发酵后还田，防止污染下一轮食用菌生产，同时菇棚用药物多次消毒并推迟播种，防止复发。

第七节　食用菌虫害及其防治技术

一、概况

食用菌生长期间，常常遭到有害动物（主要是有害昆虫）的危害。随着生产规模的不断扩大，以及周年性栽培制度的推广，食用

菌的虫害有日趋严重的趋势。

（一）虫害的主要表现形式

（1）取食菌丝体或子实体，直接造成减产和影响菇体外观，致使食用菌降低甚至失去商品价值。

（2）由于虫咬的伤口极易导致腐生细菌或其他病原物的侵染，而且有些昆虫本身就是病原物的传播者，所以很容易并发病害，造成更大损失。

（3）有些害虫蛀食菌棒，加快菌棒的腐朽进程，缩短了持续出菇的时间，造成直接危害。

（二）害虫种类

危害食用菌的害虫种类很多，生活习性也较复杂。其中，危害最严重的主要是鳞翅目（食丝谷蛾）、鞘翅目（光伪步甲）、双翅目（菌蚊）、等翅目（白蚁）、弹尾目（跳虫）、缨翅目（蓟马）中的一些昆虫。此外，鼠、兔、蛞蝓、线虫、螨类等，也能咬食食用菌的菌丝或子实体，同属于食用菌的有害动物。

（三）害虫的习性

从食用菌害虫的食性来看，有的仅取食一种食用菌，有的几乎危害所有的食用菌（表 6-1）。从害虫的栖息环境来看，有的栖息在菌棒上，有的栖息在菇房内，有的栖息在存放食用菌的仓库中。

表 6-1　食用菌常见害虫及其主要危害对象

	大菌蚊	黄足菌蚊	眼菌蚊	菇蝇	瘿蚊	黑腹果蝇	跳虫	光伪步甲	食丝谷蛾	欧洲谷蛾	凹赤菌甲	白蚁	蛞蝓	线虫	螨类
双孢蘑菇		+	+	+	+		+						+	+	+
香菇							+		+	+	+	+	+		+
草菇			+		+		+						+	+	+
平菇	+		+				+						+	+	+

（续）

	大菌蚊	黄足菌蚊	眼菌蚊	菇蝇	瘿蚊	黑腹果蝇	跳虫	光伪步甲	食丝谷蛾	欧洲谷蛾	凹赤菌甲	白蚁	蛞蝓	线虫	螨类
金针菇												+			+
黑木耳					+	+	+	+	+			+	+	+	+
银耳							+					+	+	+	+
毛木耳						+						+	+		+

注：+表示有危害。

二、常见害虫及其防治

在食用菌的生长过程中，当害虫的虫口密度达到一定数量时，如果食物充足，环境条件适宜，虫害就会大发生。栽培场地管理不善，周围杂草丛生或遍地杂物，虫源地与栽培场没有一定隔离等，都有利于虫害的大发生。

食用菌害虫的防治，可根据害虫发生的原因采取相应的措施，坚持“预防为主，综合防治”的原则。即从整体出发，一方面利用自然控制，另一方面根据虫情需要，兼顾食用菌的发育情况，协调各种防治措施，如选育推广抗病菌株，加强栽培管理，进行物理防治（黑光灯诱杀、人工捕捉、高温杀虫、灭虫卵等）、生物防治（释放天敌）等，把害虫的虫口密度降到最低水平，做到有虫无灾。

（一）食用菌害虫的无公害防治途径

1. 减少或消灭害虫虫源　如加强食用菌栽培间歇期害虫的防治，减少下季虫源；在菇房安装纱门、纱窗，将害虫拒之门外；新、旧菇房（场）适当隔离，减少害虫入侵机会等。

2. 恶化害虫发生的环境条件　如加强栽培管理，使菇房（场）只利于食用菌生长，而不利于害虫生存危害；选育推广抗（耐）虫菌棒；以及保持场地卫生等，以抑制食用菌害虫的繁殖。

3. 适时采取杀虫措施，控制害虫的种群数量 在选择杀虫措施时，不能单靠化学农药杀虫，必须因地制宜地采取多种方法进行综合防治，如灯光、食物、拌药剂进行诱杀。在使用杀虫剂时必须遵循“有效、经济、安全”的原则，要特别注意药害和农药残留，避免滥（乱）施农药现象。

4. 药剂防治

（1）段木处理。用一管四拌料王（800～1 000 倍液）浸泡菌棒 48～72 小时后再植菌种。

（2）对菌箱和菌房灭虫和消毒。烟剂灭虫消毒法：傍晚时点燃食用菌专用百菌清烟剂和异丙威烟剂各一小袋（菌箱各 5～10 克，菌房每 10 米放烟点各 50 克），点燃烟剂之前，要把所用到的各种工具和衣物器具等等都放在菇房里，进行彻底消毒灭虫灭卵处理。

（3）培养料处理。拌料时用胆碱酶（驱虫避虫酶制剂）拌料[按 1：（800～1 000 倍即胆碱酶 700 克拌干料 600～700 千克）]再上锅蒸。

（二）食用菌常见害虫及其防治措施

1. 大菌蚊

（1）危害对象。平菇。

（2）形态特征与发生规律。成虫黄褐色，体长 5～6 毫米，头黄褐色，两触角间到头后部有一条深褐色纵带穿过单眼中间，前翅发达，有褐斑，后翅退化成平衡棍。幼虫头黄色，胸及腹部均为黄白色，共 12 节。幼虫群集危害，将平菇原基及平菇菌柄蛀成孔洞，将菌褶吃成缺刻状，被害子实体往往萎缩死亡或腐烂。

（2）防治措施。

①人工捕捉幼虫和蛹，集中杀灭。

②菇房安装纱门、纱窗，防止大菌蚊飞入菇房产卵繁殖。

③发生虫害时，将菇体采完后，可喷洒 20%异丙威乳油 500～1 000 倍液杀虫，也可用烟剂熏蒸菇房。

2. 小菌蚊

（1）危害对象。平菇、凤尾菇。

（2）形态特征与发生规律。成虫体长4.5～6.0毫米，淡褐色，触角丝状，黄褐色至褐色，前翅发达，后翅退化成平衡棍。幼虫灰白色，长10～13毫米，头部骨化为黄色，眼及口器周围黑色，头的后缘有一条黑边。蛹乳白色，长6毫米左右。成虫有趋光性，活动能力强，幼虫活动于培养料面，有群居习性，喜欢在平菇、凤尾菇菇蕾及菇丛中危害，除了蛀食外，并吐丝拉网，将整个菇蕾及幼虫罩住，被网住的子实体停止生长，逐渐变黄，干枯死亡，严重影响产量和品质。小菌蚊在17～33℃下完成一代需28天左右。

（3）防治措施。同大蚊蝇的防治方法。

3. 折翅菌蚊

（1）危害对象。草菇。

（2）形态特征与发生规律。成虫体黑灰色，长5.0～6.5毫米，体表具黑毛。触角长1.6毫米，1～6节黄色，向端接逐渐变深成褐色，前翅发达，烟色，后翅退化成乳白色平衡棍。幼虫乳白色，长14～15毫米，头黑色，三角形。蛹灰褐色，长5.0～6.5毫米。幼虫可忍耐的最高温度不超过35℃。折翅菌蚊在16.5～25℃时完成一代需要26天左右。幼虫常出没于潮湿的地方，喜食培养料及正在生长的草菇菌柄根部，平菇饲养时，可将菌褶咬成孔洞，且吐丝结网，影响平菇的产量和质量。

（3）防治措施。

①保持菇房清洁，栽培场地应远离垃圾及腐烂物。

②栽培结束的废料中可能存有大量虫源，应及早彻底清除干净。

③如虫害严重，可在出菇前或采菇后喷洒敌百虫1 000倍液杀虫，也可用布条吸湿药剂挂在菇房驱虫。

4. 黄足蕈蚊　又名菌蛆

（1）危害对象。双孢蘑菇

（2）形态特征与发生规律。成虫体形小，如米粒大，繁殖力强，一年发生数代，产卵后3天便可孵化成幼虫。幼虫似蝇蛆，比成虫长，全身白色或米黄色，仅头部黑色。专在菇体内啮食菌肉，穿成孔道，自菌柄向上蛀食，直至菌盖。受害菌不能继续发育，采下的双孢蘑菇在削根时，断面有许多小孔，丧失了商品价值。成虫一般不咬食菌肉，但它是褐斑病、细菌性斑点病和螨类的传播媒介。黄足蕈蚊主要来自培养料。

（3）防治措施。

①搞好菇房环境卫生。

②培养料进行 2 次发酵，消毒杀虫。

③灯光诱杀、黏胶剂黏杀，或涂料毒杀。

5. 木耳狭复眼蕈蚊

（1）危害对象。以木耳为主。

（2）形态特征。雄虫体长 2.7～2.9 毫米，褐色；头部复眼光裸无毛；触角褐色，16 节，长 1.5 毫米；胸部暗褐色；足为褐色；翅淡烟色，1.8 毫米×0.7 毫米；翅脉淡褐色；平衡棒褐色。雌虫体长 3.6～4.4 毫米；触角 1 毫米，翅长 2.2 毫米，宽 0.8 毫米；一般特征与雄虫相似，腹部极狭长，显得头胸很小。

（3）防治措施。同黄足蕈蚊的防治方法。

6. 异型眼蕈蚊

（1）危害对象。双孢蘑菇。

（2）形态特征。雄虫体长 1.4～1.8 毫米，褐色，背板和腹部稍深；头深褐色，复眼黑色裸露，无眼桥；单眼 3 个排列成等边三角形；触角 16 节，长 0.9～1.1 毫米；翅淡褐色，（0.9～1.1）毫米×（0.35～0.45）毫米；足褐色，爪无齿。雌虫体长 1.6～2.3 毫米，褐色，无翅；触角 16 节，长 0.7～0.8 毫米；胸部短小，背面扁平，腹部长而粗大；其余特征同雄虫。异型眼蕈蚊分布于北美及欧洲，在我国已有发现。

（3）防治措施。同菇蚊的防治方法。

7. 菇蚊 又名眼菌蚊

（1）危害对象。双孢蘑菇、草菇、平菇、凤尾菇。

（2）形态特征与发生规律。成虫黑褐色，体长 1.8～3.2 毫米，具有典型的细长触角、背板及腹板色较深，有趋光性，常富集不洁处，在菇床表面快速爬行。幼虫白色，近透明，头黑色，发亮。浇水后，幼虫多在表面爬行；当菇床表面干燥时，便潜入较湿部分危害菌丝、原基或菇蕾。严重发生时，菇蚊可将菌丝全部吃完，或将子实体蛀成海绵状。茄菇蚊喜在未播种的堆肥中产卵，在播种后菌丝尚未长满培养料前孵化成幼虫，虫体长大时正是第一潮菇发生期，于是钻入菇柄和菌盖危害。金翅菇蚊危害小双孢蘑菇，使之变成褐色革质状，在其爬过的床面留下闪亮的黏液痕迹，虫口密度大的地方，幼菇发育受阻。危害双孢蘑菇的菇蚊有 12 种以上，其中茄菇蚊和金翅菇蚊发生较普遍。

（3）防治措施。

①搞好菇房环境卫生。

②菇房通气孔及入口装纱门。

③黑光灯诱杀，或在菇房灯光下放半脸盆 50%敌敌畏乳油稀释液杀虫。

④如果菇房可以密闭，对成虫用烟剂法防治：用 20%异丙威烟剂杀虫（按说明书操作），前一天傍晚点燃，从里向外，若出现明火用锨压一下以提高成烟率和预防火灾。对幼虫和卵采取喷洒法防治：用百虫清 50 克＋芽蕾快现 30 克＋辛菌胺 50 克＋钼胶囊 1 粒对清水 15 千克均匀喷洒。

8. 菇蝇

（1）危害对象。双孢蘑菇。

（2）形态特征与发生规律。成虫淡褐色或黑色，触角很短，比菇蚊健壮，善爬行，常在培养料表面迅速爬动。虫卵产在培养料内的双孢蘑菇菌索上。幼虫为白色小蛆，头尖尾钝，吃菌丝，造成双孢蘑菇减产。在 24℃时，完成生活史需要 14 天，在温度 13～16℃下，完成生活史需要 40～45 天。菇蝇可传播轮枝孢霉，使褐斑病蔓延。

（3）防治措施。

①黑光灯诱杀。将 20 瓦灯管横向装在菇架顶层上方 60 厘米处，在灯管正下方 35 厘米处放一个收集盆（盘），内盛适量的

0.1%的敌敌畏药液，可诱杀多种蝇、蚊类害虫。

②刚播种后，或距离出菇1周左右，发现虫害，用布条蘸药剂挂在菇床上驱赶。

9. 瘿蚊 又名菇蚋、小红蛆、菇瘿等，危害食用菌的常见种类有嗜菇瘿蚊、斯氏瘿蚊、巴氏瘿蚊。

（1）危害对象。双孢蘑菇、平菇、凤尾菇、银耳、黑木耳等。

（2）形态特征与发生规律。嗜菇瘿蚊成虫小蝇状，体长约1.1毫米，翅展1.8～2.3毫米，头胸部黑色，腹部和足橘红色。卵长约0.25毫米，初产时呈乳白色，渐变成淡红色。初孵幼虫为白色纺锤形小蛆，老熟幼虫米黄色或橘红色，体长约2.9毫米。有性生殖每代需30天左右。瘿蚊的幼虫常进行胎生幼虫（无性繁殖），因此瘿蚊繁殖快，虫口密度高。幼虫直接危害双孢蘑菇、平菇、黑木耳等食用菌的子实体。瘿蚊侵入菇房后，幼虫在培养料和覆土间繁殖危害，使菌丝衰退，菇蕾枯死，或钻至菌柄、菌盖、菌褶等处，使食用菌带虫，品质下降。平菇、凤尾菇被害特征是子实体被蛀食；银耳、黑木耳被瘿蚊侵害后，菌丝衰退，引起烂耳。

（3）防治措施。

①筛选抗虫性强的菌体投入生产栽培。

②发生虫害时，停止喷水，使床面干燥，使幼虫停止繁殖，直至干死幼虫。

③将堆肥进行2次发酵，以杀灭幼虫。

④床架及用具用2%氯酚钠药液浸泡。

10. 黑腹果蝇

（1）危害对象。代料栽培的黑木耳、毛木耳。

（2）形态特征与发生规律。成虫黄褐色，腹末有黑色环纹5～7节。雄虫腹部末端钝圆，色深，有黑色环纹5节；雄虫腹部末端尖，色较浅，有黑色环纹7节。卵及幼虫（蛆）乳白色。最适繁殖温度为20～25℃，每代只需12～15天。成虫多在烂果和发酵物上产卵，以幼虫进行危害，导致烂耳，或使已成型的木耳萎缩，并发杂菌污染，影响产量和质量。

（3）防治措施。

①及时采收木耳，避免损失。

②当菇房中出现成虫时，取一些烂水果或酒糟放在盘中，并加入少量敌敌畏诱杀成虫。

③搞好菇房内外的环境卫生。

11. 跳虫　又名烟灰虫，常见种类有4种，分别为菇长跳、菇疣跳、菇紫跳、紫跳。

（1）危害对象。双孢蘑菇、香菇、草菇、木耳。

（2）形态特征与发生规律。跳虫颜色与个体大小因种而异，但都有灵活的尾部，弹跳自如，体具油质，不怕水。多发生在潮湿的老菇房内，常群集在菌床表面或阴暗处，咬食食用菌的子实体，多从伤口或菌褶侵入。菇体常被咬成百孔千疮，不堪食用。条件适宜时，1年可发生6～7代，繁殖极快。发生严重时，床面好像蒙有一层烟灰，所以跳虫又名做烟灰虫。

（3）防治措施。

①出菇时，用20%异丙威烟剂熏蒸。

②用20%异丙威烟剂加少量蜂蜜诱杀跳虫，此法安全有效，无残毒，还能诱杀其他害虫。

12. 黑光甲

（1）危害对象。黑木耳。

（2）形态特征与发生规律。黑光甲的成虫俗称黑壳子虫，初时淡红色，渐变深红色，最后变成黑色，有光泽，长约1厘米，长椭圆形。头小，黑褐色，触角11节，鞘翅上有粗大斑点形成的8条平行纵沟。成虫善爬行，有假死现象。成虫夜间在耳片上取食，被害耳片表面凸凹不平。幼虫危害耳芽、耳片、耳根，食量大，排粪多，粪便深褐色，如一团发丝与耳片混合在一起，幼虫能随采收的木耳进入仓库，继续危害干耳。

（3）防治措施。

①搞好耳场清洁，消灭越冬成虫。

②在越冬成虫活动期（湖北为3～5月）间，用溴氰菊酯等杀

虫剂向耳场内及其四周地面喷洒，可获得较好的效果。

13. 食丝谷蛾

（1）危害对象。主要危害香菇、黑木耳的菌棒。

（2）形态特征与发生规律。成虫体长 7 毫米左右，体色灰白相间，停歇时可见到前翅上的 3 条横带，触角丝状，长为翅长的 2/3，头顶有一丛浅白色毛。幼虫俗称蛀枝虫、绵虫，体长 15～18 毫米，头部棕黑色，中后胸背部米黄色，腹部白色，有黄色绒毛。以幼虫休眠越冬，翌年 2～3 月气温回升到 12℃（湖北）以上时，幼虫又开始活动，取食危害。成虫多在当年接种的段木接种穴周围产卵，初孵幼虫钻入接种穴内取食菌丝，并蛀入菌棒形成层内，在有木耳（香菇）菌丝的部位取食危害，故名食丝谷蛾或蛀枝虫。

（3）防治措施。

①尽可能将新耳（菇）场远离老耳（菇）场，避免成虫在新菌棒上产卵。

②药剂防治可参考黑光甲防治措施。

14. 蓟马 常见的有稻蓟马和烟蓟马。

（1）危害对象。黑木耳、香菇等。

（2）形态特征与发生规律。虫体极小，长 1.5～2.0 毫米，黑褐色，触角短、黄褐色，翅透明、细长、淡黄色；前后翅周围密生细长的缘毛。若虫通常淡黄色，形似成虫，但无翅。3 月下旬开始危害，5 月中旬危害最严重。成虫、若虫群集性强，一般段木上可达千头以上。蓟马主要吸取耳片汁液，被害耳片逐渐萎缩，有时也在耳根部位危害，一旦下雨，造成流耳。香菇上的蓟马，多在菌褶上活动，取食香菇孢子。

（3）防治措施。

①用布条沾湿 90%敌百虫晶体 1 000～1 500 晶体倍液驱赶蓟马。

②用涂料、黏胶剂或米汤黏杀。

15. 欧洲谷蛾

（1）危害对象。主要危害干香菇。

（2）形态特征与发生规律。成虫体长5～8毫米，翅展12～16毫米，头顶有显著灰黄色毛丛，触角丝状，前翅棱形，灰白色，散有不规则紫黑色斑纹。虫体及足灰黄色。幼虫体长7～9毫米，头部灰黄色至暗褐色，虫体色浅。该虫繁殖、发育的适温为15～30℃，成虫多在香菇菌褶、菌柄表面或包装物、仓库墙壁缝隙中越冬。幼虫从香菇菌盖边缘或菌褶开始危害，逐渐蛀入菇体内。危害严重时，可将香菇蛀成空壳或粉末，且边蛀边吐丝，将香菇粉末和粪便黏在一起，致使香菇失去食用价值。欧洲谷蛾发生量大，危害也大，是香菇贮运中主要虫害。

（3）防治措施。

①将香菇干至含水13%后，用塑料袋或铁皮罐密封贮藏在低温、干燥处。

②欧洲谷蛾也是贮粮害虫，所以要将香菇单仓存放，避免交互危害。

③香菇入库前，将仓库清理干净，并用熏蒸杀虫剂熏蒸库房，杀灭越冬成虫。

④发生成虫后，先将香菇在50～55℃温度下复烤1～2小时，再用20%异丙威烟剂熏蒸处理，但需严格按照操作规程安全作业。

16. 凹赤菌甲

（1）危害对象。主要危害香菇。

（2）形态特征与发生规律。成虫体长3～4毫米，长椭圆形，头部赤褐色，复眼黑色，球形。前胸背板及前翅基部赤褐色，端部黑色。幼虫体长6.5毫米，乳白色，头部褐色。幼虫从香菇菌盖蛀入菇体，可将菌肉吃光，直留下皮壳，或将其全部蛀成粉末。

（3）防治措施。可参照欧洲谷蛾的防治方法。

17. 白蚁 常见的种类有黑翅大白蚁、家白蚁两种。

（1）危害对象。危害香菇、黑木耳、茯苓和蜜环菌的菌棒或菌柴。

（2）形态特征与发生规律。危害食用菌的白蚁有两种，其中以黑翅大白蚁最为常见。成虫体长10～12毫米，翅长20～30毫米，翅黑色。蚁后长 50～60 毫米，兵蚁头宽超过 1.15 毫米，上颚近圆形，各具一齿，但左齿较强而明显。白蚁在菌棒表面活动时，一般都隐身于一层泥质覆盖物下，即所谓泥被、泥线和蚁路，这层覆盖物具有减缓白蚁体内水分蒸发的作用，也是人们发现蚁害的根据。白蚁常在阴天或雨天爬上菌棒，从接种穴内偷吃菌种，且有从下向上成直线偷吃的习惯。白蚁危害茯苓时，开始时仅咬食菌种木木条，将种木蛀空成片层状，并在周围铺设泥被。吃完种木后，白蚁便逐步向周围扩展，危害料筒，严重影响茯苓生长。到后期，一旦料筒被吃空，白蚁接着吃茯苓，将茯苓蛀成粪土状，轻则减产，重则绝收。

（3）防治措施。

①菇（耳）场远离白蚁出没的地方，苓地则应避开干死松树蔸。

②经常清除场地内外的枯枝、落叶和杂草等，减少或消灭白蚁的栖息场所。

③设诱杀坑。场地四周挖 4～8 个诱蚁坑，埋入松木或蔗渣等诱杀白蚁。

④将灭蚁膏涂抹在蚁路上杀灭白蚁。

⑤在场地四周撒上西维因，兼有忌避和毒杀白蚁的作用。

18. 蛞蝓 常见的种类有双线嗜黏液蛞蝓、野蛞蝓、黄蛞蝓 3 种。

（1）危害对象。双孢蘑菇、香菇、平菇、凤尾菇、黑木耳、银耳等多种食用菌。

（2）形态特征与发生规律。蛞蝓俗称鼻涕虫、水蜒蚰。身体裸露、柔软，暗灰色、灰白色、黄褐色或深橙色，有两对触角。体背有外套膜，覆盖全身或部分躯体。栖息于阴暗潮湿的枯枝落叶、砖头、石块下，多在阴雨天或晴朗的夜间外出觅食。可咬食双孢蘑菇、香菇、平菇、黑木耳等多种食用菌的子实体，将子实体吃得残缺不全。凡是蛞蝓爬过的地方（包括食用菌的子实体），都能见到从其体上留下的黏液。黏液干后银白色，污染子实体。因此，蛞蝓危害，常造成减产和质量下降。

（3）防治措施。

①清除场地内外的枯枝落叶、烂草及砖头瓦块等，铲除蛞蝓栖息地。

②人工捕杀。

③用砒酸钙 120 克、麦麸 450 克、多聚乙醛 10 毫升，加水 46 毫升制成毒饵，于晴天傍晚撒在菇（耳）场四周，诱杀蛞蝓。

④在蛞蝓出没处撒一层 0.5～1.0 厘米厚的石灰粉。

19. 螨类

（1）发生种类。螨类是食用菌的主要害虫。与食用菌生产有关的螨类主要有以下 8 种。

①速生薄口螨。成螨体乳白色，主要营腐生生活，多见于菌丝老化或培养料过湿的菌瓶（袋）中。

②腐食酪螨。成螨体较大，无色。食性杂，在贮藏食品、饲料、粮食中均可找到。喜食多种霉菌（青霉、木霉、毛霉、曲霉等），亦取食食用菌菌丝。

③蘑菇嗜木螨。成螨体较大，无色，常见于菇床上。与其同属的食菌嗜木螨是澳大利亚等食用菌生产国的重要害螨。

④蘑菇长头螨。成螨体小、无色，大量发生时聚集在覆土表面呈粉末状。

⑤食菌穗螨。雌螨体黄白色或红褐色，常发生在被杂菌污染的双孢蘑菇、香菇菌瓶（袋）中或菇床上。

⑥隐拟矮螨。体红褐色。其与矩形拟矮螨都与杂菌有关，常导致食用菌减产。

⑦兰氏布伦螨。体黄白色至红褐色，取食食用菌菌丝，常造成严重减产，是上海地区食用菌害螨的优势种。

⑧矮肛历螨。成螨体黄褐色。食性杂，但主要以杂菌和腐烂物为食。爬行时损伤食用菌菌丝，并传播杂菌。

除了上述 8 种螨类外，菇房中常见的螨类还有：粗脚粉螨、常食螨、根螨、嗜菌跗线螨、真足螨 5 种，其中真足螨可捕食其他螨类，其余 4 种危害螨（菌食性螨类）。

（2）危害对象。双孢蘑菇、香菇、草菇、平菇、金针菇、黑木耳、银耳等多种食用菌。

(3) 形态特征与发生规律。菌螨也称菌虱，其躯体微小，肉眼不易察觉，可用放大镜观察。体扁平，椭圆形，白色或黄白色，上有多根刚毛，成虫4对肢，行动缓慢，多在培养料或菌褶上产卵。菇床上发生菌螨后，菌种块菌丝首先被咬，所以播种后常不见菌丝萌发。有时菌螨咬断菌丝，引起菇蕾萎缩死亡。在被害子实体上，可以看到子实体上下全被菌虱覆盖，被咬部位变色，重则出现孔洞。在耳木上则引起烂耳和畸形耳。

(4) 防治措施。

①菌种厂远离仓库和鸡舍。

②严格挑选菌种，消除有菌虱的菌种。

③播种后7天左右，将有色塑料膜盖在床面上几分钟，然后用放大镜检查贴近培养料的一面，一旦发现菌虱，立即用药杀虫。

④用20%异丙威烟剂放在床架底层熏蒸，并用塑料膜或报纸覆床面，熏蒸杀虫。

⑤用25%十二烷基苯磺酸钠（洗衣粉）400倍液喷雾，连续喷洒2～3次，效果较好，

第八节　食用菌病虫害的无公害治理技术

随着食用菌人工栽培地域的扩展和时间的推移，病虫害的发生是不可避免的。以往一提起病虫害防治，就依赖于药物防治，因此也造成一定的负面效应，使食用菌产品某些有害成分含量超标，同时带来环境污染。无公害食用菌栽培在病虫害治理技术控制中，强调尽可能采用以生态防治、物理防治、生物防治为主体的综合治理措施，把有害的生物群体控制在最低的发生状态，保持产品和环境的无公害水平。

一、生态治理

食用菌病虫害的发生，环境条件适宜程度是最重要的诱导因

素，当栽培环境不适宜某菌种生长，导致生命力减弱，就会造成各种病虫菌的入侵，香菇烂筒就是明显的实例。当香菇菌筒处于海拔较高、夏季气温较适宜的地方，烂筒就较少发生；当菌筒覆土后长期灌水，造成高温高湿，好氧性菌丝处于窒息状态，烂筒就大面积发生。根据栽培食用菌种类的生物学特性，选择最佳的栽培环境，并在栽培管理中采用符合生理特性的管理方法，这是病虫害防治的最基本治理技术。在目前许多食用菌产品处于产大于销的背景下，应当选择最佳栽培区域，生产最适宜食用菌种类，这是食用菌病虫害无公害治理的最基本技术。此外，通过选择抗逆性强的良种，人为改善栽培环境，创造有利于食用菌、不利于病虫害发生的环境，这都是有效的生态治理措施。

二、物理防治

病虫害均有各自的生理特征和生活习性，利用各种危害食用菌的菌类、虫类的这些特性，采用物理的、非农药的防治，也可取得满意的治理效果。如利用某些虫害的趋光性，可在夜间用灯光诱杀；利用某些虫害对某些食物、气味的特殊嗜好，可用某些食物拌入药物进行诱杀；又如链孢霉的特性是喜高温高湿的生态环境，把栽培环境控制在空气相对湿度 70％以下，温度控制在 22℃以下，链孢霉可迅速受到抑制，而许多食用菌菌丝生长又不受影响，这也是无公害治理好方法。

三、生物防治

生物防治是利用某些有益生物，杀死或抑制害虫或害菌，从而保护栽培的食用菌（或农作物）正常生长的一种防治病虫害的方法，即所谓以虫治虫、以菌治虫、以菌治菌等。

生物防治的优点是：有益生物对防治对象有很高的选择性，对人、畜安全，不污染环境，无副作用，能较长时间地抑制病虫害；而且，自然界有益生物种类多，可以广泛地开发利用。生物防治目前存在的问题是：见效慢，在病虫害大发生时应用生物防治，达不到立即控制危害的目的。如何克服这个弱点，有待研究。

生物防治的主要作用类型有以下5种：

（一）捕食作用

在自然界，有些动物可以某种（些）害虫为食料，通常将前者称作后者的天敌。有天敌存在，就自然地压低了害虫的种群数量（虫口密度），如蜘蛛捕食蚊、蝇等，蜘蛛便是蚊、蝇的天敌。

（二）寄生作用

寄生作用是指一种以另一种生物（寄主）为食料来源，它能破坏寄主组织，吸收寄主组织的养分和水分，直到使寄主消亡。用于生物防治的寄生作用包括以虫治虫、以菌治虫和以菌治病三大类。

1. 以虫治虫 据报道，菇床上的一种线虫常寄生在蚤蝇体内，还有一种线虫能寄生在蕈蚊体内。

2. 以菌治虫 在微生物寄生害虫的事例中，较常见的有核型多角体病毒寄生于一些鳞翅目昆虫体内，使昆虫带毒死亡。另据报道（陆宝麟，1985），苏云金芽孢杆菌和环形芽孢杆菌对蚊类有较高的致病能力，其作用相当于胃毒化学杀虫剂，可用其灭蚊。

目前，国内外已有细菌农药、真菌农药出售。比较常见的细菌农药有苏云金杆菌、青虫菌等；真菌农药有白僵菌、绿僵菌等。这些生物农药在食用菌害虫防治中，可望发挥一定的作用。

3. 以菌治病 一部分微生物寄生于病原微生物体内的现象很多。在食用菌病害中，有的噬菌体寄生在某些细菌体内，溶解细菌的细胞壁，以繁衍自身。因此，有这种噬菌体存在的地方，某些细菌性病害就大为减轻。

（三）拮抗作用

由于不同微生物的相互制约，彼此抵抗而出现一种微生物抑制另一种微生物生长繁殖的现象，称作拮抗作用。利用拮抗作用，可以预防和抑制多种害菌。在食用菌生产中，选用抗霉力强的优良菌株，就是利用拮抗作用。

（四）占领作用

栽培实践表明，大多数杂菌更容易侵染未接种的培养料，包括堆肥、段木、代料培养基等。但是，当食用菌菌丝体遍布料面，甚至完全吃料后，杂菌较难发生。因此，在菌种制作和食用菌栽培中，常采用适当加大接种量的方法，让菌种尽快占领培养料，以达到减少污染的目的。

（五）诱发作用

有些微生物既无寄生杀菌作用，也无占领作用，但能诱发寄主的抗病能力，从而减少病害的发生，起到防病作用。例如，在双孢蘑菇生长发育过程中，一些微生物常常聚集在菌丝体周围，它们与菌丝是共生关系。这类微生物产生的某种（些）物质能刺激双孢蘑菇菌丝生长。据报道，菌丝周围有微生物群的培养物，不仅能使双孢蘑菇菌丝的生长增长37%，而且还能促进出菇。这种诱发作用，客观上增强了双孢蘑菇抵抗病虫的能力。

图书在版编目（CIP）数据

循环农业增效接口工程与实用技术/高丁石等编著.—北京：中国农业出版社，2020.8
ISBN 978-7-109-27168-5

Ⅰ.①循… Ⅱ.①高… Ⅲ.①农业经济－经济模式－实用技术 Ⅳ.①S-3

中国版本图书馆CIP数据核字（2020）第144983号

中国农业出版社出版
地址：北京市朝阳区麦子店街18号楼
邮编：100125
责任编辑：郭银巧　　文字编辑：张田萌　丁晓六
版式设计：王　晨　　责任校对：吴丽婷
印刷：中农印务有限公司
版次：2020年8月第1版
印次：2020年8月北京第1次印刷
发行：新华书店北京发行所
开本：880mm×1230mm　1/32
印张：9.5
字数：270千字
定价：60.00元